高等学校规划教材·环境科学与工程

环境保护与管理

樊玉光　林红先　编著

西北工业大学出版社

【内容简介】 本书融环境学、环境保护学、环境生态学、环境监测学、环境经济学于一体,以基本原理、基本知识和方法为主。主要内容包括环境、环境保护的概念,环境问题,生态学基础;环境污染(水、大气、土壤、噪声)的产生、防止技术,环境保护技术方法;环境监测及评价,环境管理,环境法规,环境控制标准,环境与经济的关系。每章末附有复习思考题。

本书可作为高校非环境专业的概论性环境保护课程教材,也可供有关科技人员参考。

图书在版编目(CIP)数据

环境保护与管理/樊玉光,林红先编著. —西安:西北工业大学出版社,2014.9
高等学校规划教材·环境科学与工程
ISBN 978 - 7 - 5612 - 4157 - 8

Ⅰ.①环… Ⅱ.①樊… ②林… Ⅲ.①环境保护—高等学校—教材 ②环境管理—高等学校—教材 Ⅳ.①X

中国版本图书馆 CIP 数据核字(2014)第 217416 号

出版发行:西北工业大学出版社
通信地址:西安市友谊西路 127 号　　邮编:710072
电　　话:(029)88493844　88491757
网　　址:www.nwpup.com
印 刷 者:陕西翔云印务有限公司
开　　本:787 mm×1 092 mm　　1/16
印　　张:12
字　　数:290 千字
版　　次:2014 年 9 月第 1 版　　2014 年 9 月第 1 次印刷
定　　价:28.00 元

前　言

环境问题是当代人类普遍关注的全球性问题。随着经济和现代工业生产的迅速发展,大气污染、土地荒漠化、洪水泛滥、交通噪音、水污染等环境问题已对人类生活产生了很大影响。改变人类对待环境的态度,控制环境污染,改善人类生存环境,将决定地球人类可持续发展的美好未来。

在高校非环境专业开设"概论性环境保护课",是环境教育的重要组成部分。环境知识是21世纪技术、管理人才必须掌握的,高校非环境专业学生获得正确的环境概念和环境伦理观念,了解现在地球的环境状况和环保工作的现状及意义,掌握对环境污染和治理过程的知识和技术以及环境管理和环境经济,可以在以后的技术、管理、决策等工作岗位上减少人类对环境的损害。同时,正确理解环境与经济发展的关系,可以使自己的工作满足环境法规的要求和限制。

本书共7章,由三部分内容构成。绪论和第一章为环境和环保的基本概念和基础知识;第二章至第五章为具体的环境污染及治理技术,包括水体污染、大气污染、土壤污染、固体废弃物处理及噪声污染;第六章和第七章为环境管理的有关内容,包括环境监测及评价、环保法规、环境标准、环境管理和环境经济。樊玉光编写了绪论、第一章至第三章。林红先编写了第四章至第七章。

在编写本书的过程中,笔者参阅了国内有关的文献资料,并引用了其中的数据和观点,在此,向各位作者深致谢忱。

环境保护、环境管理是涉及领域、学科范围都非常广泛的、新的综合性学科,限于水平,难免有不足之处,恳请广大读者指正。

编　者

2014 年 6 月

目　　录

绪　论

随着我国经济和现代化建设的快速发展,自然环境和人类的生存环境也在迅速变化,环境保护工作越来越引起人们的关心和重视。一些发达国家在实现现代化建设过程中,对所处的环境曾走过一段先污染后治理的弯路,付出了较大的代价。我国是发展中国家,正致力于实现现代化,对于环境保护工作,在借鉴发达国家正反两方面经验教训的基础上,要结合我国实际,勇于探索,敢于创新,决不能再走先污染后治理的弯路。要开拓我们自己环境保护工作的道路,在发展经济的同时,创造一个整洁美好的工作和生活环境,实现国民经济和人民生活质量的可持续快速发展。

一、人类环境

1.环境概念

1989 年 12 月颁布的《中华人民共和国环境保护法》已明确指出,"本法所称环境,是指影响人类生存和发展的各种天然的和经过人工改造的自然因素的总体,包括大气、水、海洋、土地、矿藏、森林、草原、野生生物、自然遗迹、人文遗迹、自然保护区、风景名胜区、城市和乡村等。"这里环境所指的是作用于人类这一客体的所有外界事物,即对人类来说,环境就是人类的生存环境。

人类的生存环境不同于生物的生存环境,它包括天然的和经过人工改造的自然环境,也包括经济环境和社会环境。这是因为人类不像动物那样,只是以自己的存在来影响局部环境,用自己的身体来适应环境,而是以自己的创造性劳动来改造环境,把自然环境转变为新的逐步满足人类需要的生存环境。但同时新的生存环境也反作用于人类。在这一反复曲折的过程中,人类在改造客观世界的同时,也改造着自己。这样,人类通过劳动改造了自然环境,超脱了一般生物规律的制约而进入了社会发展的阶段,从而给自然界打上了人类社会活动的烙印,形成了由自然因素和社会因素交互作用产生的今天人类赖以生存的环境。与此同时,人类又在以几乎同建设和创造人类生存和生活环境类同的速度破坏和损害着环境,致使环境质量下降,从而又给人类的生存与发展带来了影响和损害。

2.环境分类

人类的环境可分为社会环境和自然环境两种。社会环境是指人们生活的社会经济制度和上层建筑的环境条件。而环境科学所研究的问题,主要指的是自然环境(物质环境)。自然环境是人们赖以生存和发展的物质条件,是人类周围的各种自然因素的总和。从环境要素看,有大气环境、水环境、土壤环境及生物环境;从环境性质看,可分为物理环境、化学环境、生物环境。由于整个环境系统受人类活动的影响,在不断发展变化中,在时间上随人类社会的发展而发展,在空间上随人类活动领域的扩张而扩张。

从总体上看,人类活动对整个环境的影响是综合性的,而环境系统也是从各个方面反作用于人类,其效应也是综合性的。迄今为止,人类虽居住于地球表层,但它的活动领域已远远超出了地球表层,它不仅深入到地壳深处,而且也远离开地球进入了星际空间。至于影响人类生产和生活的因素,更是远远超出了地球表层的范围。对于如此庞大、复杂的环境系统,为了便于从总体上对其进行综合性研究,可以根据其与人类生活的密切关系和人类对自然环境改造加工的程度,由近及远、由小到大地将生存环境分为聚落环境、地理环境、地质环境和宇宙环境,形成一个庞大而有层次的系统。

(1)聚落环境。聚落是人类聚居的地方,是人类活动的中心。聚落环境是与人类的生产和生活关系最密切、最直接的环境。这一环境由空气、水、土壤、阳光和食物等各种基本的环境因素所组成,一切生物离开了它就不能生存,因此历来都引起人们的关注。

聚落环境是人类有计划、有目的地利用和改造自然环境而创造出来的生存环境。人类由筑巢而居、逐水草而居到定居,由散居到聚居,由乡村到城市,反映着人类在为生存而斗争中保护自己、征服自然的历程。

聚落环境根据其性质、功能和规律可分为院落环境、村落环境和城市环境。

1)院落环境:院落环境是由一些功能不同的建筑物和与其联系在一起的场院组成的基本环境单元。如北极地区爱斯基摩人的小冰屋、热带地区巴布亚人筑在树上的茅舍、我国西南地区的竹楼、内蒙古草原的蒙古包、陕北的窑洞、北京的四合院、机关大院以及大专院校等。由于经济文化发展的不平衡性,不同院落环境及其各功能单元的现代化程度相差甚远,且具有鲜明的时代和地区特征。

2)村落环境:村落环境则是农业人口聚居的地方。由于自然条件的不同,以及从事农、林、牧、副、渔的种类、规模大小、现代化程度的不同,因而村落环境无论从结构上、形态上、规模上,还是从功能上看,其类型都极多。最普遍的有平原上的村庄、海滨湖畔的渔村、深山老林的山村。村落环境随着工业化进程日益向城镇化环境变化。

3)城市环境:城市环境是人类利用和改造环境而创造出来的高度人工化的生存环境。城市是人类社会发展到一定阶段的产物,是工业、商业、交通汇集的地方。随着社会的发展,城市的发展越来越快,越来越大,越来越成为政治、经济和文化的中心。有些地区许多城市同时发展,逐渐相互连接,成为规模巨大的城市群或城市带。如美国东北部大西洋沿岸城市带、德国鲁尔区城市群。由于城市人口的高度集中(目前全世界40%的人口集中在不到1%陆地的城市中),城市中人与环境的矛盾异常尖锐,人类生存环境日益恶化。因此,城市成为当前环境保护工作的前沿阵地之一。

(2)地理环境。地理环境位于地球的表层,处于岩石圈、水圈、大气圈、土壤圈和生物圈相互作用、相互渗透、相互制约、相互转化的交错带上,其厚度约 $10\sim20km$。地理环境是能量的交锋地带。它具有3个特点:①有来自地球内部的内能和主要来自太阳的外部能量,在此相互作用;②它具有构成人类活动舞台和基地的三大条件,即常温常压的物理条件、适当的化学条件和繁茂的生物条件;③这一环境与人类的生产和生活密切相关,直接影响着人类的呼吸和衣食住行。因此,从大的范围来说,地理环境是环境科学的重点研究对象。

(3)地质环境。地质环境主要指的是地表面下的坚硬地壳层,即岩石圈。地理环境是在地质环境的基础上,在宇宙因素和地球内部物理化学作用的影响下发生和发展起来的。地理环境和地质环境以及宇宙环境之间经常不断地进行着物质和能量交换。地质环境能为人类提供丰富的、难以再生的矿产资源。大量的矿产资源引入地理环境中,这在环境保护中也应引起我们的注意。

（4）宇宙环境。宇宙环境是指包括整个地球直至大气圈以外的宇宙空间，它又称星际环境。它好像距我们地球很遥远，但它的重要性却是不容忽视的，特别是如何充分有效地利用太阳辐射这个既丰富、又洁净的能源，在环境保护中是十分重要的。

二、环境问题

环境科学与环境保护所研究的环境问题主要不是自然灾害问题（原生或第一环境问题），而是人为因素所引起的环境问题（次生或第二环境问题）。这种人为环境问题一般可分为两类：一是不合理开发利用自然资源，超出环境承载力，使生态环境质量恶化或自然资源枯竭的现象；二是人口激增、城市化和工农业高速发展引起的环境污染和破坏。总之，它是人类经济社会发展与环境的关系不协调所引起的问题。

（一）环境问题的由来与发展

从人类开始诞生就存在着人与环境的对立统一关系，就出现了环境问题。从古至今随着人类社会的发展，环境问题也在发展变化，大体上经历了4个阶段。

1.环境问题的萌芽阶段（工业革命以前）

人类在诞生以后很长的岁月里，只是天然食物的采集者和捕食者，人类对环境的影响不大，那时"生产"对自然环境的依赖十分突出，人类主要是以生活活动、生理代谢过程与环境进行物质和能量转换，主要是利用环境，而很少有意识地改造环境。如果说那时也发生"环境问题"的话，则主要是由于人口的自然增长和盲目的乱采乱捕、滥用资源而造成生活资料缺乏，引起饥荒。为了解除这种环境威胁，人类被迫学会了吃一切可以吃的东西，以扩大和丰富自己的食谱，或是被迫扩大自己的生活领域，学会适应在新的环境中生活。

随后，人类学会了培育植物和驯化动物，开始了农业和畜牧业，这在生产发展史上是一次大革命。而随着农业和畜牧业的发展，人类改造环境的作用也越来越明显地显示出来，但与此同时也发生了相应的环境问题，如大量砍伐森林、破坏草原、刀耕火种、盲目开荒，往往引起严重水土流失，水旱灾害频繁和沙漠化；又如兴修水利，不合理灌溉，往往引起土壤的盐渍化、沼泽化，以及引起某些传染病的流行。在工业革命以前虽然已出现了城市化和手工业作坊（或工场），但工业生产并不发达，由此引起的环境污染问题并不突出。

2.环境问题的发展恶化阶段（工业革命至20世纪50年代以前）

随着生产力的发展，在18世纪60年代至19世纪中叶，生产发展史上出现了又一次伟大的革命——工业革命。它使建立在个人才能、技术和经验之上的小生产被建立在科学技术成果之上的大生产所代替，大幅度地提高了劳动生产率，增强了人类利用和改造环境的能力，大规模地改变了环境的组成和结构，从而也改变了环境中的物质循环系统，扩大了人类的活动领域，但与此同时也带来了新的环境问题。一些工业发达的城市和工矿区的工业企业，排出大量废弃物污染环境，使污染事件不断发生。如：1873年12月、1880年1月、1882年2月、1891年12月、1892年2月，英国伦敦多次发生可怕的有毒烟雾事件；19世纪后期，日本足尾铜矿区排出的废水污染了大片农田；1930年12月，比利时马斯河谷工业区由于工厂排出的有害气体，在逆温条件下造成了严重的大气污染事件。如果说农业生产主要是生活资料的生产，它在生产和消费中所排放的"三废"是可以纳入物质的生物循环，而能迅速净化、重复利用的；那么工业生产除生产生活资料外，它大规模的进行生产资料的生产，把大量深埋地下的矿物资源开采出来，加工利用投入环境之中，许多工业产品在生产和消费过程中排放的"三废"，都是生物和人类所不熟悉,难以降解、同化和忍受的。总之,由于蒸汽机的发明和广泛使用,大工业日益发展,生产力有了很大的提高,环境问题也随之发展且逐步恶化。

3. 环境问题的第一次高潮(20 世纪 50 年代至 80 年代以前)

环境问题的第一次高潮出现在 20 世纪五六十年代。20 世纪 50 年代以后,环境问题更加突出,震惊世界的公害事件接连不断。1952 年 12 月的伦敦烟雾事件,1953—1956 年日本的水俣病事件,1961 年的四日市哮喘病事件,1955—1972 年的骨痛病事件等等,在五六十年代形成了第一次环境问题高潮。这主要是由于下述因素造成的。

(1)人口迅猛增加,都市化的速度加快。刚进入 20 世纪时世界人口为 16 亿人,至 1950 年增至 25 亿人(经过 50 年人口约增加了 9 亿人);50 年代之后,1950—1968 年仅 18 年间就由 25 亿人增加到 35 亿人(增加了 10 亿人);而后,人口由 35 亿人增至 45 亿人只用了 12 年(1968—1980 年)。1900 年拥有 70 万以上人口的城市,全世界有 299 座,到 1951 年迅速增到 879 座,其中百万人口以上的大城市约有 69 座。在许多发达国家中,有半数人口住在城市。

(2)工业不断集中和扩大,能源的消耗大增。1900 年世界能源消费量还不到 10 亿吨煤当量,至 1950 年就猛增至 25 亿吨煤当量;到 1956 年石油的消费量也猛增至 6 亿吨,在能源中所占的比重加大,又增加了新污染。大工业的迅速发展逐渐形成大的工业地带,而当时人们的环境意识还很薄弱,第一次环境问题高潮出现是必然的。

当时,在工业发达国家因环境污染已达到严重程度,直接威胁到人们的生命和安全,成为重大的社会问题,激起广大人民的不满,并且也影响了经济的顺利发展。1972 年的斯德哥尔摩人类环境会议就是在这种历史背景下召开的。这次会议对人类认识环境问题来说是一个里程碑。工业发达国家把环境问题摆上了国家议事日程,包括制定法律、建立机构、加强管理、采用新技术,70 年代中期环境污染得到有效控制,城市和工业区的环境质量有明显改善。

4. 环境问题的第二次高潮(20 世纪 80 年代以后)

第二次高潮是伴随环境污染和大范围生态破坏,在 20 世纪 80 年代初开始出现的一次高潮。人们共同关注的影响范围大和危害严重的环境问题有 3 类:一是全球性的大气污染,如"温室效应"、臭氧层破坏和酸雨;二是大面积生态破坏,如大面积森林被毁、草场退化、土壤侵蚀和沙漠化;三是突发性的严重污染事件迭起。如:印度博帕尔农药泄漏事件(1984 年 12 月),苏联切尔诺贝利核电站泄漏事故(1986 年 4 月),莱茵河污染事故(1986 年 11 月),中东海湾战争油污染事件(1990—1991 年),中国太湖、巢湖、滇池暴发蓝藻危机(2007—2008 年),日本福岛第一核电站核泄漏(2009 年 3 月),墨西哥湾漏油事件(2010 年 4 月),中国渤海蓬莱油田溢油事故(2011 年 6 月)等。自 20 世纪 80 年代以来,这类突发性的严重污染事故就发生了数百起。这些全球性大范围的环境问题严重威胁着人类的生存和发展,不论是发达国家还是发展中国家,都普遍对此表示不安。

前后两次高潮有很大的不同,有明显的阶段性。

(1)影响范围不同。第一次高潮主要出现在工业发达国家,重点是局部性、小范围的环境污染问题,如城市、河流、农田等;第二次高潮则是大范围乃至全球性的环境污染和大面积生态破坏。这些环境问题不仅对某个国家、某个地区造成危害,而且对人类赖以生存的整个地球环境造成危害。这不但包括了经济发达的国家,也包括了众多发展中国家。发展中国家不仅认识到全球性环境问题与自己休戚相关,而且本国面临的诸多环境问题,特别是植被破坏、水土流失和沙漠化等生态恶性循环,是比发达国家的环境污染危害更大、更难解决的环境问题。

（2）就危害后果而言,前次高潮人们关心的是环境污染对人体健康的影响,环境污染虽也对经济造成损害,但问题还不突出。第二次高潮不但明显损害人群健康,每分钟因水污染和环境污染而死亡的人数全世界平均达到 28 人,而且全球性的环境污染和生态破坏已威胁到全人类的生存与发展,阻碍经济的持续发展。

（3）就污染源而言,第一次高潮的污染来源尚不太复杂,较易通过污染源调查弄清产生环境问题的来龙去脉。只要一个城市、一个工矿区或一个国家下决心,采取措施,污染就可以得到有效控制。第二次高潮出现的环境问题,污染源和破坏源众多,不但分布广,而且来源杂,既来自人类的经济再生产活动,也来自人类的日常生活活动;既来自发达国家,也来自发展中国家,解决这些环境问题只靠一个国家的努力很难奏效,要靠众多国家甚至全球人类的共同努力才行,这就极大地增加了解决问题的难度。

（4）第一次高潮的“公害事件”与第二次高潮的突发性严重污染事件也不相同。后者一是带有突发性,二是事故污染范围大、危害严重,经济损失巨大。例如:印度博帕尔农药泄漏事件,受害面积达 $40km^2$,据美国一些科学家估计:死亡人数为 0.6～1 万人,受害人数为 10～20 万人,其中有许多人因此而导致双目失明或造成终身残疾。

（二）环境问题的实质

从环境问题的发展历程可以看出:人为的环境问题是随人类的诞生而产生,并随着人类社会的发展而发展。从表面现象看,工农业的高速发展造成了严重的环境问题,局部虽有所改善,但总的趋势仍在恶化,因而在发达的资本主义国家出现了“反增长”的错误观点。诚然,发达的资本主义国家实行高生产、高消费的政策,过多地浪费资源、能源,应该进行控制;但是,发展中国家的环境问题,主要是由于贫困落后、发展不足和发展中缺少妥善的环境规划和正确的环境政策造成的,所以只能在发展中解决环境问题,既要保护环境,又要促进经济发展。只有处理好发展与环境的关系,才能从根本上解决环境问题。

综上所述,造成环境问题的根本原因是对环境的价值认识不足,缺乏妥善的经济发展规划和环境规划。环境是人类生存发展的物质基础和制约因素,人口增长,从环境中取得食物、资源、能源的数量必然要增长。也就是说,由环境向人类社会输入的总资源量增大,其中一部分供人类直接消费,有的经人体代谢变为“废物”排入环境,有的经使用后降低了质量;总资源中相当大一部分进入人类的生产过程,人口的增长要求工农业迅速发展,为人类提供越来越多的工农业产品,再经过人类的消费过程（生活消费与生产消费）,变为“废物”排入环境,或降低了环境资源的质量。环境的承载能力和环境容量是有限的,如果人口的增长、生产的发展,不考虑环境条件的制约作用,超出了环境的容许极限,那就会导致环境的污染与破坏,造成资源的枯竭和人类健康的损害。国际国内的事实充分说明了上述论点。因此,环境问题的实质是由于盲目发展、不合理开发利用资源而造成的环境质量恶化和资源浪费,甚至枯竭和破坏。

解决环境问题必须保护环境,环境保护从某种意义上说,是对人类的总资源进行最佳利用的管理工作。当资源以已知的最佳方法来利用,以求达到社会为其本身所树立的目标时,考虑到已知的或预计的经济效益、社会效益和环境效益,进行综合分析,优化开发利用资源的规划方案,那么资源的利用是合理的。资源的不合理利用是由于对资源的价值认识不足,没有谨慎地选择利用的方法和目的,因而浪费是不合理利用的一种特殊形式。不合理利用和浪费有两种结果——枯竭和破坏,对不可更新资源来说更为明显,而且也包括野生动植物种类的灭绝。因此必须合理地利用资源,尽力采取对环境产生有害影响最小的技术,并进一步研究如何根据长期的、综合性的计划和大气、水、土 3 种资源的经济与社会价值,来设计一个低消耗、高效益的社会经济系统,这才是解决环境问题的根本途径。从以上论述可以得出以下 3 点有益的结论。

(1)人类要学会预料自己行为的长远后果,正确处理生产与生态,以及眼前利益与长远利益的关系。

(2)要认识环境对发展的制约作用,协调两者的关系,既要发展经济满足人类日益增长的基本需要,又不要超出环境的容许极限,使经济能够持续发展,人类的生活质量得以不断提高。

(3)要广泛地、彻底地通晓环境质量的变化过程。环境调查、监测、研究、情报交流和评价,这一系列环境质量评价过程是解决环境问题的重要手段。就当前来说,重点是控制工业污染源和防治城市污染,实行以防为主、综合防治;同时又要重视自然保护,保护生物多样性,保护森林、草原,推广生态农业,合理开发利用自然资源,促进生态系统的良性循环。

三、环境科学

1. 环境科学的产生和发展

在人类和自然环境长期的发展过程中,随着社会生产力的发展、生产方式的演变和工艺技术的提高,人类的环境问题(即人类活动作用于人们周围的环境所引起的环境质量变化,以及这种变化反过来对人类的生产、生活和健康的影响问题)越来越严重,人类和环境之间的矛盾越来越突出,人类对环境问题和人类的持续发展问题开始了较深入和系统的研究,从而人们对自然现象和规律的认识也日益深化。环境科学就是在解决人类面临的严重环境问题,创造更适宜、更美好的环境的努力中产生的。

环境科学经过 20 世纪 60 年代的酝酿,到 70 年代初期便从零星而不系统的环境保护和研究工作汇集成为一门独立的、内容丰富的、领域广泛的新兴科学,亦即研究人类环境质量及其控制的科学。特别是近几年来,它的发展非常迅速,各种自然科学和工程技术都向它渗透并赋予其新的内容。可以说,它的产生是自然科学、社会科学、技术科学向深度和广度发展的一个重要标志。

2. 环境科学的研究对象和任务

任何科学能成为一门独立学科,都有其特定的研究对象。环境科学是以"人类与环境"系统为其特定的研究对象。所谓"人类与环境"系统,即人类与环境所构成的对立统一体,是一个以人类为中心的生态系统。环境科学就是对"人类与环境"系统的发生和发展、调节和控制,以及改造和利用等问题进行研究。

在自然环境的客观发展过程与人类有目的的活动过程之间,不可避免地存在着矛盾。环境科学的基本任务就是揭露这一矛盾的实质,研究其间的对立统一关系,充分认识二者之间的作用和反作用,掌握它的发展规律,调控人类与环境之间物质和能量的交换过程,寻求解决矛盾的途径和方法,以改善环境,促进人类社会更加繁荣昌盛地向前发展。用环境系统工程的语言来说,环境科学的基本任务就是通过系统分析与综合,规划设计出高效的"人类与环境"系统,并随时把它调控到最优化的运行状态。这就需要在广泛地、彻底地通晓环境变化过程的基础上,维护环境的生产力、恢复能力和补偿能力,以及合理开发利用自然资源,协调发展与环境的关系,达到以下两个目的:一是可更新资源得以永续利用,不可更新的自然资源能以最佳的方式节约利用。二是使环境质量保持在人类生存、发展所必需的水平上,并趋向逐渐改善。这种企图从总体上调控"人类-环境"系统的努力,自 20 世纪 70 年代以来一直在进行,主要有以下几方面内容:①探索全球范围内自然环境演化的规律;②探索全球范围内人与环境的相互依存关系;③协调人类的生产、消费活动同生态要求的关系;④探索区域污染综合防治的途径。

3. 环境科学的特点

环境科学以"人类-环境"系统(人类生态系统)为特定的研究对象,其有下述特点。

(1)综合性。环境科学是在 20 世纪 60 年代随着经济高速发展和人口急剧增加形成的第一次环境问题高潮而兴起的一门综合性很强的重要学科。它涉及的学科面广,具有自然科学、社会科学、技术科学交叉渗透的广泛基础,几乎涉及现代科学的各个领域。同时,它的研究范围也涉及人类经济活动和社会行为的各个领域,包括管理、经济、科技、军事等部门及文化教育等人类社会的各个方面。环境科学的形成过程、特定的研究对象,以及非常广泛的学科基础和研究领域,决定了它是一门综合性很强的重要的新兴学科。

(2)人类所处地位的特殊性。在"人类-环境"系统中,人与环境的对立统一关系具有共轭性,并呈正相关。人类对环境的作用和环境的反馈作用相互依赖、互为因果,构成一个共轭体。人类对环境的作用越强烈,环境的反馈作用也越显著。人类作用呈正效应时(有利于环境质量的恢复和改善),环境的反馈作用也呈正效应(有利于人类的生存和发展);反之,人类将受到环境的报复(负效应)。

人类以"人类-环境"系统为对象进行研究时,人不仅是观察者、研究者,而且也是"演员"。环境科学理论的确证或否证既不同于自然科学,也不同于社会科学。因为人类社会存在于人类自身的主观决策过程中,一些环境科学专家对未来的预测如果实现了,无疑是对其理论的确证。如果未来环境问题的实际情况与预言的不一样,可以说是否证了该理论。但是,由于人类有决策作用,可能正是由于预言的作用才提醒人们及早做出决策,采取有力措施避免出现所预言的不利于人类的环境问题(环境的不良状态)。从这个意义上说,即使是被否证的理论有时也是很有意义的。这是环境科学的又一重要特点。

(3)学科形成的独特性。环境科学的建立主要是以从旧有经典学科中分化、重组、综合、创新的方式进行的,它的学科体系的形成不同于旧有的经典学科。在萌发阶段,是多种经典学科运用本学科的理论和方法研究相应的环境问题,经分化、重组,形成了环境化学、环境物理等交叉的分支学科,经过综合形成了多个交叉的分支学科组成的环境科学。而后,以"人类-环境"系统(人类生态系统)为特定研究对象,进行自然科学、社会科学、技术科学跨学科的综合研究,创立人类生态学、理论环境学的理论体系,逐渐形成环境科学特有的学科体系。

4. 环境科学的内容和分科

由于环境问题涉及各行各业,关系到每个人的工作、生活和健康,因而环境科学的内容是相当丰富的,分科是非常复杂的。概括地说,它是介于社会科学、技术科学及自然科学之间的边缘科学,是一个由多学科到跨学科的庞大科学体系。

按其包含的内容,可分为以下 8 个部分:

1)人类和环境的关系;

2)污染物在自然环境中的迁移、转化、循环和积累过程与规律;

3)环境污染的危害;

4)环境状况的调查、评价和环境预测;

5)环境污染的控制和防治;

6)自然资源的保护和合理使用；

7)环境监测、分析技术和预报；

8)环境区域规划和环境规划。

环境科学是综合性的新兴学科，已逐步形成多种学科相互交叉渗透的庞大的学科体系。但当前对其学科分科体系尚有不同看法。可按其性质和作用划分为三部分：基础环境学、应用环境学及环境学(老的分科体系)。也可按其研究任务，分为三大类：理论环境学、综合环境学和部门环境学(新的分科体系)。

(1)理论环境学。它是环境科学的核心。其主要任务是运用有关的现代科学理论(如系统论、信息论、控制论等)，总结古今中外利用和改造环境的正反两方面的经验，批判地继承和发展有关"人类与环境"的理论，以建立与现代科学技术发展水平相适应的环境学基本理论。它的主要内容包括：环境学方法论；环境质量评价的原理和方法；合理布局的原理和方法；综合利用地域生产综合体的原理和方法；环境区域与环境规划的原理和方法；以及人类生态系统，特别是社会生态系统的理论和方法。最终目的是建立一套调控人类与环境之间的通过生产与消费活动进行的物质和能量交换过程的理论和方法，为解决"环境问题"提供方向性和战略性的科学依据。

(2)综合环境学。它是把"人类-环境"这一复杂的系统作为一个整体，全面地研究"人类-环境"关系的发展、调控、利用和改造的科学，是基于自然科学、技术科学及社会科学之上的社会生态学。它包括全球环境学、区域环境学和聚落环境学。由于人类很多活动足以引起全球性的影响，因此，需要制定一些对策，这是全球环境学研究的内容。但是，不同地区由于社会条件和自然条件的不同，人类利用和改造自然所引起的"环境问题"及解决问题的途径和方法也因之而异，这是区域环境学研究的内容。聚落环境是与人类关系最直接、最密切的环境，许多重大环境污染事件，大部分发生在聚落环境之中。如何保护和改善聚落环境是聚落环境学研究的内容。

(3)部门环境学。它是以人类与环境之间的某种或某类特殊矛盾为对象，研究其关系的发展、调控、利用和改造的科学，是环境学向相邻学科过渡的一系列科学。如向自然科学过渡的有自然环境学，它包括物理环境学、化学环境学、地学环境学和生物环境学等；向社会科学过渡的有社会环境学，它包括经济环境学、政治环境学、文化环境学等；向技术科学过渡的有工程环境学。

总之，环境科学所涉及的学科范围非常广泛，各个学科领域多边缘互相交叉渗透，同时不同地区的环境条件、生产布局和经济结构千差万别，人与环境间的具体矛盾也各有差异，污染物运动的过程与形成又很复杂，结果使环境科学具有强烈的综合性和鲜明的区域性。因此，在环境工程中控制和消除污染危害时，必须组织多学科、多专业的协同作战；同时也必须采取多途径的综合防治措施，因地制宜，选择最优方案，沿着经济合理和技术先进的途径，走出我国自己的环境科学道路，为现代化建设做出更大的贡献。

四、环境保护与可持续发展

(一)环境污染与环境保护

1. 环境污染

人类利用自然资源，使物质发生变化，排放出废物，特别是排放有害物质，导致环境中自然因素的变化，扰乱和破坏了生态系统和人类的正常生活条件。这种情况发展到危害的程度，就是环境污染。一般来说,城市环境污染可分为 4 类,即大气污染、水污染、固体废物污染和噪声污染,在我国被称为城市的"新四害"。

　　环境污染的影响,是对人类健康的严重威胁,不只是致癌,而且可能通过胎盘危及胎儿,以及引起遗传变异、染色体畸变和遗传基因退化。这不只是第二代、第三代的问题,严重时可能使人类的质量退化,危害子孙后代,造成无可挽回的损失。自然资源的破坏,有的要几十年、上百年才能恢复,有的则难以逆转。目前全世界估计有 25 000 种植物,1 000 多种脊椎动物正处于灭绝的边缘。尽管人类正采取许多局部性保护措施,但一些珍贵动植物还在继续走向灭绝。这是因为人类活动造成的全球性有害影响,远远胜过局部保护性措施所产生的效果。

　　当前,我国环境污染和自然资源破坏的情况也是非常严重的,必须认真解决。例如,从大气污染来看,据城市统计资料表明,飘尘超标严重,特别是在采暖期,北方城市普遍超过国家标准。由于大气污染,使冬季人的死亡率明显增加(呼吸系统疾病)。另外,二氧化碳的年排放量已达 300 亿吨。从水体来看,地下水硬度增高,水位下降已成为大城市普遍现象,不少城市还出现地面下沉、水源枯竭的情况。江河湖海等地表水也受到不容忽视的污染。据河流(河段)监测资料统计,河流(河段)受到污染,特别是一些城市附近的河流,基本上成为污水沟。噪声污染也同样很严重,北京、上海、天津等城市中心区的交通噪声超过纽约、伦敦和东京等都市的闹市区。自然资源的破坏也很严重。自 20 世纪 50 年代以来,由于滥垦滥牧造成的土地沙漠化面积近 1 亿亩。全国水土流失的面积估计有 150 万平方公里,约占国土面积的 16％,每年冲走的土壤估计有 50 亿吨,带走的氮、磷、钾元素约 4 000 多万吨,比我国一年的化肥产量还多。湖北江汉湖群素有千湖之称,现在湖群已由原来的 1 000 多个减少到 300 多个。近几年森林面积每年净减 2 250 亩。我国近年来出现的雾霾现象,也为我们敲响了环境保护的警钟。从以上事例可以看到,我国的环境污染和自然资源的破坏已经到了相当严重的地步,必须加强环境保护工作,并进行综合治理。

　　实践证明,生产建设和生态平衡之间的关系是否协调是经济建设中的战略性问题。国民经济各部门的比例关系失调,花几年工夫可以调整过来;而生态平衡遭到破坏,没有十几年、数十年甚至上百年的时间是难以调整过来的。这样来分析问题,才能更深刻地认识到环境保护工作的必要性和紧迫性。

　　2.环境保护概念的发展

　　在 20 世纪 50 年代以前,人们虽然对环境污染也采取过治理措施,并以法律、行政等手段限制污染物的排放,但还未明确提出环境保护概念。50 年代以后,污染日趋严重,在一些经济发达的国家中出现了反污染运动,人们对环境保护概念有一些初步的理解。当时大多认为,环境保护只是对大气污染和水污染等进行治理,对固体废物进行处理和利用(即所谓"三废"治理),以及排除噪声干扰等技术措施和管理工作,目的是消除公害,使人体健康不受损害。70 年代初,由巴巴拉·沃德和雷内·杜博斯两位执笔,为 1972 年人类环境会议提供的背景材料——《只有一个地球》一书,提出环境问题不仅是工程技术问题,更主要的是社会经济问题;不是局部问题,而是全球性问题。于是"环境保护"成为科学技术与社会经济相结合的问题,这一术语也被广泛采用。到了 70 年代中期,人们逐渐从发展与环境的对立统一关系来认识环境保护的含义,认为环境保护不仅是控制污染,更重要的是合理开发利用资源,经济发展不能超出环境容许的极限。70 年代末,有的环境专家提出:"环境保护从某种意义上说,是对人类的总资源进行最佳利用的管理工作"。因此,环境保护不仅是治理污染的技术问题,保护人群健康的福利问题,更为重要的是一个经济问题、政治问题。80年代中期以后,环境保护的广泛含义已为越来越多的人所接受。80年代末,有些发达国家的政府首脑大声疾呼:保护环境是人类所面临的重大挑战,是当务之急,健康的经济和健康的环境是完全相互依赖的。越来越多的发展中国家也认识到环境保护与经济相关的重要性。如:拉美7个发展中国家在80年代末举行的首脑会议,在联合声明中说:"经济、科学和技术进步,必须和环境保护、恢复生产相协调"。

3.环境保护的内容与基本任务

概括地说,环境保护就是运用现代环境科学的理论和方法,在合理开发利用自然资源的同时,深入认识并掌握污染和破坏环境的根源与危害,有计划地保护环境,预防环境质量的恶化;控制环境污染破坏,保护人体健康,促进经济与环境协调发展,造福人民、贻惠于子孙后代。

为了把环境保护工作与经济社会发展协调起来,1972年联合国在斯德哥尔摩召开了人类环境会议,并通过了《人类环境宣言》,宣布:"人类有权在一种能够过尊严的和福利的生活的环境中,享有自由、平等和充足的生活条件的基本权利,并且负有保护和改善当代和未来世世代代的环境的庄严责任。"自那以后,环境权已经在很多国家成为公民的一项基本权利。

我国在建国后,一直重视环境保护工作,先后多次提出关于环保方面的对策。1973年8月召开了第一次全国环境保护会议,向全国发出了防治污染、保护环境的动员令,颁布了《关于保护和改善环境的若干规定》。其中首次提出了为全世界所注目的,经济建设、城乡建设和环境建设同步规划、同步实施、同步发展的"三同步"理论及经济效益、环境效益、社会效益相结合的"三结合"理论,从而确保了环境保护与经济社会发展相协调。1978年,我国宪法第一次写上了"国家保护环境和自然资源,防治污染和其他公害",从而确定了环境保护是国家一项基本职责。1979年9月,全国人大常委会批准颁布了《中华人民共和国环境保护法(试行)》。它是我国环境保护基本法。它的颁布标志着我国环境保护进入了法治阶段。该法在我国环境保护工作中起过重要的作用。1989年12月国家正式颁布了《中华人民共和国环境保护法》。20世纪70年代以来,我国相继颁布了《中华人民共和国水污染防治法》《中华人民共和国大气污染防治法》《中华人民共和国环境噪声污染防治条例》《中华人民共和国海洋环境保护法》《中华人民共和国森林法》《中华人民共和国土地管理法》等环境保护的法律,使环境法治逐步得到完善。国务院和国家行业部门在1978年以后,先后颁布了许多条例规定和标准,如国务院《关于环境保护工作的决定》《中华人民共和国海洋倾废管理条例》、原化工部《关于加强农药管理工作》《化工产品生产许可证管理办法》《化学工业环境保护管理暂行条例》、GB3095—82《大气环境质量标准》、GB3838—88《地面水环境质量标准》、GB3096—82《城市区域环境噪声标准》等重要环保法规和标准,构成了较完整的环境保护法规操作体系,强化了我国的环保工作。

环境保护的内容世界各国不尽相同,同一个国家在不同的时期内容也有变化。但一般地说,大致包括两个方面:一是保护和改善环境质量,保护居民的身心健康,防止机体在环境污染影响下产生遗传变异和退化;二是合理开发利用自然资源,减少或消除有害物质进入环境,以及保护自然资源、加强生物多样性保护,维护生物资源的生产能力,使之得以恢复和扩大再生产。

1989颁布的《中华人民共和国环境保护法》,明确提出了环境保护的基本任务:"保护和改善生活环境与生态环境,防治污染和其他公害,保障人体健康,促进社会主义现代化建设的发展。"

(二)环境保护是我国的一项基本国策

我国的环境保护工作从 20 世纪 70 年代初起步,1973 年第一次全国环境保护会议确定了"全面规划、合理布局、综合利用、化害为利、依靠群众、大家动手、保护环境、造福人民"的环境保护 32 字方针。1983 年在第二次全国环境保护会议上,制定了我国环境保护事业的大政方针:一是明确提出"环境保护是我国的一项基本国策";二是确定了"经济建设、城乡建设与环境建设同步规划、同步实施、同步发展,实现经济效益、社会效益与环境效益统一"的战略方针;三是把强化环境管理作为环境保护的中心环节。1989 年在第三次全国环境保护会议上,提出了努力开拓具有中国特色的环境保护道路的号召,促使环境保护工作迈上新台阶。

1.吸取我国人口问题的历史教训

人口的增长从本身来说无所谓好坏,但"人口爆炸"却暗含了人满为患的种种"人口困境",在这个意义上,"人口控制"与"人口爆炸"是相伴相随的。

我国人口由于在建国初期没有及时采取计划生育的有效措施,在相当一段时期内对人口问题的认识有片面性,只看到它是生产力的一面,没有认清它同样也是一个消费者,单纯强调人多力量大,造成人口失控。从 1953 年起经历了 3 次人口浪潮,尽管从 20 世纪 70 年代初就开始实行卓有成效的计划生育政策,1972—1990 年人口的自然增长率为 1.56%,低于发展中国家的平均水平,但由于人口失控和生育滞后,虽严加控制,人口仍然剧增,给环境与经济带来很大压力。主要表现在下述几方面。

(1)就业压力惊人。目前我国国有企业、集体所有制企业下岗职工,社会失业人员,每年新增劳动力,农村剩余劳动力,以及每年的大中专毕业生,形成了我国巨大的就业压力,使我国就业面临前所未有的严峻形势。

(2)人均消费长期徘徊在"维持水平"。1986 年新增国民收入 783 亿元,但人均比 1985 年仅增 70 元。这就是说,人均消费水平的提高在当时只相当于每天多吃一个鸡蛋。从人均粮食占有量来看,虽然粮食增产,但由于人口增加,人均粮食占有量却一直在 380kg 上下浮动。例如:1990 年粮食产量为 44 624 万吨,人口为 114 333 万人,人均粮食占有量为 390kg;1993 年,粮食增产创历史最高水平,达到 45 644 万吨,但因人口增至 118 517 万人,人均粮食占有量只有 385kg。与 1990 年相比,人均占有量反而减少 5kg。1994 年粮食产量 44 460 万吨,低于1993 年,而人口却增加到接近 12 亿人,所以人均粮食占有量降低到不足 380kg。

(3)"人增—地减—粮紧"的格局仍在继续。我国是农业大国,随着城镇化建设的加速,人均耕地面积逐年锐减,面临着颇高的粮食安全风险。我国粮食现在仍部分依赖进口,目前全球变暖、灾害频发,很多国家粮食减产。目前制约我国农业发展的主要因素有:有效耕地总量逐年减少;存在土地按户经营规模的超小型和分散化问题;农民经济实力和整体素质过低;基层农技人员缺乏,业务素质偏低;农业科研人员缺少实践经验,对现实农技问题解决不足;我国对农业科研的财政投入有限等。

(4)"文化沙漠"在扩张。当前,中国大约 4 个人中就有一个文盲、半文盲,扫盲和普及教育的工作稍一放松,"文化沙漠"将大为扩张。

(5)生态系统已接近边际负荷。生态系统的研究表明,生态系统所能承受的人类活动(规模、强度)有一个阈值,超过这个阈值生态系统就将受到损害,生态平衡就将遭到破坏。2050 年我国人口将达到 15 亿～16 亿人,如果计划生育搞得不好,甚至可能达到 18 亿人,超过生态环境的承载力。

人口过多,使我国各项人均指标大大低于世界平均水平,自然资源相对紧缺,资源供求关系紧张的局面将长期存在。因此,应该吸取人口问题的教训,要及早注重解决环境问题,不要等到矛盾非常尖锐时再去重视,否则将要付出巨大的代价。

2. 保护环境资源,为经济建设服务

环境是资源,保护环境就是保护资源,保护环境资源是发展工农业的物质基础。保护生态环境是保证农业发展的前提。我国人均耕地少,只有世界平均值的 1/3,对于解决吃饭问题,尤其使粮食达到较为富裕的水平(人均 400kg 或更多),是十分困难的。我国有限的耕地,除了种粮食以外,还要种植经济作物,为工业提供原料。因此,精心保护有限的土地资源和生物资源,使其免遭污染和破坏,就成为一项重要任务。但是,生态环境现状却难满足农业发展的需要。由于乱砍滥伐、盲目垦荒等原因,植被遭到破坏,加剧了水土流失,致使全国水土流失(水力侵蚀和风力侵蚀)面积达 367 万平方公里,每年流失的表土达 50 亿吨,相当于每年从全国的耕地上刮走 1cm 厚的表土。随土流失的氮磷钾肥,相当于每年流失 4 000 万吨化肥,折合经济损失约为 100 多亿元。

此外,土壤质量下降问题也日益突出。据普查(1990 年),全国耕地有机质含量平均低于 1.5%,其中 1 万公顷农田有机质含量不足 0.7%。中低产田比例由原来的 2/3 增加到 4/5。目前遭受工业"三废"和城市垃圾危害的农田达 667 万公顷。农药、化肥和农用地膜等化学物质的污染已影响农业生态环境的质量。保护农业生态环境,保障农业持续发展,已成为十分紧迫的任务。

为了保证工业经济持续发展,也必须保护好环境资源。工业生产过程需要不断输入资源才能维持正常运转,保证工业经济持续发展。但是环境污染的加剧,使本已紧缺的水资源成为制约工业发展的重要因素;空气资源由于污染而质量下降,为获得清洁空气所花费的代价越来越高;生物资源也遭到严重破坏,难于保持永续利用。长此以往,环境污染与破坏将成为工业发展的一大障碍。因此,控制污染、制止生态破坏,不断改善环境质量,是保证经济持续发展的重要条件。

3. 保护人民健康,满足人民需要

环境污染危害人民健康,这是多年来人类的实践活动所得出的结论。从 1991 年卫生部所发布的城市与农村的死因顺位来看,也充分说明了这个问题。

大城市死因顺位的前 5 位为:①恶性肿瘤 10 万分之 129.8;②脑血管病 10 万分之 124.8;③心脏病 10 万分之87.9;④呼吸系统病 10 万分之 82.6;⑤损伤和中毒 10 万分之 36.2。前 5 位死因占死亡总数的 81.65%。

中小城市死因顺位前 5 位为:①恶性肿瘤 10 万分之 104.0;②呼吸系统病 10 万分之 89.3;③脑血管病 10 万分之 88.5;④心脏病 10 万分之 63.8;⑤损伤和中毒 10 万分之 50.0。前 5 位死因占死亡总数的 76.97%。

农村地区死因顺位前 5 位为:①呼吸系统病 10 万分之 157.1;②恶性肿瘤 10 万分之 101.4;③脑血管病 10 万分之 97.5;④损伤和中毒 10 万分之 75.8;⑤心脏病 10 万分之 67.4。前 5 位死因占死亡总数的 79.30%。

从上述统计数字与 50 年代的对比可以看出,死因顺位的变化与环境污染的加剧直接相关。50 年代城市中恶性肿瘤死亡率仅为 10 万分之 36.9~45.6,脑血管病死亡率为 10 万分之 38.6~57.2,死因顺位排在前面的是传染病。卫生医疗条件改善了,肺结核、急性传染病得到了控制,死亡率下降;而由于环境污染加剧,恶性肿瘤等的死亡率却增大到原来的2~3倍。国际上的专家认为恶性肿瘤的发病率80%~90%,与环境中的化学因素有关。当前中国的环境污染总体上仍呈上升趋势,乡镇企业的大发展使农村环境污染加剧,农村恶性肿瘤死亡率呈逐年上升趋势,1994年达到10万分之105.5,比1990年上升了4.08%。控制污染,保护人民健康已是十分紧迫的战略任务。

人民需要清洁、舒适、安静、优美的生活和劳动环境。社会主义建设的目的就是在高度技术发展的基础上,满足人民日益增长的物质文化需要。我们进行社会主义现代化建设,就是既要实现高度的物质文明,又要实现高度的精神文明。清洁、舒适、安静、优美的生活环境和劳动环境,是两个文明建设所不可缺少的重要组成部分。随着经济发展和人民生活水平的提高,对环境质量的要求也越来越高,环境质量必须与人民生活水平的提高相适应。为了满足人民的需要,必须立即采取有力措施,在发展经济的同时,努力保护和改善环境,这是社会主义现代化的重要标志。

4.为了子孙后代

在我们为当代人的利益着想的同时,要为子孙后代保留一个资源可以永续利用,清洁、安静、优美的环境,使我们的后代在这块960万平方公里的土地上生活得更加幸福和更加美好。因此,绝不能只顾眼前利益,牺牲环境求发展,严重危害子孙后代的利益,妨碍后代的健康成长。

要坚决制止因严重污染而导致人类素质的退化。经研究证明,有一些化学污染物不但可以致癌,而且可以导致遗传变异(致突变)或致畸胎。环境污染造成的这种远期危害是不可逆转的,会危及子孙后代,是人类的隐忧。致畸胎或致突变的化学物质不只是通过"三废"污染扩散、迁移转化,经空气、水和农产品等进入人体,还可通过药物、食品添加剂、日用化学品等进入人体。

基因是在染色体上占有一定位置的遗传单位,人类社会的"基因库"是人类的宝贵遗产。致突变(导致遗传变异)的化学物质,经由各种途径进入人体,导致遗传变异,使人类的"基因库"发生不良变化,导致人类素质的退化,进而引起人类社会的退化。这是关系到国家、民族繁衍的大事,不仅影响到今天,而且影响到子孙后代的生存和健康成长。

为了子孙后代,我们不能盲目发展,掠夺式地开发资源、破坏资源,绝不能给人类社会和人类的生存环境造成不可逆转的损害。我们要自觉地调节控制自己的行为,使人类的经济发展模式和生活方式能够适合持续发展的要求。这也就是把环境保护提高到国策高度的重要原因。"国策"是治国之策、立国之策,环境保护既然是我国的基本国策,各级政府、全国的公民都有责任在自己的工作和各项活动中认真贯彻。

(三)世界已进入持续发展的时代

1.持续发展的概念

从20世纪80年代后期开始,世界进入持续发展的时代,主要表现在走持续发展道路已成为世界各国的共识。持续发展战略有两个基本要点:一是人类应坚持与自然相和谐的方式追求健康而富有生产成果的生活,这是人类的基本权利,但却不应该凭借手中的技术与投资,以耗竭资源、污染环境、破坏生态的方式求得发展。二是当代人在创造和追求今世的发展与消费时,应同时承认和努力做到使自己的机会和后代人的机会相平等;所以,绝不能剥夺或破坏后代人应当合理享有的同等发展与消费的权利。

持续发展战略是一个广泛的概念,从环境与发展的角度去分析其思想实质是:尽快发展经济满足人类日益增长的基本需要,但经济发展不应超出环境的容许极限,经济与环境必须协调发展,保证经济、社会能够持续发展。

2. 持续发展的提出

1983年受托于联合国第38届大会,在布伦特兰夫人领导下组成了"世界环境与发展委员会",经过系统的调查研究,以持续发展为基本纲要,在1987年提出了《我们共同的未来》的研究报告。在报告中指出:"本委员会相信:人民有能力建设一个更加繁荣、更加正义和更加安全的未来。我们的报告——《我们共同的未来》——不是对一个污染日益严重、资源日益减少的世界的环境恶化、贫困和艰难不断加剧状况的预测。相反,我们看到了出现一个经济发展的新时代的可能性,这一新时代必须立足于使环境资源库得以持续发展的政策。我们认为,这种发展对于摆脱发展中世界许多国家正在日益加深的巨大贫困是完全不可缺少的"。这份研究报告把环境与发展这两个紧密相连的问题作为一个整体加以考虑。人类社会的持续发展只能以生态环境和自然资源的持久、稳定的支持能力为基础,而环境问题也只有在社会和经济的持续发展中才能得到解决。

走持续发展的道路,由传统的发展战略转变为持续发展战略,是人类对"人类-环境"系统的辩证关系,对环境与发展问题长期进行反思的结果,是人类做出的唯一正确的选择。

3. 实行持续发展战略已成为世界各国的共识

自200万~300万年前古人类的出现,人与环境的关系逐步形成和发展,在"人类-环境"系统中,人类长期习惯于以"大自然主宰者"的地位思考问题,认为人类可以主宰一切,为了满足人类的需要可以向大自然进行无限制的索取。在工业革命前人类社会生产力尚不发达,人口数量不大(1800年才达到10亿人),所以人与自然的矛盾并不明显。随着生产力的发展和人口的迅速增加(1930年人口达到20亿人,仅过了30年,1960年人口就达到30亿人),人类开发自然资源的速率和规模急剧增加,人与自然的矛盾逐渐尖锐起来,1950年开始出现了环境问题的第一次高潮。在被迫治理污染的同时,人类开始思索发展与环境的关系,围绕着发展与环境的矛盾能不能解决,以及怎样解决,展开了争论,出现了各种学派。1972年,斯德哥尔摩人类环境会议虽然重点讨论了发展与环境的关系,并对两者的辩证关系有了较为深刻的认识,但是却没能找到解决问题的有效途径。

1983年的内罗毕会议,回顾10多年来全球的环境状况,认为从总体来分析是局部有所改善、整体仍在恶化,发展与环境的矛盾更加尖锐化,前途堪忧。环境问题的第二次高潮已经到来。这不能不引起人们深入的反思,在"人类-环境"系统和"经济-环境"系统中,人类和人类的经济活动是矛盾的主要方面,通过对系统的调节、控制(调控),使人与环境、经济与环境持续稳定地协调发展,才能从根本上解决环境问题。对系统的调控着重点要放在矛盾的主要方面,要从人类和人类的经济活动入手,要改变人类的思想和行为。环境资源是有限的而不是无限的,所以,环境资源一方面是人类生存和发展的物质基础,同时另一方面又是人类生存和发展的制约条件,人类不能一味地向大自然进行索取。因此,必须转变发展战略、转变生活方式,有效地解决好环境问题,实现持续发展的目标,使我们的子孙后代能够有一个永续利用和安居乐业的星球。1992年6月的联合国环境与发展大会,标志着世界各国在实行持续发展战略、促进经济与环境协调发展的重大战略决策上取得了共识。

4.持续发展时代的新变化

人类已深刻认识"环境与发展"是密不可分的整体。环境不能与人类活动、愿望和需求相割裂而独立存在,发展的概念也不应单纯强调国民生产总值的增长。持续发展的观念包括经济持续、生态持续和社会持续3个相互关联的部分。即只有做到经济持续快速增长,生态保持稳定平衡,科技进步、人口有计划地增长和素质持续提高才是真正的发展。

持续发展时代另一个显著特征就是环境原则已成为各类经济活动的重要原则。

(1)国际贸易中的环境原则。当前,国际市场在贸易中日益重视"环境原则",即投放市场的产品必须达到规定的环境指标。发达国家的政府对所有产品都有明确的环境指标要求,达不到要求的不能进入市场。如:西方国家要求产品具有一定比例的可回收材料,以利循环利用;日本政府法规明确规定,厂商生产的产品应达到政府规定的资源回收利用的指标,否则将禁止进入市场。发达国家已于20世纪80年代末开始实行环境标志制度,对达到环境指标要求的产品颁发环境标志(1992年联合国环境与发展大会以后我国也已开始实行)。在国际贸易中将采取限制数量、压低价格等方法控制无环境标志的产品进口。

(2)工业发展的环境原则。1989年联合国环境规划署决定在世界范围内推行清洁生产,1991年10月在丹麦举行了生态可承受的工业发展部长级会议。因此,推行清洁生产,实现生态可承受的工业发展已成为工业发展的环境原则。

经济增长方式由粗放型向集约型转变,生态持续性(生态可承受的)工业发展是一条可供选择的最佳途径。这是一种新的工业发展模式。主要包括下列因素:①采用充分利用资源能源的生产工艺,替代资源能源利用率低的旧生产工艺;②采用无废或少废的技术;③尽量减少污染物排放量,对不可避免产生的废弃物采取回收利用措施;④优化工业布局,合理利用环境自净能力,工业发展对资源的开发强度不能超出环境承载力;⑤对任何可能导致环境危害的产品,必须经过环境影响评价和在安全使用条件的情况下,才能投入生产和使用;⑥必须考虑到在经济体系整体内,工业与农业等其他产业部门的平衡发展关系,保证这些部门向工业提供持久和稳固的资源基础;⑦在传统的工业结构中增加和发展环境保护工业,为防治工业污染提供物质和技术支持;⑧大力开发可更新能源和无污染的新能源;⑨在兼顾经济效益的同时,增大对于环境保护的投入;⑩扩大广大公众对工业发展过程的参与程度,改变公众单纯接受和消费工业品的状况。总之,生态持续性工业发展的核心在于,它把保护环境作为自身的内在要求,纳入其发展过程之中,而不是留给社会承担或留给专门的环境部门去处理,这是与传统模式的显著区别。

(3)经济决策中的环境原则。实行持续发展战略,就必须推行环境经济综合决策,在经济决策的整个过程中都要考虑生态要求,促进经济与环境协调发展,使自然资源不断增值。

(4)商品价格准确反映经济活动造成的环境代价。市场经济条件下的成本核算和价格要坚持资源有偿使用和外部不经济性内在化的环境原则。例如:煤炭在开采过程中,平均每开采出1万吨煤要塌陷约3亩地,排出约0.6万吨的煤矸石,对地下水资源还会造成破坏等,现在这些环境损失都不计入煤炭成本,因而把环境损失转嫁给社会。进入持续发展时代,要求进行环境成本核算,使商品价格准确反映经济活动造成的环境代价,迫使经济部门和企业为提高在市场经济中的竞争力,而积极降低经济活动造成的环境代价。

(5)银行贷款中的环境原则。环境原则也逐步成为贷款中的重要原则。例如,重大项目的贷款必须有环境影响评价报告书,建设项目的开发强度超出所在区域的环境承载力不予贷款,明显损害环境的项目不予贷款,而有利于保护环境和改善环境的项目优惠贷款等。

环境原则不但成为经济活动的重要原则,也已成为人类社会行为的重要原则。

五、本课程任务

由于环境保护是我国的一项基本国策,环境问题不仅决定了我们这个人口众多的发展中国家能否持续发展,而且它还决定了我们整个地球人类能否长期生存。培养环境意识和环保概念是高等教育一项义不容辞的义务,为了使学生了解生态学和环境保护的基础知识,了解生态平衡、环境保护的重要意义,学习环保过程的原理与方法和了解环境管理知识,本课程的任务是:

(1)让学生了解生态学、生态系统的基本概念与基本原理,环境污染与生态平衡的关系;

(2)掌握水体、大气、土壤的污染知识和防治方法,以及固体废弃物的处理及利用方法;

(3)熟悉环境噪声的危害性及控制途径;

(4)掌握环境监测的基本方法及对环境质量评价的基本知识;

(5)了解环境法规、标准体系;

(6)了解环境管理——包括环境管理决策、环境监督管理知识;

(7)了解环境与经济发展的协调概念。

通过对本课程的学习,理解人口资源、发展、环境的辩证关系,了解人类经济活动和社会行为对环境变化过程的影响,提高对环境质量变化的识别力,培养分析和解决环境能力的技能,增强保护和改善环境的责任感和自觉性,树立生态环境意识和符合生态环境保护要求的价值观念和道德规范,这是课程期望的目标。

复习思考题

1.环境的定义是什么?

2.人类环境可分为哪几种?哪一种环境与人类活动最密切?

3.什么是聚落环境?它又可分为哪几种?其中哪种环境所产生的污染最严重?为什么?

4.什么是环境问题?

5.环境科学的定义及它的研究对象和任务是什么?

6.环境科学分为哪三大类?其中哪一类是核心?

7.为什么要重视环境保护工作?环境治理的内容有哪些?

8.在我国环保对策中"三同时"与"三结合"的含义是什么?

第一章　生态学基础

人类经历了几千年古代文明后进入现代文明。然而,由于不适当的经济活动,带来了一系列环境问题,导致人和自然的关系紧张。许多河流、海湾和湖泊的水已不适于鱼类的生存和人类的饮用,许多城市和地区的空气已被污染,易成雾霾,地面上到处堆积着各种各样的废物,城市里也挤满了人群和他们杂乱的用品等,所有这些都在与日俱增。以目前这样的速度进行,已经使得地球上赖以维持生命的自然系统负荷过重了,人类已面临着窒息于这个环境的危险之中。因此,人类感到需要寻求一种能够控制地球表面的力量的科学方法或自然生态平衡学的方法。学习生态学基础的目的就是认识人与环境的关系,运用生态规律保护自然资源,防止环境污染。

第一节　生态学基本原理

凡是有生物活动的地球表面层,包括地球表面的广阔水域(水圈)、地壳表面的岩石和土壤(岩石、土壤圈)、地球表面的大气层(大气圈)和生活于其中的人类及其他生物(动物、植物、微生物等)构成了生物圈。离开了生物圈的物质基础,生物就不能生存。而生物的活动,特别是人类的活动,反过来又影响生物所赖以生存的环境。环境中的空气、水、土壤等因素与生物之间存在着既相互依赖又相互制约的关系。

一、生态学与生态系统

早在 1866 年 B. Haeckel 就提出了生态学这个名词,他定义为"生态学是研究生物及环境的相互关系。"这个概念一直沿用至今。也就是说,生态学是生物科学的一个领域,它是研究生物与其生存环境之间相互关系的一门学科。

生态学大体上分为两个主要部分:其一是以生命组织的层次性为基础,即包括细胞、个体、种群 3 个层次的种群生态学;其二是围绕着相互作用的不同种类集合体为基础的群落生态学,这种生物集合体与其生存地区的局部环境因素构成了一个个的综合体,通常称之为生态系统。

当然,生态学本身又可分为植物生态学、动物生态学和微生物生态学。所以说生态学是一个广义的名词,而生物圈就等于是一个无所不包的生态系统。

1. 种群和群落

种群是生长在一定群落中的种的个体的总合。换句话说,种群是指占据某一地区的某一个种的一群个体。一个池塘中的芦苇种群即是一例。一般生活在自然界的种群,称为自然种群(如鱼类、哺乳类等);培养在实验室内的种群,称为实验种群(如单细胞生物的酵母,草履虫和昆虫等)。

生物群落是生活在一定地区(或环境)的种群的集合。例如一片草原,或一片橡树林就是一个群落。因为生物群落是由植物、动物和微生物 3 个部分组成的,所以它又可分为植物群落、动物群落和微生物群落。在实际工作中植物群落最容易划分,因而研究较多,也比较深入。群落与环境有着密切的关系,环境条件影响着植物群落的形成、结构、演替等等,反过来群落也对环境起着主要的改造作用。

2.生态系统的构成

生态系统的组成是指系统内所包括的若干类相互联系的各种要素。从理论上讲,地球上的所有物质都可能是生态系统的组成成分。地球上生态系统的类型很多,它们各自的生物种类和环境要素也存在着许多差异。然而,各类生态系统却都是由两大部分、四个基本成分所组成的。两大部分就是生物和非生物环境,或称之为生命系统和环境系统。四个基本成分是指生产者、消费者、还原者和非生物环境。

(1)生产者(producers)。生产者主要是指能制造有机物质的绿色植物和少数自营生活菌类。绿色植物在阳光的作用下可以进行光合作用,将无机环境中的二氧化碳、水和矿物质元素合成有机物质;在合成有机物质的同时,把太阳能转变为化学能并储存在有机物中。这些有机物质是生态系统中其他生物生命活动的食物和能源。生产者是生态系统中营养结构的基础,它决定着生态系统中生产力的高低,是生态系统中最重要的组成部分。

(2)消费者(consumers)。消费者是指直接或间接利用绿色植物所制造的有机物质作为食物和能源的异养生物,主要是指各类动物,也应包括人类本身。消费者包括的范围很广,根据食性不同或取食的先后可分为草食动物、肉食动物、寄生动物、食腐动物。按照其营养方式的不同,可分为不同的营养级,直接以植物为食的动物称为食草动物(herbivores),是初级消费者(primary consumer);以食草动物为食的动物称为食肉动物(carnivores),是二级消费者(secondary consumers);食肉动物还可分为三级、四级消费者,这些消费者通常是生物群落中体型较大,性情凶猛的动物。消费者中最常见的是杂食性消费者(omnivory consumers)。它们的食性很杂,食物成分季节性变化大,在生态系统中,正是杂食消费者的这种营养特点构成了极其复杂的营养网络关系。但是,许多动、植物都是人的取食对象,因此,人是最高级的消费者。

(3)分解者(decomposers)。分解者亦称还原者(reducers),主要指微生物,故又有小型消费者之称,包括细菌、真菌、原生动物及以有机碎屑为食的动物(如蚯蚓)和食腐动物。它们以动物的残骸和排泄物中的有机物质作为生命活动的食物和能源,并把复杂的有机物分解为简单的无机物归还到环境中,重新加入到生态系统的能量和物质流中去,供生产者重新利用。分解者在环境的净化和生态平衡中起着十分重要的作用。生态系统还原者的作用也是极为重要的,尤其是各类微生物,正是它们的分解作用才使物质循环得以进行。否则,生产者将因得不到营养而难以生存和保证种群的延续,地球表面也将因没有分解过程而使动、植物尸体堆积如山。整个生物圈就是依靠这些体型微小、数量惊人的分解者和转化者消除生物残骸,同时为生产者源源不断地提供各种营养原料。

(4)非生物环境(abiotic environment)。非生物环境包括气候因子(如太阳辐射、空气、热量、水分和土壤等自然因素)和无机物质(如碳、氢、氧、无机盐等无机物质)。它们为生物的生存提供必需的空间、物质和能量等条件,是生态系统能够正常运转的物质、能量基础。

生态系统的内部构成如图1-1所示。

生态系统的各个组成部分相互联系、相互制约、相互依赖。缺乏某一部分,将会导致生态系统的崩溃,并且也是不可想象的。例如,若没有细菌作用,整个世界将是尸骨遍野,死亡的植被覆盖整个土壤层,生物小循环中止;没有绿色植物,生态系统失去了物质、能量来源,使消费者、分解者奄奄待毙,生态系统失去活力,无序增加,结构破坏,最后崩溃。

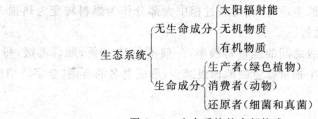

图1-1　生态系统的内部构成

3.生态系统的营养结构

美国生态学家林德曼研究生物之间的关系,积累了丰富的资料,他从"大鱼吃小鱼,小鱼吃虾米""一山不容二虎"的谚语中得到启发,建立了关于食物链和金字塔营养级的理论,为生态学奠定了坚实的科学基础。

生态系统各组成部分之间建立起来的营养关系,构成了生态系统的营养结构。营养结构以食物关系为纽带,把生物和它们的无机环境联系起来,把生产者、消费者和分解者联系起来,是生态系统中物质循环和能量流动的基础。生态系统的生物部分,从绿色植物开始的各个环节,通常称为营养级。绿色植物是第一营养级,食草动物是第二营养级,第一级食肉动物是第三营养级,第二级食肉动物是第四营养级。食物能量从绿色植物开始,通过各营养级有机体进行转移,组成食物链。如图1-2和图1-3所示。

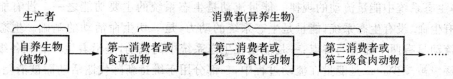

图1-2　食物链内各营养级的名称标志

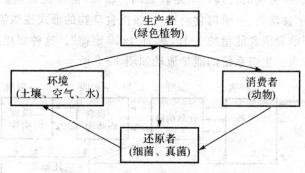

图1-3　各营养级构成的食物链联系

由图可见,在生态系统中,由食物关系把多种生物联系起来,一种生物以另一种生物为食,另一种生物再以第三种生物为食,……彼此形成一个以食物联结起来的链锁关系,称为食物链。

食物链的长度,已知尚没有超过5级的,这是由以下因素决定的。

(1)消费者有机体在获取食物方面从来不是将食物完全使用完的,总是有很多的可食用生物种类保留下来。

（2）消费者有机体从来不可能把全部吃下的食物都转变成为自己的原生质，其中有些作为粪便排除；被消化吸收变成原生质的，在呼吸过程中大部分作为燃料转变为热损失掉，还有一部分作为尿或其他废物淘汰掉。

因此，生态系统中营养级之间的能量转换率，一般不超过10％，顺营养级，每一级的生产率、有机体的个体数目以及生物量都急剧地梯级减少，形成著名的所谓"金字塔结构"。例如生物量金字塔（见图1-4）。

图1-4　生物量金字塔

生物量金字塔有两层含义，其一是生物数量（个体数）是金字塔结构；其二是生物质量比呈金字塔规律。

应用食物链和营养级理论，在经济建设中具有重要的现实意义。从环境保护角度来看，值得特别重视的问题是：污染物沿食物链富集与污染物沿食物链进入人体。

4. 生态系统的能量流和物质循环

（1）生态系统中能量流动的规律。能量流动是生态系统的主要功能之一。没有能量的流动就没有生命、没有生态系统，能量是生态系统的动力，是一切生命活动的基础。生态系统中的能量流动具有两个显著的特点：一是能量在生态系统中的流动，是沿着生产者和各级消费者的顺序逐级被减少。二是能量在流动过程中，一部分用于维持新陈代谢活动而被消耗，同时在呼吸中以热的形式散发到环境中去，只有一小部分做功，用于合成新的组织或作为潜能储存起来。因此，在生态系统中能量的传递效率是较低的。所以，能量流也就愈流愈细。一般来说，能量沿着绿色植物、草食动物、一级肉食动物、二级肉食动物的形式逐级流动。通常，后者所获得的能量大体上等于前者所含能量的1/10，称为"1/10定律"。这种层层递减是生态系统中能量流动的一个显著特点。生态系统的能量流动如图1-5所示。

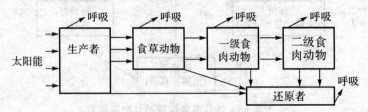

图1-5　生态系统的能量流动

从生态系统的能量流原理得到启示：一个生态系统实际上就是分布于空间的能量系统。当沿着食物链上升时，在单位面积上可利用的能量愈来愈少。因此，在最高营养级中的生物必然分布于广大地域。例如，一种食用植物的昆虫幼虫在几平方米范围内的叶子中就可以找到它所需要的全部食物；但是一只鹰或一头狮子必须在好几平方公里的地区才能找到足够量的有机体,以维持自身的生存。

(2)生态系统中的物质循环。生态系统的绿色植物通过根系从土壤中吸收生命物质元素的矿物成分,而经由叶上的气孔自大气吸收碳(CO_2),在太阳光能的作用下制成有机化合物。然后,有机物沿着食物链到达消费者。随着这些有机体死亡和分解,又被释放出来返回到环境中。所有这些释放到环境中的物质重新被植物吸收利用,参加生态系统的再循环。因此,物质流不同于能量流。对生态系统来说,物质在每次转化中即使有损失,但所损失的部分最终仍回到环境中去,并被植物重新利用。因此,在生态系统中的物质的趋向是利用,再利用,即循环。这一生态系统物质循环给我们以下启示。

1)农业生产要注意秸秆还田,不要破坏生物小循环,造成土壤肥力下降,当前我国农村尤其要防止把秸秆直接当燃料的浪费做法(本来中间可进行沼气发酵)。

2)注意保护土壤,防止水土流失,造成土壤贫瘠,我国每年水土流失的肥料相当于全国化肥厂的化肥总产量。

3)防止有毒物质进入生态系统的食物链。

二、生态系统的平衡

1.生态系统的稳定性

生态系统是一个复杂的、动态的系统。一方面能量和物质通过植物的光合作用,降雨和尘埃,河水和地下水的渗透和流入等进入生态系统;另一方面能量和物质又通过蒸发、植物蒸腾、生物呼吸、动物迁移,以及物质被人和动物取出、土壤渗透和排水等从系统中损失掉。这样,在生态系统中就要不断发生物质和能量转移和交换,形成一种能量和物质的连续流动。在一个未受干扰和少受干扰的正常进行的生态系统中,物质和能量的输入是趋于平衡的,这种平衡称为生态系统的内稳定状态,或生态平衡。

达到稳定或平衡状态的生态系统,其生产、消费和分解之间,也就是系统的能量流动和物质循环,能较长时间保持平衡状态。

生态系统具有一种内部的自动调节能力,或反馈现象,以保持本身的稳定。也就是说,在成分多样,能量和物质流动途径复杂的生态系统中,较易保持稳定。这是因为系统的一部分出问题,可以被不同部分的调节所抵消。相反,成分简单、结构简单的生态系统,内部调节的能力就较小,它对于剧烈的生态改变,通常是比较敏感而脆弱的。例如,一个只有两种生物的简单食物链:

$$A(被捕食者) \rightarrow B(捕食者)$$

如果 A 种群开始减少,可以预计到因为被捕食者的不足而引起 B 种群的下降;当 B 种群减少时,由于捕食者的缺乏将引起 A 种群的突然增加,这样捕食者的食物来源又丰富起来,B 种群也将随着增长,在捕食者增加的地方又使 A 种群再度减少。

对于稍微复杂一点的食物链,看看是如何为其中一个种群数量的变化而提供补偿的:

如果 A 种群减少,C 种群可以改变它的摄食习惯而捕食更多的 B 种群生物。这样 A 种群

生物就能得到恢复而不至于使生态系统平衡遭到严重破坏。

生态系统的自动调节能力是有限度的。在限度内,生态系统具有某种数量规定的自动调节能力;超出限度,调节就不再起作用,从而使系统受到改变、伤害以致破坏。

2.生态平衡的破坏

在理论上,一个生态系统虽然有着向稳定状态(动态平衡)发展的趋势,也就是说,它的组成、结构和能量与物质循环趋向于长时间地基本上保持一致;然而,由于它本身内部的矛盾以及外界自然的,特别是人类活动因素的影响,稳定状态总是很难达到。去掉一个因素或增加一个因素,改变一个因素的性质或者强度,都可能触发生态系统中反应的长链,从而破坏系统的平衡。当平衡打破时,就可能发生一系列不易预测的变化,并且往往导致很难预料的后果。生态平衡失调的影响因素分为自然因素和人为因素。自然因素主要是指自然界发生的异常变化或自然界本来就存在的对人类和生物的有害因素,如地壳运动、海陆变迁、冰川活动、火山爆发、山崩、海啸、水旱灾害、地震、雷电火灾以及流行病等。这些因素可使生态系统在短时间内遭到破坏甚至毁灭。例如,每隔6~7年就会发生异常的海洋现象,即厄尔尼诺现象,结果使来自寒流的鳀鱼大量死亡,鳀鱼死亡又会使以鳀鱼为食的海鸟失去食物来源而无法生存。1965年发生的死鱼事件,就使得1 200多万只海鸟饿死,海鸟死亡又会使鸟粪锐减,引起以鸟粪为肥料的农田因缺肥而减产。地球上自从出现人类起,人类就开始对自然界做均衡的工作。人类活动对环境所产生的影响,可分为下述四类。

(1)出于开发和利用资源的目的,人类有计划地进行大规模的生产活动,把原始自然景观改变为人为景观。例如开荒造田、育林固沙、改造水系等措施,可使低产的生物、土壤等资源发挥更大的生产效益。与此同时,也存在违反自然规律,滥用自然资源,造成森林、草原、河流、湖泊等生产力衰退,甚至出现人为荒漠化等现象。

(2)由于人口不断增长以及工矿交通事业的迅速发展,促使人类向大自然进军,使自然环境发生更大范围的根本性变化。原来的自然生态系统被性质截然不同的人工结构系统所代替,自然生产力和自然资源逐渐为机械生产力及工业产品所代替,原来的自然调节系统让位给人工系统。这就伴随着大量物质和能量的加速聚集,多余能量和"三废"物质亦相应增加,超过了该空间的有限负荷量,特别是生物中不易分解的复杂有机物的积累,导致了环境恶化。

(3)原来潜藏在岩石圈深处的若干资源和元素,经人类开发启用,上升到地表,释放出多种物质,进入人类环境,有些对人类有益,而有些则直接对人和生物有害。有些物质参加了地理生态系统的物质循环,改变了原来的代谢过程;有些微量的元素,经过生物链的浓聚,在不知不觉中累积致害,甚至造成生态系统的慢性崩溃。

(4)为了保护农业、林业等生产,过量使用残留期长的剧毒化学物品及广谱性杀虫剂,在防治病虫害的同时,也会杀死一些对人类有益的害虫的天敌,并且污染了环境。

有一个报告说,世界保健组织在婆罗洲的一个特定地区喷射DDT,苍蝇和蟑螂被杀死了,四脚蛇吃掉死苍蝇和蟑螂,因吃得太饱,爬行速度减慢,被猫吃掉,其后,猫又一只接一只死掉,结果老鼠成灾,鼠疫流行。显然,猫的死亡是由于生物放大效应造成的,这种生物放大效应是持续的、容易转移的,诸如DDT这类物质沿着食物链从一个生物群转到另一个生物群的时候,毒素也全部进入这种生物的脂肪组织中,其浓度变得越来越高。假如这个食物链继续下去,熊吃猫,然后人又吃熊,人体内的DDT的浓度将比猫体内的浓度要高几倍。这是一件不幸的事,因为人正处于许多这样的食物金字塔的顶峰。这个例子说明了生态系统的复杂性导致扰乱这个平衡的危险性。

　　3.生态系统的重新建立

　　生态系统是在长期历史发展中形成的,组成生态系统的各要素之间基本上是协调和稳定的、平衡的。但是,无论从外部增加或减少其中某些要素,使物质交换和能量转化发生变化,都会使生态系统的微妙平衡遭到破坏,失去平衡。在通常的情况下,由于生态系统的复杂性和多样性,它本身具有一种自我修复和自动调节的能力,使平衡得到恢复,系统得以维持。但如果这种破坏超过了它所承受的限度,或环境容量,就会导致整个系统的衰退、中断和破坏。

　　生态系统的核心是生物群落,生态平衡就是由各种生物群落所具有的自动调节和自我修复能力来维持的。因此,只要人类充分认识和掌握生物调节机理,积极创造生物种群自身修复能力的合适条件,那么,在大多数情况下,原先已经失调或破坏了的生态平衡可以重新恢复或建立新的生态平衡。例如,澳大利亚为了发展畜牧业,引进了大量的牛羊,然而意想不到的事情发生了,4 500万头牛每天有4.5亿堆又大又湿的牛粪排泄在草地上,大片大片的草地被盖得严严实实,压抑牧草生长。牛粪风化后又干又硬,几年也不分解,挡住牧草,植物呈现黄化现象,不久即枯死,绿色的草地出现了一块秃斑,每年被牛粪毁坏的草地达3.6亿亩,严重地威胁畜牧业的发展。牛粪激增又为苍蝇提供了大量滋生的生态条件,各种苍蝇铺天盖地而来。苍蝇是传染病的媒介和家畜寄生虫病的媒介,危害人畜健康。在这个国家内,草-牛-蝇-人之间的生态平衡严重失调。

　　为了重建新的生态平衡,生物学家们从生态学的角度决定放养蜣螂(俗名屎壳郎),处理牛粪,进而间接消灭苍蝇。十多年来,澳大利亚引进了若干种蜣螂,每年在300个点放养500万只蜣螂,3年之内成绩卓著。蜣螂把刚排出的牛粪滚成球团,最后以它们各自巧妙的方式神速地运贮于地下。这样,不但疏松了土壤结构,增加了土壤养分,促进绿色植物的生长,而且控制了苍蝇的繁殖,遏止了寄生虫和病菌的扩散,很快使昔日几乎崩溃的牧场又充满了盎然的生机,而且牧草的产量成倍增长。小小的蜣螂,在调节生态平衡中竟发挥出如此巨大的作用。

　　生态平衡的维持是靠下述几方面来实现的。

　　(1)生态系统本身的自动调节能力(或反馈现象)。一个生态系统内各生物种类,在食物链中各处在一个营养级别,每一个级别中的许多生物,总是与另一级别中的那些生物构成食物网(即各种食物链相互交错)的关系,这种网状生态结构是生物调节最重要的机制之一。一般说来,生态系统成分愈多样,能量和物质流动途径愈复杂,内部调节能力就愈大,因而系统愈稳定。反之,生态系统成分愈单调,结构愈简单,内部调节能力就愈小,它对于剧烈的生态变化,通常是比较敏感的、脆弱的。例如,一片成熟的天然林,经受某种灾害(如虫害)的危害,比起单纯的人造林来说,要小得多,而且被破坏以后,恢复也快。但生态系统这种调节能力是有限度的,在这个限度以内,生态系统具有某种数量的自动调节。如果超过了这个限度,这一功能就不能正常运转,最后必然导致系统的崩溃。

　　(2)生态系统内物质和能量的循环必须保持不断。植物同时进行光合作用和呼吸作用,吸收水分和养分,并不断蒸发水分。构成自身和储蓄养分的一个稳定的生态系统,需要保持这个循环过程,生态系统的平衡才得以保持。

　　(3)生态系统的增长,必须同环境形成一定的稳定关系,要与环境协调。

　　要是把人类放入生态系统内,生态系统还必须为人类提供物质上、精神上健康生活的环境,否则,这个系统也是不稳定的。

正确认识生态平衡是很重要的,不承认自然界生物与生物之间、生物和环境之间存在着生态平衡,就不能正确认识自然界的发展规律。反之,把生态平衡看成是僵死的、静止的、不变的,片面强调自然界的和谐作用,否定它们之间的矛盾运动,同样也不能正确认识自然界的发展规律。承认了这一点,我们在开发利用自然资源时,就会充分考虑生态系统的调节能力,使得系统的平衡能够维持,生产也能够发展。

第二节　生态系统的物理化学循环

自然界有许多化学元素是生物有机体生命活动所必需的,其中以氧、碳、氢、氮和磷最为重要,它们占整个原生质的 97% 以上。这些化学基本元素可以通过生物圈进行循环。现在介绍最基本的水循环、碳循环、氧循环、氮循环、磷循环和硫循环。

一、水循环

1. 水圈

地壳表面的液态水层称为水圈。水是地球上最丰富的化合物,约占地球外层 5km 地壳的 50% 以上,约占地球表面积的 70.8%,大约是在 30 亿年前形成的。

2. 水的作用

(1)没有水就没有生命。水是构成任何生物体的基本成分。如水占水母体重的 95%,占鱼类体重的 70%～80%,占人体重的 70% 以上。水是生物调节体温、散发热量、适应环境温度变化时不可缺少的物质。另外,生命起源于水,月球上没有水,所以是一个死寂的球体。据统计,每人每天需 5L 水,加上卫生方面的用水约需 40～50L。现在已经证明,在没有食物,只要有水的情况下,人的生命可延续 20～30 天,而没有水 5～7 天就会死亡。因此说,水与生命关系密切,没有水,就没有生命。

(2)水是一种宝贵资源。任何工业、交通、建筑等部门都离不开水,而且需要数量很大(合乎一定质量要求的水)。如一个 400 000kW 的热电厂,需要用 20 多个体积流量(1 个体积流量 $=1m^2/s$)的冷却水,每炼 1t 钢要 200t 左右冷却水;一个 50 万锭的纺织厂,每日要耗用 5×10^4t 以上的水;生产 1t 纸约用 250～500t 水,生产 1t 人造纤维需耗用 1 000t 以上的水;灌溉 1 亩蔬菜需用 25～35t 水,灌溉 1 亩小麦需用 40～50t 水,灌溉 1 亩棉花要用 35～50t 水。况且水运交通以水行舟,渔业以水为基础,水电事业以水为动力等,因此说,水是一种宝贵资源。

3. 水在地球上的分布及水的循环

地球表面面积为 5.098 7 亿平方公里,而地球上约有 13.6 亿立方公里的水,如果将这些水均匀地铺在地球表面上,可达 2.7m 厚的一层。这些水在地球上的分布见表 1-1。

从表 1-1 可看出,淡水湖和河流的水量只占地球上水量的 0.009 1%,加上地下水中的浅层水也不过 0.319 1%。人类各种用水,基本上都是靠这些淡水。就是这些淡水由于分布不均、利用量迅速增加以及水体污染等,使其变得愈来愈宝贵。目前已在议论如何开发和利用冰川淡水的问题。

地球上这些水在不断地进行着循环,处于平衡状态。因此,江河奔流不息,地下水位相对稳定,海拔没有明显的变化。

表1－1 地球上水量的分布

水类型	水量/($10^8 m^3$)	比例/(％)
淡水湖	1 250 000	0.009
河 水	13 000	0.000 1
冰 川	2 000 000	0.015
冰 帽	288 000 000	2.10
咸水湖	1 000 000	0.007
土壤水	650 000	0.005
地下水	80 000 000	0.58(浅层占0.31)
大气水	130 000	0.001
生物水	520 000	0.004
海 水	13 200 000 000	97.28
合 计	13 573 043 000	100.00

在阳光照射下,通过江河湖海等地面水、表土水的蒸发,植物茎叶的蒸腾,形成水蒸气,进入大气,遇冷凝结,以雨、雪、雹等形式重返地面。返回地面的水,一部分渗入地下成为土壤水和地下水,再供植物蒸腾,或直接从地面蒸发;一部分流入江河湖海,再经这些水面蒸发或植物蒸腾等。这样,就形成了水的无终止的往复循环过程,称之为水循环。水循环由蒸发(蒸腾)、大气环流的水汽运送、降水和径流4个部分构成。我国大陆上的水主要是经大气从东面和东南海面上输送而来的。

二、碳循环

碳是构成生物体的基本元素,占生物总质量约25％。在无机环境中,以二氧化碳和碳酸盐的形式存在。生态系统中碳循环的基本形式是大气中的二氧化碳通过生产者的光合作用生成碳水化合物,其中一部分作为能量被植物本身所消耗,植物呼吸作用或发酵过程中产生的二氧化碳通过叶面和根部释放回到大气圈,然后再被植物利用。碳水化合物的另一部分被动物消耗,食物氧化产生的二氧化碳通过动物的呼吸作用回到大气圈。动物死亡后,经微生物分解产生的二氧化碳也回到大气中,再被植物利用。这是碳循环的第二种形式。生物残体埋藏在地层中,经漫长的地质作用形成煤、石油和天然气等化石燃料。它们通过燃烧和火山活动放出大量二氧化碳,进入生态系统的碳循环。这是碳循环的第三种形式(见图1－6)。上述循环的3种形式是同时进行的。在生态系统中,碳循环的速度很快,有的只需数分钟或数小时,一般多在几个星期或几个月内即可完成。

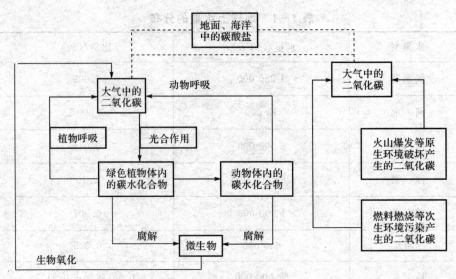

图 1-6 生态系统中的碳循环

三、氧循环

氧的循环比较复杂。氧不仅维持着生命,也是由生命产生的。现在大气中的氧,虽不是全部,但几乎主要来源于植物,也就是通过植物光合作用产生氧气。但近代的研究认为,光合作用产生的氧是少量的,而空气中的氧实际上是由其他发生源产生的。可能性最大的发生源是高空中的高能光线和宇宙射线,它们使水蒸气分解产生氧气。

当然人类活动会影响到生物圈中的氧循环和地球上的氧收支。除了吸氧和呼出二氧化碳,还可以因为燃料燃烧等而降低氧水平,增加二氧化碳的比例。据估计,近 10 年中平均每年在原基础上使大气圈中二氧化碳增加 0.2%。由于二氧化碳吸收红外辐射,只要大气圈内二氧化碳数量增加 1 倍,温度就增加 2℃,在增加 3℃时可引起局部地区变暖,增加 4~5℃以上时,估计会引起两极冰盖的融化。当然,由于大气中粉尘和二氧化碳的增加,一定程度上减少了太阳辐射强度,会使气温下降,有可能抵消因二氧化碳增加而引起的温度变化,这都有待进一步研究。但从近数十年看,地球气温仍在逐步升高。

二氧化碳、水和氧循环的简单模式见图 1-7。

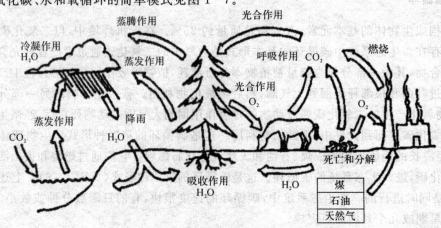

图 1-7 生物圈内的水、氧和二氧化碳循环

四、氮循环

氮也是构成生物有机体的重要元素之一，它是蛋白质的主要成分。大气中含氮约78%，但植物不能直接利用，大气中含量丰富的氮，绝大部分不能被生物直接利用。大气中的氮进入生物有机体的主要途径有4种，即生物固氮（豆科植物、细菌、藻类等）、工业固氮（合成氨）、岩浆固氮（火山活动）、大气固氮（闪电、宇宙线作用）。其中第一种能使大气氮直接进入生物有机体，其他则以氮肥的形式或随雨水间接地进入生物有机体。

植物从土壤中吸收硝酸盐等，与复杂的含碳分子结合生成各种氨基酸，许多氨基酸联结在一起形成蛋白质。动物吃了这些蛋白质，构成体内组织的一部分。动物死后，蛋白质被微生物分解成硝酸盐等而回到土壤，又被植物吸收、利用。土壤中的一部分硝酸盐等在反硝化菌作用下，变成分子氮回到大气中。氮的循环过程见图1-8。

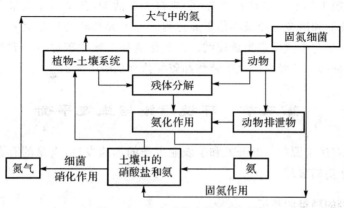

图1-8　生态系统中的氮循环

氮在环境中起着重要作用。化肥中的氮是引起水污染的原因之一。在燃烧过程中氮被氧化生成的氮氧化物是形成光化学烟雾的重要成分。

五、磷循环

磷是有机体的另一个重要元素，它参与了为所有生物体提供能量的代谢过程。磷在水体污染中具有重要意义，因为人们过量地使用含磷洗涤剂和磷肥，可以引起水域植物急剧增长，导致对环境的危害。

磷循环如图1-9所示，其主要来源是磷酸盐岩石、鸟粪与动物化石的沉积。侵蚀或采矿使磷从岩石中移出，然后进入水循环和食物链。经过循环，一部分磷沉积于深海，直至地质活动方可再次举起；另一部分浅海内的磷经海鸟、鱼类转化而返回陆地。人们为生产肥料，开采磷酸盐岩石加速了磷的损失过程。假若每年按照 $9\ 400 \times 10^4 t$ 的速度消耗磷酸盐岩石，全世界磷酸盐岩石100年即可用完。由此可见，人类活动对磷循环

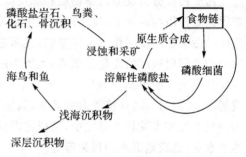

图1-9　生态系统中的磷循环

的破坏是何等严重。

综上所述,地球上的物质通过各种循环在不停地运动着。物质循环一方面使各种生物之间,生物与非生物环境之间保持着一种相对的平衡;另一方面在循环中物质得到了更新和净化。在生态系统中,物质循环和能量流动都保持着较长时期的相对稳定,这就是前边所讲的生态平衡。

六、硫循环

地球中的硫大部分储存在岩石、矿物和海底沉积物中,以黄铁矿、石膏和水合硫酸钙的形式存在。大气圈中天然源的硫包括硫化氢、二氧化硫和硫酸盐。硫化氢来自火山活动、沼泽、稻田和潮滩中有机物的嫌气(缺氧)分解等途径;二氧化硫来自火山喷发的气体;大气圈中硫酸盐(如硫酸铵)则来自海中浪花的蒸发。

大气圈中硫的1/3(包括硫酸盐的99%)来自人类活动,其中的2/3来自含硫化石燃料的燃烧,其余来自炼油和冶金工业及其他工业过程。进入大气圈的硫化氢和二氧化硫均可氧化成三氧化硫,进一步与水汽反应生成硫酸。二氧化硫和三氧化硫也可与大气圈中的其他化学品反应生成亚硫酸盐和硫酸盐。这些硫酸和硫酸盐都是酸沉降的组成部分。

第三节　环境污染与生态平衡

随着人类对自然资源的不断开发和工农业生产的迅速发展,大量的有害物质使环境受到污染,造成生态平衡的破坏。

一、环境污染的种类和特征

造成环境污染的原因是多种多样的。如火山爆发而喷出的气体和尘埃,风暴掀起的尘埃,都会引起环境污染,这样形成的污染是天然污染。然而,问题最复杂、情况最严重的是人类的活动所造成的污染,即所谓人工污染。

1.环境污染的种类

环境污染的种类很多。从污染影响的范围大小来说,有点源污染、面源污染、区域污染、全球污染等;从被污染的客体来说,有大气污染、水体污染、土壤污染、食品污染等;从污染影响的程度来说,有轻度污染、中度污染、重度污染、严重污染等。

污染物可分为反应污染物质和非反应污染物质两大类。介入环境中的反应污染物质,在诸因素的作用与影响下,发生理化或生化等化学反应,生成比原来毒性更强的新污染物质,所生成的污染物质就叫作二次污染物,其所造成的环境污染就称为二次污染。如大气中的污染物受阳光照射生成的光化学烟雾;大气中的二氧化硫、氮氧化物和雨水混合生成的酸雨;汞及其化合物生成的甲基汞等等。介入环境中的非反应污染物质未改变毒性,而从一个环境要素或场所,转入另一个环境要素或场所,其所造成的环境污染就称为次生污染。如水中的重金属污染物不改变毒性转入底泥中,造成底泥的污染;地面水和土壤中的污染物未改变毒性而转入地下水中,造成地下水的污染等等。

2.环境污染的特征

从影响人体健康的角度来看,环境污染一般具有如下特征。

(1)作用时间长。一是指人们 24h 都暴露在被污染的环境中,如大气污染、放射性污染等;二是指某些污染物作用时间长,如 DDT 在土壤中消失 50% 的时间是 4~30 年。

(2)污染范围广。如大气污染,可造成一个城市、一个区域甚至全球的污染危害。

(3)作用机理复杂。污染物进入环境之后,经大气、水体等的稀释、扩散,一般来说浓度较低。但是,由于污染物种类繁多,而且与多种因素有关,又可通过理化和生化作用发生转化、代谢、降解、富集,所以既可单独产生危害,又可产生联合危害。

(4)危害暗藏,不易发现。有的污染危害需要相当长的时间和运用多种科学手段才能被发现和查明原因。如伦敦烟雾事件、洛杉矶光化学烟雾事件。尤其是环境污染的慢性危害更不易发现,往往是污染物在人体内积蓄多年,发现后已导致"不治之症"。隐患最深的是某些污染物的远期危害,如有的受害者本身可以完全无症状,呈隐性,而遗传给下一代,致畸胎、致突变、致癌等。

二、环境污染对生态平衡的影响

人类活动所产生的有害物质,不断地进入到水、大气和土壤环境中,给生态平衡带来破坏性的影响。

1. 大气污染对生态平衡的影响

人类的生存须臾离不开大气。然而,随着工业的发展,大量污染物质被释放出来,进入大气圈,参与人工生态系统的物质循环。于是产生了种种使人忧虑的后果。

(1)温室效应。CO_2 在大气中的剧增,会引起温室效应。众所周知,CO_2 分子能捕获红外线。白天,太阳照射地面,阳光穿过大气层,CO_2 能吸收热量;夜晚,CO_2 像一条棉被,盖住地球,把地球向外层空间散发的红外线又吸收了。这样,CO_2 层就好像给地球罩上了一个很大的"玻璃棚",类似培养热带花草的温室,故称其为温室效应。温室效应破坏了地球热交换的平衡,使得地球的平均温度逐渐上升,已引起世界气候学家的密切关注。

(2)臭氧层的破坏。在原始大气圈形成过程中,臭氧层是很具有关键性的。分布在距地面 22km 高空的臭氧层,是地球的一顶天然保护伞,它挡住了紫外线和宇宙射线的侵入,它的存在是地球上生命发展的前提条件。现代化的大容量、超声速的喷气飞机在同温层里频繁飞行,将会消耗大量的臭氧(O_3),使臭氧层的 O_3 逐渐地减少。照此下去,总有一天这把伞会"漏"。近年来,美国北部和加拿大有些地区,起因不明的皮肤病患者突然增多,这是一个危险信号,很有可能是紫外线穿过臭氧层的"天窗"照射到地面引起的。现在局部区域有时已有臭氧空洞出现。臭氧层一旦破坏,紫外辐射将大量到达地球。且不说它会导致皮肤癌,影响光合作用,毁坏生态系统,甚至有可能使地球回到无生命状态,这是不堪设想的。

(3)酸雨。酸雨是大气中酸性烟云,诸如 SO_2,SO_3,NO,NO_2 引起的。酸雨降落后,恶化水质、污染土壤。水体的酸度增加后,就危及池鱼。北欧不少地区的鳟鱼、蛙鱼等鱼群因酸雨之害已经消失了。酸雨还腐蚀建筑物。古希腊的雅典女神庙,意大利的罗马科洛西姆斗兽场,这些数千年来保存完好的古文化遗址,在近数十年间,也不同程度地受到酸雨的侵蚀,人们不得不替女神穿上塑料外衣。酸雨还危及森林和农作物。有环境专家认为,酸雨是 21 世纪最严重的环境保护难题。

2. 水污染对生态平衡的影响

自古以来,人们习惯于把废物倾于河流,然后再从中汲取饮水。但在自然条件下,河流有很大的自净能力,水污染只是局部的、暂时的。

自从人类社会进入工业化社会后,水污染问题越来越突出。首先,工业化使成千上万的人集中到城市,大量的污物排入河中,超过了河流的自净能力;其次工业生产大量增加了细菌所不能分解的物质,特别是像重金属化合物和有毒有机物等。这些工业废物堆积在地面上,还可能通过渗透作用将毒物渗入地下或流进邻近的河流。水污染使大量的水生生物死亡,一些河流变成臭水沟。

由于水体污染也加速了一些湖泊海湾的富营养化。水体富营养化是指由于水中无机盐和有机物的大量增加,使水生生物迅速增多的现象。富营养化作用的产生与水体中氮和磷的含量有密切的关系,一般认为总磷和无机氮含量分别在 $20mg/m^3$ 和 $300mg/m^3$ 以上,就可能出现富营养化。在湖泊演化过程中,富营养化起着重要作用,随着富营养化过程的进展,则湖泊由贫营养湖→富营养湖→沼泽→干地。一般来说,在自然情况下,这一过程很缓慢地发生,但在人类活动的作用下,这一过程则加速进行。海湾富营养化现象也十分严重,海洋富营养化引起的显著现象之一是"红潮"(赤潮)的发生。它是由于大量城市污水排入海洋而引起的水体富营养化,后者促进了海面上的浮游生物急剧繁殖扩展,使海面呈现一片红色,由此称之为"红潮"。形成"红潮"的浮游生物有鞭毛藻类、硅藻类和原生动物等。这种水体富营养化,在国外已成为一个相当严重的问题。它可以引起鱼类大批死亡,使水的生化需氧量激增,溶解氧含量减少,水生生态系统平衡遭到破坏。

3. 土壤污染对生态平衡的影响

大量使用杀虫剂和化肥,造成土壤板结、物理化学性质变坏,许多土壤细菌被杀死。并且,有毒物质通过绿色植物进入生态系统的食物链浓缩,最后间接和直接地威胁到人类的健康和生存。

4. 放射性污染对生态平衡的影响

世界第一座核电站运行以来,人们担心总有一天核电站会像掀开盒盖的"潘多拉魔盒",放出恐怖的放射线。1986 年 4 月 27 日,苏联切尔诺贝利核电站第 4 号反应堆起火爆炸,造成了严重的放射性污染,有 299 人受到大剂量辐射,35 人受到最高剂量的辐射,19 人死亡。专家们估计,未来数年可能死亡人数高达 5 000。

切尔诺贝利的灾难使人类感受了放射性污染的危害。一般地说,放射性污染可能有三种情况:人为的核装置爆炸,核电站泄漏事故,核废弃物处理不当。放射性污染的严重性在于预防、治理困难,且费用高昂。例如,核废弃物的处理就令人头痛。因为无论是埋入地下,倾倒深海,还是用火箭送上太空,让它一去不复返,都有许多技术、经济上的困难。目前,还没有一个完美的方案。

其他如食品污染、噪声污染、城市热岛效应等对生态平衡均有影响。污染也使生物受到巨大威胁。据统计,到 1970 年止,世界上至少有 36 种哺乳动物和约 94 种鸟类已经消失。生物的死亡造成生态平衡的破坏。环境污染的这些危害使人们不得不回过头来检查以往行动的后果。

大量研究表明,在污染物的影响下,生态系统发生着深刻变化,并有一定的规律性。

(1)种类组成的变化。在污染物的作用下,耐污染种类保留,不耐污染种类消失。种类组成由复杂到简单,种类数量由多到少。如在水生生态系统中,高等植物种类减少,正常的浮游植物为污水类型的藻类所代替;在陆地生态系统中,种类组成的变化表现在森林树种被灌木和草本所代替,在严重的情况下,甚至只有苔藓地衣能够生存。

(2)个体数量的变化。在污染环境中,一般的生物种的个体数量大大减少。

(3)系统结构的变化。即生产者和消费者的种类组成和比例发生变化;由简单配置的广泛分布种代替了复杂配置的特化种。

(4)生态系统的养分大量损失,不稳定性大大增加。

(5)生态系统中的生产者、消费者和分解者之间与非生物环境的关系发生改变,以及物质与能量循环的失调等等。

目前,在这方面的研究重点是污染物对生态系统长期或短期的影响,污染存在的形式,以及在生态系统中的运转途径和积累规律。

三、生态规律在环保中的应用

生态系统受污染后,下述 4 个特性有利于生态系统恢复,重建正常状态。

1. 生态系统的稳定性

生态系统发育到一定的阶段后,就会出现稳定状态(稳定性),即在短暂时间内不会出现明显的变化,从而保持系统的基本特征与功能。当生态系统受到有限的干扰时,如果基本结构未变,经过系统内部代偿或“修补”,表现为抗干扰,维持正常状态;当干扰程度大,足以影响系统的实体结构时,通过一定时间的“修补”,再度建立新平衡。“修补”时向的长短取决于系统受干扰的程度。

2. 生态系统的可塑性

生态系统由于自身机能特征,对外界条件表现出一定范围的可塑性(弹性)或忍耐性。可塑性对个体来说,是在受干扰后,能通过自身生理、生化调节过程(代谢、降解),把机体内部环境维持在最适宜的稳定作用状态,适应环境的变化;对种群来说,受干扰后,能通过改变个体的大小、繁殖速度或基因组配而出现种群补控反应;对群落和生态系统来说,受干扰后,能通过反馈机制,使系统的主要成分在物质和能量的输入与输出上,保持一定幅度的平衡,使系统不至于失去恢复“修补”和再建新平衡的基础。这种可塑性的大小取决于生态系统的类型及其发育期。

3. 生态系统的多样性

多样性表现为生态系统的生物成分由较多的物种组成的食物链和食物网的复杂性。多样性是生态系统稳定性、弹性以及系统受损害后影响的范围大小与恢复、再建新平衡的基础。一般来说,多样性较高的系统,稳定性亦高,可塑性也大,抗干扰的能力越强,平衡越不易被破坏。

4. 生态系统的惯性

惯性是指一个生物群落或系统,在受到干扰或破坏时,防御它的结构和功能不会改变或失去平衡的能力。这种惯性取决于系统对环境多变的适应能力,以及结构与功能方面潜在(储备)的抵御力量,能容纳、降解毒物的性能与速率,自身监测信息的灵敏程度和释出行动的及时性等。

另外,生物体受污染后都会产生滞后效应、累积效应、放大效应、层次效应、功能效应、发育效应和遗传效应等,生物的这些效应为研究环境污染及治理提供了某些依据。

在环境保护方面,植物发挥着极重要的作用。归纳起来有以下几方面:植物是天然的“制氧机”;植物是天然的“防疫员”;植物是天然的“除尘器”;植物是天然的“消声器”;植物是天然的"空调器";植物是天然的环境"净化器";植物是天然的环境质量"监测预报员";植物是天然的"环境保护网"。除此之外,植物还有防风固沙、涵养水分、保持水土、美化环境和保护着大量的珍禽异兽的作用,并且有许多种类还是药材等生物资源。植物又分布于地面、水体等一切有生命的环境中,这就形成了一个将整个地球都包括在内的无比大的环境保护网,人类的环保活动是无法与其相比拟的。微生物能将地球上的全部动植物遗骸分解而归回环境,可算得上地球的"清洁工"。同时,许多益鸟、昆虫又能将害虫吃掉,从这方面说,保护鸟类就等于减少农药的生产和施用,而减少农药施用量就又等于部分地保护了环境和益鸟。例如,草青蛉、瓢虫、蜘蛛、青蛙能食某些害虫;一头猫头鹰一个夏季可捕杀上千只田鼠,等于从鼠口中夺回 1 000 kg 粮食;一只灰喜鹊一年可消灭 1.5 万条松毛虫,可保护 10 亩松林不受虫害。由此可知,开展爱鸟活动有重要的意义。

综上所述,只要人类植树造林、绿化环境,保护害虫的天敌,充分发挥植物在环保方面和鸟类等在植保方面的作用,积极控制污染源,人类环境的污染程度就会减轻。

四、环境污染的防治措施

环境污染的治理是多方面的。不应当等待污染后再来治理污染,而应当有组织、有计划地开展工作来防止污染。因此,必须采取立法、经济、教育、行政、技术等相结合的手段,对损害和破坏环境的活动施加影响,才能达到控制、保护和改善环境的目的。除了各种污染物的具体治理技术外,还要采取有效的综合防治措施。

1. 把环境保护纳入国民经济计划和管理的轨道

总的来说,要以《环境保护法》等法律、法令、条例为依据,搞好环境保护工作。

把环境保护纳入国家经济计划与经济管理的轨道,应具体包括:①要把保护环境与自然资源作为制订国民经济计划时的不可缺少的内容之一,实行全面规划,合理布局;②在进行基本建设时,要贯彻执行环境保护设置与主体工程同时设计、同时施工、同时投产,即"三同时"原则;③在老企业的技术改造中,要把消除污染作为技术改造的内容之一,对一些危害严重的污染源,要分期分批地限制解决;④对企业的管理,不仅要求提高产品数量和质量,还必须按照国家规定的环境质量标准控制和减少污染。只有这样,才能解决日益严重的环境污染问题。

2. 做好基本建设项目的环境规划工作

把好新建企业这一关,不再增加新的污染源。否则,环境污染非但得不到控制,而且还会随着建设的发展进一步恶化。根据《环境保护法》和《基本建设项目环境保护管理办法》第四条的有关规定,新建、改建和扩建工程时,必须编制环境影响报告书。为此要做好环境质量影响评价工作,以便对环境进行全面规划,做到防患于未然。

3. 制定控制环境污染的技术政策

(1)改革工艺,采用无污染工艺和清洁生产。这是防止环境污染和促进生产发展的有效途径。近年来,从经济效益与环境效益一致的观点出发,推动了无污染或少污染的生产工艺的发展。例如"白银炼铜法"工艺,可将 SO_2 浓度由 1‰~1.5‰ 提高到 5‰~7‰,用来制造硫酸,既减少污染,又综合利用了资源。其他如无氰选矿、无汞仪表的发展,对消除污染起到了积极作用。

(2)减少燃料用量,改变能源结构。要采取各种措施,减少燃料用量。例如提高锅炉燃烧效率,停止生产和使用耗能高的设备,大量利用工业废热,采用热电联产技术等。要制定出各行各业各类产品在各种工艺设备条件下的能源、水源的单耗定额,建立保证定额耗量实现的政策、条例和规定等的奖惩制度。要扩大使用煤制气,发展区域供热。要大力寻求和发展新的清洁能源,如太阳能、风能、地热等。

（3）禁止和限制使用剧毒和高残留农药。例如六六六、DDT、汞制剂、有机磷制剂、砷制剂等,有的要禁止使用,有的要限制使用。

（4）要优先建设综合性工业基地。建立综合性工业基地使各企业之间的废弃物得到综合利用,这样既减少污染物总排放量,又能充分利用二次资源和二次能源。

4.用经济手段管理环境

在国民经济发展的同时,要相应地增加环境保护投资。对环境污染的治理要从经济上给以优待,对于治理环境污染的资金,银行要给以低息长期贷款。对治理设施固定资产折旧费实行减税,对利用废弃物生产的产品要实行利润留成。

贯彻"谁污染谁治理"的原则以及征收排污费制度,要把排污收费与法律制裁制度加以具体化。"谁污染谁治理"的原则,在法律上一般表现为以下 3 种方式:排污收费、赔偿损失及罚款和追究刑事责任。

5.绿化造林

绿化造林,不仅美化环境,调节空气温、湿度,调节城市小气候,保持水土,防风防沙,而且在保护环境和净化空气方面有显著作用。

6.安装净化装置

在充分考虑环境规划、合理布局、综合防治、改革工艺、改革原料和燃料及充分利用环境自净能力的基础上,若污染物的排放量仍达不到国家或地方制定的环境质量标准,则必须安装各种净化污染物的装置,如治理废气的除尘装置、烟气脱硫装置,治理废水的废水处理装置,控制噪声的消声器、吸声器和隔声板,处理废渣的综合利用装置等。

最后,还应指出,保护环境是一项社会公德,除技术措施以外,应加强对环保的认识与思想教育,加强法治,立法执法,赏罚严明,这是十分重要的。要像培养其他社会公德一样,使人们从小就懂得保护环境的重要,养成良好习惯,树立保护环境和改良环境人人有责的社会风尚。

复习思考题

1.解释名词:生态学、生态系统、种群和群落、营养级和食物链。

2.生态系统是怎样构成的?

3.什么是生态系统的能量流和生态系统的物质循环?

4.什么是生态系统的平衡?

5.人类活动对环境所产生的影响有哪些?

6.说明生态平衡的维持与重新建立。

7.分别叙述生态系统中水循环、碳循环、氧循环、氮循环、磷循环的过程。

8.环境污染的种类有哪些?什么是二次污染和次生污染?

9.环境污染有何特征?

10.环境污染对生态平衡有哪些影响?

11.环境污染的防治措施有几方面?

第二章 水环境保护

水是一种宝贵的自然资源,是人类生活、动植物生长和工农业生产不可缺少的物质。水是一切生命机体的组成部分,是生命发生、发育和繁衍的源泉。水有极大的热容量,对调节地球上的气温起着巨大的作用。水是人类社会发展必不可少的物质条件之一。由此可见,保护水资源,防治水污染是全人类神圣和义不容辞的责任。

中华人民共和国国家标准 GB/T50095—98 对水环境和水体的定义如下:

水环境(water environment)是围绕人群空间及可直接或间接影响人类生活的发展的水体,其正常功能的各种自然因素和有关的社会因素的总体。

水体(water body)是水的聚积体。如溪、河、渠、池、湖库、海洋、沼泽、冰川、积雪、含水层、大气圈中的水等水域。

水环境主要由地表水环境和地下水环境两部分组成。地表水环境包括河流、湖泊、水库、海洋、池塘、沼泽、冰川等水体及环境要素。水环境是构成环境的基本要素之一,是人类社会赖以生存和发展的最重要的场所,也是受人类影响和破坏最严重的领域。

第一节 污染水体的有害物质

水体中的污染物种类繁多,根据对环境造成的危害不同,废水中的污染物可大致区分为以下几种类型:固体污染物、需氧污染物、毒性污染物、营养性污染物、生物污染物、感官污染物、酸碱污染物、油类污染物、热污染物及其他污染物等。

一、固体污染物

固体污染物在常温下呈固态,它分无机物和有机物两大类。固体物质在水中有 3 种分散状态:溶解态(直径小于 1nm)、胶体态(直径为 1～100nm)和悬浮态(直径大于 100nm)。在水处理技术中,由于直径介于 100～1 000nm(甚至 2 000nm)之间的固体微粒悬浮能力也很强,因而分离这类颗粒一般仍采用类似分离胶体微粒的方法,在技术上把胶体微粒的上限扩大到 1 000～2 000nm。此外,水质分析中把固体物质分为两部分:能透过滤膜或滤纸(孔径为 $0.45\mu m$)的叫溶解固体(dissolved solid,DS);不能透过者叫悬浮固体(suspended solid,SS)或悬浮物(suspended substance,SS),两者合称为总固体(total solid,TS),或总固形物。必须指出,这种分类仅仅是为了水处理技术的需要。

在紊动的水流中,悬浮物能悬浮于水中,但这种悬浮是有条件的和暂时的,一旦维持悬浮的条件(水的紊动)消失,它就从水中分离出来。相对密度大于 1 的沉于水底,小于 1 的浮于水面。通常把前者叫作沉降性悬浮物,后者叫作漂浮性悬浮物。沉降性悬浮物中能在技术操作时间(一般不大于 2h)内用标准沉降管沉降分离的,叫作可沉物(其粒径大体在 $10\mu m$ 以上);难以沉降分离的,叫作难沉物。

悬浮物的主要危害是造成输运废水的沟渠管道和提升设备的堵塞、淤积和磨损;造成受纳水体的淤积和土壤空隙的堵塞;造成水生动物的呼吸困难;造成给水水源的浑浊;干扰废水处理和回收设备的工作。由于绝大多数废水中都含有数量不同的悬浮物,因此,去除悬浮物就成为废水处理的一项基本任务。

溶解固体中的胶体是造成废水浑浊和色度的主要原因。少数废水含有很高的溶质(主要为无机盐类),对农业和渔业有不良影响。

二、需氧污染物

能通过生物化学或化学作用消耗水中溶解氧的物质,统称为需氧污染物。

无机的需氧物为数不多,主要有 Fe, Fe^{2+}, NH_4^+, NO_2^-, S^{2-}, SO_3^{2-}, CN^- 等。绝大多数需氧物是有机物,因而在特定情况下,需氧物即指有机物。

虽然绝大多数有机物(主要是天然的)为需氧物,但也有一部分有机物不是需氧的。前者称为可生物降解有机物(biodegradable),后者称为不能被生物降解有机物(non-biodegradable)。可生物降解有机物按照被微生物分解利用的难易程度不同,又分为难生物降解有机物(refractory biodegradable)和易生物降解有机物(readly biodegradable)。

需氧物对环境水体造成两方面的危害。一是直接消耗水中的溶解氧(dissolved oxygen,DO),二是间接消耗水中的溶解氧。直接耗氧指的是需氧物(主要为无机物,如 Fe^{2+}、硫化物等)直接与水中的溶解氧发生化学反应,造成水体的溶解氧含量降低。间接耗氧指的是需氧物(主要为可生物降解有机物)被水中的好氧微生物和兼性微生物在吸收利用过程中,消耗水中的溶解氧。当氧的消耗速率大于补充速率(表面复氧或藻类释氧)时,水中溶解氧浓度就要降低。当浓度低于某一限值时,水生动物的生活就受到影响。例如,鱼类要求氧的限值是 4mg/L,如果低于此值,会导致鱼群大量死亡。当溶解氧消耗殆尽时,厌氧微生物和改变了代谢方式的兼性微生物就生活于水中,进行厌氧分解。需氧物厌氧代谢的中间及最终产物如硫化氢、硫醇和氨等不仅对水生生物有致毒作用,而且还散发刺鼻的恶臭,形成的硫化铁能使水色墨黑,还出现底泥冒泡和泥片泛起。最终导致水体腐化,严重影响环境卫生和水的使用价值。

需氧物种类繁多,通常用综合水质指标间接表示其含量多少。最常用的指标是生化需氧量(biochemical oxygen demand,BOD)、化学需氧量(chemical oxygen demand,COD)和高锰酸盐指数。用生化过程中消耗的溶解氧量来间接表示需氧物的多少,称为生化需氧量。用化学氧化剂 $K_2Cr_2O_7$ 或 $KMnO_4$ 氧化分解有机物时,用与消耗的氧化剂当量相等的氧量来间接表示需氧物的多少,分别称为化学需氧量和高锰酸盐指数。

三、毒性污染物

废水中能对生物引起毒性反应的化学物质,称为毒性污染物(toxic substance),简称为毒物。工业上使用的有毒化学物质已超过 10 000 种,因而已成为人们最关注的污染物类别。

毒物对生物的效应有急性中毒和慢性中毒两种。急性中毒的初期效应十分明显,严重时会导致死亡。毒物对鱼类的急性中毒量,通常以半数死亡浓度 TLM 表示,即在 24h 或 48h 内使供试鱼类 50% 致死的毒物浓度。慢性中毒的初期效应很不明显,但长期积累可引起突变、致畸、致癌、致死,甚至引起遗传性畸变。目前,对微量毒物尚缺乏合理的判定标准。

大多数毒物的毒性与浓度和作用时间有关。毒物浓度愈高,作用时间愈长,致毒后果愈严重。此外,毒物反应与环境条件(温度、pH 值、溶解氧浓度等)和有机体的种类及健康状况等因素有关。

废水中的毒物主要有三大类:无机化学毒物、有机化学毒物和放射性物质。

1. 无机化学毒物

无机化学毒物分为金属和非金属两类。金属毒物主要为重金属(heavy metals),一般相对密度大于 4～5。废水中的重金属主要是汞、铬、镉、铅、锌、镍、铜、钴、锰、钛、钒、钼、锑、铋等,特别是前几种危害更大。在轻金属中,铍是一种重要的毒物。

甲基汞能大量积存于人脑中,引起乏力、末梢麻木、动作失调、精神错乱、疯狂痉挛。六价铬中毒时能使鼻膈穿孔,皮肤及呼吸系统溃疡,引起脑膜炎和肺癌。镉中毒时引起全身疼痛、腰关节受损、骨节变形,有时还会引起心血管病。铅中毒时引起贫血、肠胃绞疼、知觉异常、四肢麻痹。镍中毒时引起皮炎、头疼、呕吐、肺出血、虚脱、肺癌和鼻癌。锌中毒时能损伤胃肠等内脏,抑制中枢神经,引起麻痹。铜中毒时引起脑病、血尿和意识不清等。铍中毒能引起急性刺激,导致结膜炎、溃疡、肿瘤和肺部肉芽肿大(铍肺病)。

作为毒物,重金属具有以下特点:

其毒性以离子态存在时最为严重,故通称重金属离子毒物。

不能被生物降解,有时还可被生物转化为更毒的物质(如无机汞被转化为烷基汞)。

能被生物富集于体内,既危害水生生物,又能通过食物链危害人体。

重要的非金属毒物有砷及砷化物、硒、氰化物、氟化物、硫化物、亚硝酸盐等。砷中毒时能引起中枢神经紊乱、诱发皮肤癌等。硒中毒时能引起皮炎、嗅觉失灵、婴儿畸变、肿瘤。氰中毒时能引起细胞窒息、组织缺氧、脑部受损等,最终可因呼吸中枢麻痹而导致死亡。氟中毒时能腐蚀牙齿,引起骨骼变脆或骨折,此外,氟对植物的危害很大,能使之枯死。硫中毒时,引起呼吸麻痹和昏迷,最终导致死亡。亚硝酸盐能使幼儿产生变性血红蛋白,造成人体缺氧,此外,亚硝酸盐在人体内还能与仲胺生成亚硝胺,具有强烈的致癌作用。

必须指出的是许多毒物元素,往往是生物机体所必需的微量元素,只是在超过水质标准时,才会致毒。

2. 有机化学毒物

有机化学毒物种类繁多,在水质标准中规定的有机化学毒物有挥发酚、苯并(a)芘、DDT、六六六等。酚有蓄积作用,对人和鱼类危害很大,它使细胞蛋白质变性和沉淀,刺激中枢神经系统,降低血压和体温,麻痹呼吸中枢。苯并(a)芘是多环芳烃中毒性最大的一种强烈致癌物。多氯联苯能引起面部肉瘤、骨节肿胀、全身性皮疹、肝损伤等,并有致癌作用。有机农药(杀虫剂、除草剂、选种剂等)分为有机氯、有机磷和有机汞三大类。有机氯(DDT、六六六、艾氏剂、狄氏剂等)的毒性大,稳定性高。DDT 能蓄积于鱼脂中,可高达 12 500 倍,使卵不能孵化。

3. 放射性物质

放射性是指原子裂变而释放射线的物质属性。对人体有危害的电离辐射有 X 射线、α 射线、β 射线、γ 射线及质子束等,射线通过物质时会产生离子。废水中的放射性物质一般浓度较低,主要引起慢性辐射和后期效应,如诱发癌症(白血病),对孕妇和胎儿产生损伤,缩短寿命,引起遗传性伤害等。放射性物质的危害程度与剂量、性质和身体状况有关。半衰期短的,其作用在短期内衰退消失;半衰期长的,长期接触有蓄积作用,危害甚大。

水中主要的天然放射性元素有 ^{40}K,^{238}U,^{286}Ra,^{210}Po,^{14}C,氚等。目前,在世界任何

海区几乎都能测出 90Sr,137Cs。

四、营养性污染物

植物营养物主要指氮、磷等能刺激藻类及水草生长,干扰水质净化,使 BOD_5 升高的物质。水体中营养物质过量所造成的"富营养化"对于湖泊及流动缓慢的水体所造成的危害已成为水源保护的严重问题。

富营养化(eutrophication)是指在人类活动的影响下,生物所需的氮、磷等营养物质大量进入湖泊、河口、海湾等缓流水体,引起藻类及其他浮游生物迅速繁殖,水体溶解氧量下降,水质恶化,鱼类及其他生物大量死亡的现象。在自然条件下,湖泊也会从贫营养状态过渡到富营养状态,沉积物不断增多,先变为沼泽,后变为陆地。这种自然过程非常缓慢,常需几千年甚至上万年。而人为排放含营养物质的工业废水和生活污水所引起的水体富营养化现象,可以在短期内出现。

植物营养物质的来源广、数量大,有生活污水(有机质、洗涤剂)、农业(化肥、农家肥)、工业废水、垃圾等。每人每天带进污水中的氮约 50g。生活污水中的磷主要来源于洗涤废水,而施入农田的化肥有 $50\%\sim80\%$ 流入江河、湖海和地下水体中。天然水体中磷和氮(特别是磷)的含量在一定程度上是浮游生物生长的控制因素。当大量氮、磷植物营养物质排入水体后,促使某些生物(如藻类)急剧繁殖生长,生长周期变短。藻类及其他浮游生物死亡后被需氧生物分解,不断消耗水中的溶解氧,或被厌氧微生物所分解,不断产生硫化氢等气体,使水质恶化,造成鱼类和其他水生生物的大量死亡。

藻类及其他浮游生物残体在腐烂过程中,又把生物所需的氮、磷等营养物质释放到水中,供新的一代藻类等生物利用。因此,水体富营养化后,即使切断外界营养物质的来源,也很难自净和恢复到正常水平。水体富营养化严重时,湖泊可被某些繁生植物及其残骸淤塞,成为沼泽甚至干地。局部海区可变成"死海",或出现"赤潮"现象。常用氮、磷含量,生产率及叶绿素-α作为水体富营养化程度的指标。防治富营养化,必须控制进入水体的氮、磷含量。

五、生物污染物

生物污染物主要指废水中的致病性微生物及其他有害的有机体。废水中的绝大多数微生物是无害的,但有时却能含有各类致病微生物。例如,生活污水中可能含有能引起肝炎、伤寒、霍乱、痢疾、脑炎的病毒和细菌以及蛔虫卵和钩虫卵等;制革厂和屠宰厂的废水中常含有炭疽杆菌和钩端螺旋体等;医院、疗养院和生物研究所排出的废水中含有种类繁多的致病体。水质标准中的卫生学指标有细菌总数和总大肠菌群(escherichia coli)两项,后者反映水体受到动物粪便污染的状况。除致病体外,废水中若生长铁细菌、硫细菌、藻类、水草或贝壳类动物时,不仅会堵塞管道和用水设备,而且还会造成腐蚀,引起水质变化,也属于生物污染。

生物污染物中,病毒的个体较小,约 $30\sim300nm$。其他生物污染物,如细菌($0.5\sim10\mu m$)、藻类和寄生虫卵等个体较大,它们在水中呈悬浮状态。

六、感官污染物

使废水呈现颜色(colour)、浑浊(turbid)、泡沫(foam)、恶臭(odor)等引起人们感官上极度不快的物质称为感官污染物。对于景观娱乐水体而言,感官污染是重要的水质指标。各类水质标准中,对色度、臭味、浊度、悬浮物等水质指标作了相应的规定。

七、酸碱污染物

酸、碱是化学工业的基本原料,化工生产排出的废水中,经常含有酸、碱或酸性、碱性污染物质,有些废水还含有酸泥、碱泥等。

酸、碱对人体皮肤、眼睛和黏膜有强烈刺激作用,可导致皮肤灼伤和腐蚀;它们进入消化系统,会引起消化道黏膜糜烂、出血,甚至穿孔。进入呼吸系统,能引起呼吸道和肺部发生损伤。

酸、碱污染水体后,pH 值发生变化,破坏其自然缓冲作用,消灭或抑制细菌及微生物的生长,妨碍水体自净,还可腐蚀桥梁、船舶等。含酸、碱的废水对于鱼类及水生生物也是有害的,当 pH 值小于 5 时,鱼类即难于生活。水体长期受酸、碱污染,将使水生生物的种群发生变化,使鱼类减产以至绝迹,从而对生态系统产生不良影响。酸、碱中和产生的无机盐类排入水体后,可使河水的矿化度增高,影响各种用水水质。盐污染主要来自生活污水和工矿废水以及某些工业废渣。另外,由于酸雨规模日益扩大,造成土壤酸化、地下水矿化度增高。水体中无机盐增加能提高水的渗透压,对淡水生物、植物生长产生不良影响。在盐碱化地区,地面水、地下水中的盐将对土壤质量产生更大影响。不溶性盐类还影响水的色泽和浊度。这些悬浮的固体在水中会堵塞鱼鳃,使鱼窒息死亡。悬浮物能够截断光线,因而减少水生植物的光合作用。

1.酸性废水

煤矿和其他金属矿(铜、铅、锌等)的废水,以及酸雨等都是酸性废水的来源。酸性废水会降低水体的 pH 值,杀死幼鱼和其他水生动物种群,并使成年鱼类无法繁殖;酸化的水体使金属和其他有毒物质更易溶解于水中,这会进一步损害水体的生态系统;酸化水体中水生生物的灭绝会使以它们为食物的其他物种(如一些鸟类)灭绝。

2.磷酸盐

普通洗衣粉都含有磷,在洗净衣服的同时,大量的磷酸盐被排入水中;磷是庄稼生长必需的一种元素,大量使用磷肥也是磷酸盐的一个重要来源。磷酸盐会增加水体中藻类生长所需的重要元素磷,因而引起藻类疯长。疯长的藻类死亡之后,成为水体中细菌的营养,于是细菌迅速增殖,大量消耗水中的氧气,从而导致鱼类因缺氧而大量死亡。而且藻类和细菌往往还会释放毒素,有些鱼类会携带这些毒素,通过食物链传给人类,严重者会使人致死。

3.含氮化合物

化肥、饲料、生活污水等是含氮化合物的一个重要来源。含氮化合物也是能帮助藻类生长的营养物质,它会协同磷造成水体的富营养化。

八、油类污染物

石油污染是水体污染的重要类型之一,特别在河口、近海水域更为突出。石油工业、机械加工、汽车和飞机保修、涂料油脂加工、煤气、船舶运输、油船泄漏都会造成油类物质的污染。

排入海洋的石油估计每年高达数百万吨至上千万吨,约占世界石油总产量的 0.5%。石油污染物主要来自工业排放,清洗石油运输船只的船舱、机件及发生意外事故、海上采油等均可造成石油污染。而油船事故属于爆炸性的集中污染源,危害是毁灭性的。

石油是烷烃、烯烃和芳香烃的混合物,进入水体后的危害是多方面的。油比水轻,会在水面形成薄膜,阻断空气中的氧溶解于水;水中氧浓度减少后,会使水质恶化和水产量下降,并污染水和水产食品,进而危及人的健康。如在水上形成油膜,能阻碍水体复氧作用,油类黏附在鱼鳃上,可使鱼窒息;黏附在藻类、浮游生物上,可使它们死亡。油类会抑制水鸟产卵和孵化,严重时使鸟类大量死亡。石油污染还能使水产品质量降低。

九、热污染

热污染是一种能量污染,它是工矿企业向水体排放高温废水造成的。一些热电厂及各种工业过程中的冷却水,若不采取措施,直接排放到水体中,均可使水温升高,水中化学反应、生化反应的速度随之加快,使某些有毒物质(如氰化物、重金属离子等)的毒性提高,溶解氧减少,影响鱼类的生存和繁殖,加速某些细菌的繁殖,助长水草丛生,厌气发酵,恶臭。

鱼类生长都有一个最佳的水温区间。水温过高或过低都不适合鱼类生长,甚至会导致死亡。不同鱼类对水温的适应性也是不同的。如热带鱼适于 $15\sim32℃$,温带鱼适于 $10\sim22℃$,寒带鱼适于 $2\sim10℃$ 的范围。又如鳟鱼虽在 $24℃$ 的水中生活,但其繁殖温度则要低于 $14℃$。一般水生生物能够生活的水温上限是 $33\sim35℃$。

除了上述九类污染物以外,洗涤剂等表面活性剂对水环境的主要危害在于使水产生泡沫,阻止了空气与水接触而降低溶解氧,同时由于有机物的生化降解耗用水中溶解氧而导致水体缺氧。高浓度表面活性剂对微生物有明显毒性。

水体污染的例子很多,如京杭大运河(杭州段)两岸有许多工厂,每天均有大量废水排入运河,使水体中固体悬浮物、有机物、重金属(Zn,Cd,Pb,Cu 等)及酚、氰化物等含量大大超过地面水标准,有的超过几十倍,使水体处于厌氧的还原状态,乌黑发臭,鱼虾绝迹,不能用于生活、农业等用水;水体自净能力差,若不治理、不控制污染源,水体污染还会进一步扩大。

第二节 水体的自然净化

水污染通常是指排入水体的污染物超过了该物质在水体中的本底含量和水体的环境容量(即水体对污染物的净化能力),因而引起水质恶化、水体生态系统遭到破坏,造成对水生生物及人类生活与生产用水的不良影响。

自然环境(包括水环境)对污染物质都有一定的承受能力,称为环境容量。水体依靠自身能力,在物理、化学或生物方面的作用下使水体中污染物无害化或污染浓度下降的过程称为水体自净(self-purification)。水体自净作用的大小是估计该水体环境容量的重要前提。水体自净除了与时间有关之外,还与水体的地形和水文条件、水中微生物的种类和数量、水文和水体复氧状况有关,还与污染物的性质、浓度或数量及排放方式等有关。按照作用机理,可分为 3 种:物理净化、物理化学净化和生物净化。

一、物理净化

物理净化是指污染物质由于稀释、混合、沉淀等作用而使水体污染物质浓度降低的过程。其中稀释作用是一项重要的物理净化过程。污染物浓度高的水团,为另一个浓度低的水团所冲稀,或者两个或两个以上不同组成的水团进行互相混合,都有效地减少污染物的浓度。稀释、混合在概念上很简单,而在机制上却是复杂的。稀释除与分子扩散有关外,还受紊流扩散作用的影响,混合作用与温度、水团流量和搅动情况有关。通过沉降过程可降低水中不溶性悬浮物浓度,由于同时发生的吸附作用,还能消除一部分可溶性污染物。但沉淀物质按其性质和数量的不同,又以不同方式影响底栖生物,或作为食物促进底栖生物生长,或起埋葬这些生物的作用。

二、物理化学净化

化学净化是指污染物质由于中和、氧化、还原、分解等作用而使水体污染物质浓度降低的过程。酸性水和碱性水通过发生中和反应,又在一定程度上得到净化。需要指出的是,酸碱性条件的变化,还影响污染物的迁移。例如,在弱酸性河水中,磷、铜、锌和三价铬等污染元素容易随水迁移;在碱性河水中,砷、硒和六价铬等污染元素容易迁移。

在水体中存在着多种变价元素时,它们彼此间因存在电位差而发生电子转移,进行氧化还原反应。氧化还原反应使水中污染物的化学性质,特别是溶解度、稳定度和扩散能力发生很大变化。例如,硫在氧化反应中由难溶性的硫化物变成易溶性的硫酸盐;铁和锰在氧化反应中由可溶性的二价化合物,变成几乎不溶解的三价铁和四价锰的氢氧化物而沉积下来。例如:

$$Cr^{3+} + 3CO_3^{2-} + 3H_2O \longrightarrow Cr(OH)_3 \downarrow + 3HCO_3^-$$

$$CN^- + CO_2 + H_2O = HCN \uparrow + HCO_3^-$$

三、生物净化

水体生物净化(biologic purification of water body)是指生物类群通过生命活动,使水体中污染物无害化或污染浓度下降的过程。它还可以包括生物吸收、生物转化和生物富集等过程。如需氧微生物在溶解氧存在时,将水体有机污染物分解为简单稳定的无机物(H_2O,CO_2,硝酸盐,磷酸盐等);厌氧微生物在缺氧时,将水体中有机污染物分解为 H_2S,CH_4 等;水生植物吸收水体中镉、汞等重金属等。

生物自净与生物的种类、环境条件如含氧量、温度等有关。在水体自净中,生物自净占有主要的地位。例如:

$$CN^- \xrightarrow{\text{微生物}} CNO^-$$

$$CNO^- \xrightarrow{\text{微生物}} NH_4^+ + HCO_3^-$$

实际上,上述几种净化过程是交织在一起的。以河流的自净过程来说,当一定量的污水流入河流时,污水在河流中首先混合和稀释,比水重的粒子逐渐沉降在河床上,易氧化的物质利用水中的溶解氧进行氧化,但大部分有机物由微生物活动氧化分解而变成无机物,所消耗的氧气可通过河流表面在流动过程中不断地从大气获得,并随浮游植物光合作用所放出氧气而得以补充,其中生成的无机营养物则被水生植物所吸收。这样,河水流经一段距离以后,就能得到一定程度的净化。

水环境的自净效果与污染物的性质和数量有关。海洋和地面水对于一般的天然有机物均具有较强的自净能力,但对于人工合成的有机化合物(如合成洗涤剂、有机农药等)、氰化物以及重金属等有毒物质的净化能力则非常有限。这类物质很难通过自净过程达到净化目的,它们甚至破坏自净过程。即使自净过程能够净化的污染物,如果过量地排入水体而超过其自净能力,则水体的自净作用将失效并污染水体。

水环境的自净效果还受到水中微生物和水情要素等因素的影响。水环境的自净作用受到存在于水中的微生物数量和种类的支配。在水中溶解氧充分时,好气微生物大量繁殖,能摄取有机物,并将其分解成水、二氧化碳及无机盐类排出。如水中氧气不足,则厌气微生物得到大量繁殖,排出带有臭味的硫化氢、甲烷等,使水质进一步恶化。若水环境中存在对微生物有害的污染物,则其自净能力也将随之降低。水环境的水情要素指的是水温、流量和流速等,它对水环境自净作用的影响也很大。水温不仅直接影响水中污染物质的净化过程,而且影响水中微生物的活动。高温多雨地区,污染物迁移、稀释迅速,自然净化的化学过程和生物化学过程进行得强烈。但水温过高或过低都不利于微生物的活动。水温也随季节而变化,使得水环境自净作用的强度随季节变化而有差异。水体流量大、速度快,输送污染物的能力也强,对水体自净过程有积极的影响。特别是河水的紊流运动使水中污染物得到充分的混合,水面富氧程度显著。水面富氧程度与自净作用有很大关系,水中溶解氧不饱和时,需要从水面吸收大气中的氧进行补给,使水中溶解氧量恢复正常。水面富氧速度与水的流动方式,大气与水中的氧分压,大气与水体的温度差等条件有关。

各种不同的水环境,由于各自的具体条件不同,它们的自净作用也互有差别。河流具有一定流速,在稀释、混合、生物作用和阳光作用等方面均较好,而在沉淀方面较差。在受到潮汐作用影响的河段,水流具有双向流动的特点,这往往促使水体中的污染物产生回荡现象,不利于沉淀。湖泊、水库深度较大,流动缓慢,因此在自净方面沉淀效果较好,而稀释、混合能力却差,阳光作用也比较小。

地下水由于流速慢,停留时间长,而且又不接触新鲜空气和阳光,其自净能力要比地面水低得多。但污染物在进入地下水层的途中和在地下水层内能受到有利于净化的作用:在物理净化方面有土壤和岩石空隙的过滤作用,土壤颗粒表面的吸附作用;在化学净化方面有化学反应的沉淀作用和土壤颗粒表面的离子交换作用;在生物净化方面有土壤表面微生物的分解作用。通过这些作用,受污染的水质可以得到一定程度的改善。

百川归海,水体污染物最后多半都要进入海洋。海洋受到污染后,由于它庞大的体积和复杂的运动形式,对污染物在海水中的净化作用影响很大,它能产生良好的稀释、扩散效果。但一些不易分解的污染物随着时间的推移会在海洋中愈积愈多,当它的浓度达到一定数量时,必将破坏海洋生态系统,并最终危害人类。因此,水体污染物仅靠自净作用是不行的,还必须加强对它的综合防治,这样才能取得满意的效果。

第三节　废水处理方法

2011 年,全国废水排放总量为 652.1 亿吨,化学需氧量排放总量为 2 499.9 万吨,比 2010年下降 2.04%;氨氮排放总量为 260.4 万吨,比 2010 年下降 1.52%(见表 2-1 和表 2-2)。

表 2-1　2011 年全国废水中 COD 排放量　　　　　单位:万吨

排放总量	工业源	生活源	农业源	集中式
2 499.9	355.5	938.2	1 186.1	20.1

表 2-2   2011 年全国废水中氨氮排放量   单位:万吨

排放总量	工业源	生活源	农业源	集中式
260.4	28.2	147.6	82.6	2.0

　　工业企业、石油加工过程、化工厂和其他化工性生产装置是排放大量污染废水的主要来源,废水若不经过处理直接排至水体,必将造成各种危害。对于排放到厂外的废水,必须慎重地对待。控制和改革污染源后仍然必须排放的废水,要根据污染物的特性、组成和排放要求,或在稀释后排入水体,或经过妥善而有效的治理达到排放标准以后,再排入水体。废液、废水排放和治理的关系,如图 2-1 所示。

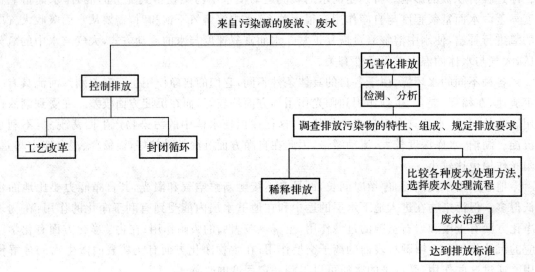

图 2-1　废液、废水排放和治理的关系

　　废水处理是将废水中所含有的污染物分离出来,或将其转化为无害和稳定的物质,从而使废水得以净化。污染物在废水中存在的形式及所采用的分离技术见表 2-3。

表 2-3　水中污染物存在形式及相应的分离技术

污染物存在形式	分离技术
离子态	离子交换法、电解法、电渗析法、离子吸附法、离子浮选法
分子态	萃取法、结晶法、精馏法、浮选法、反渗透法、蒸发法
胶　体	混凝法、气浮法、吸附法、过滤法
悬浮物	重力分离法、离心分离法、磁力分离法、筛滤法、气浮法

　　另一类是通过化学或生化的作用,使其转化为无害的物质或可分离的物质(此部分物质再经过分离予以除去),称为转化法。转化的技术也是多种多样的,见表 2-4。废水处理技术也可分为物理法、化学法、物理化学法和生物处理法四大类别。

表 2－4　废水处理的转化技术

技术机理	转化技术
化学转化	中和法、氧化还原法、化学沉淀法、电化学法
生物转化	活性污泥法、生物膜法、厌氧生物处理法、生物塘法和氧化沟法

物理法是通过物理作用，以分离、回收废水中不溶解的、成悬浮状态的污染物质（包括油膜和油珠）的处理方法。常见的有均衡与调节、沉淀、隔油、筛除与过滤、离心分离等方法。

物理化学法是利用物理化学作用来去除废水中溶解物质或胶体物质。常见的有离子交换、膜分离、萃取、吸附、气浮、汽提、吹脱、蒸发、结晶等方法。

化学法是通过化学反应使废水中的污染物从溶解、胶体或悬浮状态转变为沉淀或漂浮状态，或从固态转变为气态，进而从水中去除的废水处理方法。常见的有中和、化学沉淀、混凝、氧化还原和消毒处理等方法。

生物处理法是通过微生物代谢作用，使废水中呈溶解态、胶体以及微细悬浮状态的有机性污染物质转化为稳定、无害的物质的处理方法。根据起作用的微生物不同，生物处理法又可分为好氧生物处理法和厌氧生物处理法。

一、物理法

1. 均衡和调节

工业废水往往具有水质、水量变化较大的特点，尤其是当操作不正常或设备受腐蚀造成渗漏而使处理物料流入废水中时更为显著。为了使排水管网和废水处理设备能保持正常工作，不受废水的高峰流量、浓度和温度变化的影响，往往在废水处理前设置调节池，用以调节、均衡水质、水量及水温。酸性废水和碱性废水在调节池内进行混合，可以达到中和调节 pH 值的目的。

调节池的形式很多，其中一种如图 2－2 所示的长方形调节池。其特点是出水槽沿对角线方向设置。废水由左右两侧进入池内后，经过不同的时间才流到出水槽，使出水槽中的混合废水是在不同时间内流进来的，废水浓度各不相同，这样就达到了自动调节均衡的目的。为了防止废水在池内短路，池内设置了若干纵向隔板，由于废水中的不溶物会在池内沉降，所以又可设置沉渣斗，通过排渣管定期排出池外。若调节池的容积很大，需要设置的沉渣斗过多，管理太麻烦，可考虑将调节池做成平底，用压缩空气搅拌废水，使其均衡沉淀。

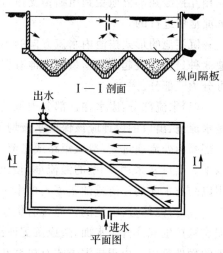

图 2－2　对角线长方形调节池

另一种调节池如图 2－3 所示。其特点是池内设置许多折流隔墙，配水槽设在调节池上，废水通过许多孔口溢流，投配进入调节池的前、后各个位置而得以均匀混合，调节池的起端入口的流量控制在总流量的 1/3～1/4，剩余的流量可通过其他各投配口等量地投入池内。调节池的容积可根据废水浓度、流量变化幅度的规律和所要求的调节程度来确定。

$\frac{b}{4}$

图 2-3 折流调节池

2. 沉淀

工业废水中含有某些有机物、无机物和油类等悬浮物。去除它们的办法,一般常采用沉淀法。沉淀法是利用废水中的悬浮物和水的相对密度不同这一原理,借重力沉降作用使悬浮物从水中分离出来。它是废水净化最广泛使用的预处理方法之一。

当废水中含有较多无机砂粒或固体时,必须在进行废水处理前设置沉淀池,使砂粒等沉淀下来,以防止后续水泵或其他机械设备受到磨损,并防止水槽和弯管淤塞。

悬浮物(悬浮颗粒)在水中的沉淀,可根据其浓度及特性,分为四种基本类型:自由沉淀、絮凝沉淀、拥挤沉淀和压缩沉淀。自由沉淀是指悬浮颗粒在沉降过程中不相互凝结,不受其他颗粒的影响,其形状、尺寸、质量均不改变,下沉速度不受干扰;絮凝沉淀是指悬浮颗粒在沉降过程中能相互碰撞并结成较大的颗粒,其尺寸、质量均会随深度的增加而增大,沉速亦随深度的增加而增大;拥挤沉淀是指悬浮颗粒在水中的浓度较大,在沉淀过程中出现了一个清水和浑水的交界面,沉淀过程表现为交界面下沉的过程;压缩沉淀是指悬浮颗粒在水中的浓度增高到颗粒相互接触并部分地受到压缩物支撑,这发生在沉淀池的底部。上述这几种沉淀过程都是在沉淀池中进行的。

沉淀池的形式按池内水流方向的不同,可分为平流式沉淀池、竖流式沉淀池和辐射式沉淀池 3 种。新发展起来的新型沉淀池有斜管沉淀池、斜板沉淀池和回转式沉淀池。沉淀池一般可分为三部分。

(1)水流部分:废水在这部分内流动,悬浮物就在这部分内沉降分离。该部分的主要问题是水流进、出口的设计应该保证水流均匀地分配在整个过水断面上。设计不当,会引起水池各局部断面处流速过大,造成短路或槽流。一般均在各入口处设置挡板,并使水流入口置于水位以下。出口常采用 V 型的溢流堰,使沉淀后的水像薄膜一样排出。溢流堰前方设有浮渣板,用以防止水面的浮渣或油脂流入槽中。

(2)污泥部分:沉淀的污泥暂时集聚在这里,定期排出,以避免发生厌氧细菌作用,致使污泥腐败产生气体升至水面,造成沉淀池出水中的悬浮固体和有机成分增加,加重下一步生化处理的额外负担。由于排泥方式有机械和非机械两种,沉淀池底形状也有两种。机械排泥的池底是平的,在入口端设有倒置锥形污泥斗,刮泥机将污泥推入贮泥斗,然后利用静水压或泥浆泵去除污泥。非机械排泥的池底设有几个倒置圆锥或角锥形污泥斗,污泥沉入斗内,每斗设置一根排泥管,利用泥浆泵或静水压将污泥定期排出。

(3)中和层:它是分隔水流部分和污泥部分的中间水层,其作用是使已下去的悬浮物不受水流的搅动而影响沉淀效果。

不同类型的沉淀池都有各自的特点。特别是斜板(斜管)沉淀池,它们是近期发展起来的一类新型沉淀池。据报道,斜板沉淀池的生产能力较一般沉淀池高 3～7 倍,而斜管沉淀池的生产能力较一般沉淀池高 10 倍以上。这种沉淀池投资少,效果好,占地面积少,是一种很有发展前途的高效沉淀池。

3. 隔油

在石油的开采、炼制和石油化工生产中,排出大量的含油废水。如年处理 250 万吨的炼油厂,每年排出的含油废水可达 2 000～3 000t。含油废水如果不加以回收处理,不仅是很大的浪费,而且大量的油排入河流、湖泊或海湾,会对水体产生严重的污染。所以为了保护水体免受污染并回收油品,必须对含油废水进行处理。

生产废水中的油品相对密度一般都小于1,焦化厂或煤气站排出的含焦油废水中的重焦油的密度则大于1。油品在废水中常以3种状态存在,即浮油、乳化油和溶解油。

(1)浮油:这种油品在废水中分散颗粒较大,易于从水中分离出来,上浮于水面而被去除。炼油厂废水中这种状态油品的含量占 60%～80%。

(2)乳化油:这种油品分散的粒径很小,呈乳化状态存在,不易从污水中上浮而去除。

(3)溶解油:溶于水中的油品量很小,一般为 5～15mg/L。

以悬浮状态存在的浮油易于上浮,通过隔油池可除去。以乳化状态存在的乳化油比较稳定,不易上浮,用一般的隔油池无法除去,常用浮选、过滤和粗粒化等方法去除。

隔油池除去浮油的原理是在重力作用下,使油与水分离。在隔油池中,相对密度小于1,粒径较大的油品杂质上浮于水面,与水分离;相对密度大于1的杂质则沉于池底。所以隔油池同时又是沉淀池,但主要起隔油作用。隔油池的类型有平流式、平行板式、波纹板式和倾斜板式四种。近年来,国内外又发展了一些新型的除油技术和设备。如粗粒化装置;多层波纹板式隔油池等。

4. 筛除与过滤

筛除与过滤往往作为废水处理中的预处理,用以防止废水中较大的漂浮物、悬浮颗粒损坏水泵或堵塞管道、阀门及水道。过滤法也常用于废水的最终处理,它的出水可供循环使用。

筛除与过滤的实质是让废水通过具有微细孔道的过滤介质,在此介质两侧压强差的推动下,废水由微细孔道通过而悬浮固体微粒被截留。使用一段时间后,过滤介质的过水阻力将增大,这时常用反冲洗法将被截留的固体物从过滤介质中除去。

过滤介质有格栅、筛网、滤布、粒状滤料及微孔管等,可根据废水中悬浮固体颗粒的大小和性质来决定选用。

(1)格栅。格栅是去除废水中漂浮物和悬浮颗粒的最简单而有效的办法。格栅分固定格栅和活动格栅两种。

固定格栅一般由间隔的固定金属栅条构成,废水从间隙中流出。栅条通常做成有渐变的横断面,用最宽的一侧对着废水流向,以便固体物质在间隙中卡住时,易于耙除截留物。根据截留物被耙除的方式不同,固定格栅又可分为手耙式和机械耙除式两种。

活动格栅又可分为钢丝索格栅和鼓轮格栅两种。钢丝索格栅是由一组在滚轴上转动的钢丝索构成的,废水从钢丝索空间流过,截留在钢丝索上的大颗粒固体随着钢丝索的转动被带出筛滤室,并在钢丝索回到筛滤室之前被刷除掉。这种格栅的优点是不用耙子,固体物不会卡在格栅的间隙中。鼓轮格栅实际上是一种筛网过滤装置。它是由部分浸入筛滤室的旋转鼓轮构成的,鼓轮绕水平轴旋转,周边被金属网覆盖。鼓轮的一端封闭,废水从另一端沿轴向进入鼓轮内,通过金属网过滤流出鼓外,截留在鼓内的悬浮物被转鼓带到上部时,被喷射出来的水反冲洗到排渣槽内排出。

用格栅从废水中去除大颗粒固体物的效果取决于废水的水质、格栅空隙的大小、在沟渠系统中固体物被破碎的程度等因素。

在一些污水处理厂中,也有采用破碎机来代替格栅的,粗大的漂浮物经破碎机碾碎后混入废水中,在沉淀池中进行分离。

(2)颗粒滤料过滤。颗粒滤料过滤是利用颗粒介质的物理截留,以及沉淀、吸附等作用来除去废水中细小的悬浮物。常用的过滤介质有石英砂、无烟煤和石榴石等。颗粒滤料过滤的分类方法有多种。按操作方式,可分为重力式和压力式两种:前者为敞开式;后者为密封式,采用压力过滤。按滤料成分可分为单层式和多层式:前者是由一种滤料组成的过滤层;后者是由多种滤料组成的具有两层以上的过滤层,一般由两层或三层组成。按废水的流动方式,可分为下流式、上流式和双流式,如图2-4所示。

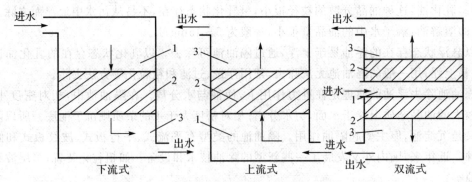

图2-4　下流式、上流式和双流式颗粒滤料过滤示意图

1—原废水;　2—滤料层;　3—滤过水

颗粒滤料过滤常作为吸附法或离子交换法治理废水前的保护装置,以防止活性炭或离子交换树脂堵塞。在炼油厂中,含油废水流经砂滤池处理以后,再进行活性炭吸附处理。

影响过滤效率的主要因素有滤料粒径的大小及配置层序、滤料孔隙度大小、滤料厚度、废水的浑浊度和性质、过滤速度、终点水头损失以及对出水水质的要求等。在滤池中只要滤料的粒径、配置层序、孔隙度和厚度确定了,其他因素均可在过滤运行期间进行调整。

当滤料间隙被所截留和沉积的悬浮物堵塞时,过滤阻力增大,使过滤难以继续进行。这时应暂时停止过滤,通过反冲洗使滤床更新。反冲洗水的流量、流速必须能使滤层体积膨胀至1.25～1.5倍。只有这样,才能保证滤料充分浮动,使悬浮物得以通过滤料间隙。反冲洗所需的时间、水量和流速应根据污染物的性质、滤料的密度和粒径等确定。

(3)机械过滤。废水处理中较常用的机械过滤器是微滤机,它的工作原理是含悬浮物的废水经过具有细孔的薄网(微孔滤网)进行过滤,以达到除去悬浮物的目的。其中微孔滤网的孔眼直径有 $100\mu m,60\mu m,35\mu m,23\mu m$ 等。

微滤机结构紧凑,可处理较大的水量,运行和管理都比较方便,占地面积小,它的最大水头损失通常约为300mm。但它的滤网编织比较困难。

在机械过滤器中,还有真空转鼓式过滤机和板框式过滤机,它们都是去除废水中微量悬浮物的有效设备,其出水净度较高,适用于浓度低而要求净度很高的废水。机械过滤设备采用的过滤介质是天然或合成纤维织成的滤布,也有用金属丝如不锈钢丝编织成的平纹或斜纹的金属滤布。

此外,还有微孔管过滤机。微孔管由多孔陶瓷或聚乙烯树脂等制成。它的特点是耐化学腐蚀,微孔孔径大小可以控制,机械强度较高,过滤后易于再生,成本低,使用寿命长,适用于过滤不溶性盐类等细小颗粒,出水很清。

(4)筛网。筛网一般用薄铁皮钻孔制成,或用金属丝编制而成,孔眼直径为0.5～1.0mm,用以截阻、去除工业废水中的细小悬浮物或含有纤维状的长、软性漂浮物和动植物残体碎屑。一般废水先经过格栅截留大尺寸杂物后再用筛网过滤。收集的筛余物运至处置区填埋或与城市垃圾一起处理。当有回收利用价值时,可送至粉碎机或破碎机磨碎后再用。

筛网的形式有很多种。图2-5所示是转鼓式筛网,用于从制浆造纸工业废水中回收纸浆纤维。

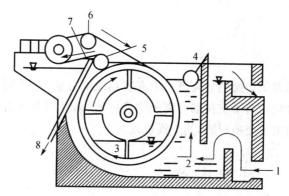

图2-5 转鼓式筛网

1—进水; 2—转鼓池; 3—滤后水; 4—水位浮球; 5—滤渣挤压轮;
6—调整轮; 7—刮刀; 8—滤渣回收

图2-6所示为一种新型水力驱动转鼓式筛网。该装置设在水渠出口或水池入口处,当含有纤维的废水流经转鼓筛网时,随着转鼓旋转,纤维被带至转鼓上部,经加压水冲洗后落在滑纤板上,再滑落至集纤盘由人工清理。这种形式的转鼓筛网,优点是不需要电力,结构简单可靠,运行费用低,当用于城市污水处理时,其去除BOD$_5$的效果可相当于初沉池的作用。

5.离心分离

离心分离是借助离心设备的旋转,在离心力作用下,悬浮颗粒与水分离。离心力与悬浮颗粒的质量成正比,与转速(或圆周线速度)的二次方成正比。由于转速在一定范围内人工可以控制,所以能获得很好的分离效果。

离心分离设备有水力旋流器、离心机等。水力旋流器的离心力是由于废水在水泵压力或重力(靠进、出水压力差)作用下,从切线方向进入设备造成快速旋转运动而产生的。它有压力式旋流器和重力式旋流器两种。而离心机的种类很多,按分离因素大小分类,有常速离心机、高速离心机和超速离心机3种。常速离心机主要用于分离一般悬浮液和污泥脱水;高速离心机主要用于分离粒状和细粒子悬浮液;超速离心机主要用于分离颗粒极细的乳化液、油类等。

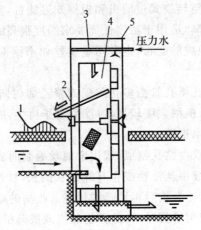

图 2-6 水力驱动转鼓式筛网
1—集纤盘; 2—滑纤盘; 3—冲网水管; 4—筛网; 5—箱体

二、物理化学法

1. 离子交换

离子交换法是利用离子交换剂分离废水中有害物质的方法,对于废水中的贵金属还可达到回收利用的目的。常用的离子交换剂有离子交换树脂、磺化煤和沸石等。离子交换树脂分为阳离子交换树脂和阴离子交换树脂,其交换机理为

阳离子交换树脂:

$$n\mathrm{RSO_3H} + \mathrm{M}^{n+} \Leftrightarrow (\mathrm{RSO_3})_n\mathrm{M} + n\mathrm{H}^+$$

阴离子交换树脂:

$$n\mathrm{RNOH} + \mathrm{X}^{n-} \Leftrightarrow (\mathrm{RN})_n\mathrm{X} + n\mathrm{OH}^-$$

式中,M^{n+} 表示阳离子,X^{n-} 表示阴离子。上述反应的逆反应即为树脂的再生过程。离子交换服从质量作用定律,影响离子交换能力的主要因素是离子间的浓度差和交换剂上的功能基对离子的亲和力。浓度高的易将浓度低的置换下来。浓度相近时,电荷越高,半径越小,越易被吸附固定。

常见阳离子的交换顺序为 $\mathrm{Fe}^{3+} > \mathrm{Al}^{3+} > \mathrm{Ca}^{2+} > \mathrm{Mg}^{2+} > \mathrm{Na}^+ > \mathrm{H}^+$。

常见阴离子的交换顺序为 $\mathrm{Cr_2O_7}^{2-} > \mathrm{SO_4}^{2-} > \mathrm{CrO_4}^{2-} > \mathrm{Cl}^- > \mathrm{OH}^-$。

当废水中含有大量配位剂和其他阳离子时,由于配位和竞争吸附作用,会给重金属的回收带来困难。离子交换剂饱和时用酸或碱进行再生,H^+ 和 OH^- 把吸附的阳离子或阴离子置换下来,离子交换剂可以重复使用。另外转移到再生液中的污染物必须进一步妥善处理。

2. 膜分离

在溶液中凡是一种或几种成分不能透过,而其他成分能透过的膜,都称为半透膜。膜分离法是用一种特殊的半透膜将溶液隔开,使溶液中的某种溶质或者溶剂(水)渗透出来,从而达到分离溶质的目的。根据膜的不同种类及不同推动力,膜分离法可分为扩散渗析、电渗析、反渗透和超过滤。

扩散渗析是利用一种渗析膜将浓度不同的溶液隔开,溶质即从浓度高的一侧透过膜而扩散到浓度低的一侧,当膜两侧的浓度达到平衡时,渗析过程即停止进行。

扩散渗析主要用于酸、碱的回收,但不能将它们浓缩。

电渗析法是通过一种离子交换膜,在直流电场作用下,废水中的离子朝相反电荷的极板方向迁移,阳离子能穿透阳离子交换膜,而被阴离子交换膜所阻;同样,阴离子能穿透阴膜,而被阳膜所阻。废水通过阴、阳离子交换膜所组成的电渗析时,废水中的阴、阳离子就可得到分离,达到浓缩及处理目的。

电渗析法能有效地浓缩工业废水中的无机酸、碱、金属盐及有机电解质等,使废水变得清洁,同时又可回收有用物质。因此,它在废水处理中的应用也日益得到人们的重视。

反渗透法是通过一种反渗透膜,在一定的压力下,将水分子压过去,而溶质则被膜所截留,废水得到浓缩,而压过膜的水就是处理过的水。关于反渗透膜的机理,有各种不同的见解。以常用的醋酸纤维素膜为例,为多数人所能接受的是选择性吸附——毛细管流机理,即认为醋酸纤维素制成的薄膜是一种多孔性膜,膜具有不对称性,膜的一面是一个很薄的致密层,它的微孔极小;另一面是一个较厚的多孔层,孔径较大。当水溶液和薄膜致密层接触时,它把水分子吸附在它的表面,在膜与溶液界面形成一个纯水分子薄层,溶质分子或离子被排斥而仍留在溶液中。当在溶液上施加压力时,界面纯水分子薄层的纯水就能透过薄膜的毛细管渗出,而溶质分子或离子则不能通过而被截留。随着多功能反渗透膜的研究和发展,反渗透法在废水处理中将展示更大的发展前景。

超过滤是和反渗透极近似的一种膜分离技术。它同样是利用具有选择透过性的半透膜,在常温条件下,依靠一定的压力和流速,推动溶液在膜面上流动,迫使低分子量物质如水、溶剂及盐类透过膜,而截流胶体和高分子量物质,从而达到分离或浓缩的目的。由于超过滤所需压力低,且它的超滤膜的膜孔径大,所以对溶剂的渗透性比反渗透膜要大,阻滞盐的能力低,只能阻滞大分子。超过滤用途很广,但处理含溶质较多、分子量又不同的化工废水时,需将超过滤法与反渗透法联用,或根据处理的要求,与其他方法联用。

3. 萃取

萃取法是利用与水不相溶解或极少溶解的特定溶剂同废水充分混合接触,使溶于废水的某些污染物重新进行分配而转入溶剂,然后将溶剂与脱掉污染物的废水分离,从而达到废水净化和回收污染物的目的。采用的溶剂称为萃取剂,被萃取的污染物为溶质,萃取后的萃取剂称为萃取液(萃取相),残液为萃余液(萃余相)。

在废水处理中,萃取法主要包括 3 个步骤:使废水与萃取剂密切接触;将萃取液与萃余液分离;分离萃取液,从中分出溶质并回收萃取剂,达到重复利用的目的。

(1)液-液萃取的过程原理。液-液萃取属于传质过程,它的主要作用原理是基于分配定律及传质定律的。

如果某些物质在不同的相中具有不同的溶解度,则当这些相彼此接触时,上述物质将在相与相之间进行扩散,由一相转移到另一相。液-液萃取即根据此物质传递作用而进行,直至达到某种相对平衡时为止。传质达到相对平衡时,被萃取的物质在萃取液中的浓度与在萃余液中的浓度服从分配定律。

当萃取剂与欲处理的废水相接触时,因废水溶质的浓度大于平衡时萃取剂中的浓度,此浓度差即为物质进行扩散的推动力,而溶质即借扩散作用向萃取剂中传递,直至达到平衡分配为止。

（2）萃取剂的选择。选择萃取剂要注意以下因素。

1）萃取剂的选择性。萃取剂的选择性是指萃取剂对被萃取污染物溶解能力的大小。若萃取剂对污染物的溶解能力大，而在水中的溶解度很小或完全不溶，这种萃取剂的选择性就好。采用选择性好的萃取剂，萃取液易分离，萃取剂的用量可减少，废水处理的深度也可提高。

2）萃取剂的物理性质。选用的萃取剂应与欲处理的废水有较大的相对密度差，这样才可以较迅速地分离，从而提高设备生产能力。

要选择适当表面张力的萃取剂。如果萃取剂的表面张力小，则易产生乳化现象，影响两相的分离。反之，如果表面张力大，虽分离迅速，但因分散程度差，影响两相充分接触。选用的萃取剂与被萃取溶质的沸点差应尽量大，这样易于从萃取剂中分离出溶质，便于萃取剂的再生。此外，为了输送和操作方便，萃取剂还应具有黏度小、凝固点低、易燃及毒性小等良好的物理性质。

3）萃取剂的化学性质。萃取剂还应具有化学相对稳定性，与被萃取物质完全不起化学反应，否则萃取剂将无法分离，导致损失。同时，萃取剂应有足够的热稳定性和抗氧化性，对设备腐蚀性要小。一种萃取剂往往不能同时具备上述全部条件，应根据具体情况，选择比较合适的溶剂作萃取剂。它的来源要方便，价格要低廉。

4. 吸附

吸附法是利用多孔性固体吸附剂的表面吸附废水中的一种或多种污染物的方法。这种方法主要用于低浓度工业废水的处理。经活性炭吸附处理后的废水，可以不含色度、气味、泡沫和其他有机物，能达到水质排放标准和回收利用的要求。

用吸附法处理废水时，通常所用的吸附剂有活性炭、磺化煤、硅藻土、焦炭、木炭、泥炭、白土、矾土、矿渣、炉渣、木屑以及大孔径吸附树脂等。

吸附法是利用吸附剂除去废水中重金属离子和有机物的一种方法。不同的吸附剂对不同的污染物具有选择性，其作用机理主要包括物理吸附、化学吸附和交换吸附。常见吸附剂见表2-5。

表 2-5　常见吸附剂

类　别	吸　附　剂
碳质吸附剂	活性炭、煤、焦炭、活化煤、泥炭、乙炔黑、焦化轮胎、煤渣
无机吸附剂	高岭土、黏土、漂土、硅胶、硅藻土、矾土、膨润土、白土、硅酸铝、硅酸镁、麦饭石、蒙脱石、斜发沸石、MgO
有机吸附剂	锯木屑、玉米棒、毛发、离子交换纤维、纤维素吸附剂、水解木质素、聚 N-乙烯吡咯烷酮
复合吸附剂	MgO 或 $Mg(OH)_2$ 的有机聚合物、SiO_2 聚乙烯纤维

活性炭是一种性能优良的吸附剂，它的吸附对象比较广泛，对多种重金属和有机污染物都能有效吸附。例如在 pH 值为 3～4 时，活性炭对 Cr(Ⅵ) 的吸附率在 99％以上。对油的吸附容量可达 30～80mg/g。不过，使用活性炭的成本较高，再生困难，因此一般只用于废水的深度处理。无机吸附剂除吸附作用外，还兼有絮凝和离子交换作用，且资源丰富，价廉易得。有机吸附剂的研究多集中于天然纤维的接枝改性。

吸附剂的再生问题是限制吸附剂处理法应用的关键因素。近年来,超临界流体 CO_2 萃取法再生活性炭的研究发展较快。CO_2 在超临界状态($T>31.05℃$,$p>7.29MPa$)下液化,密度高达 $0.468kg/L$,且黏度很小,具有许多有机溶剂的溶解性能,可以侵入到活性炭的微孔之中,把活性炭吸附的有机物溶解出来,使活性炭再生。再生过程中活性炭几乎没有损失,只是吸附容量会下降 $10\%\sim15\%$。

5.气浮

气浮是向水中通入或设法产生大量的微细气泡,形成水、气、被去除物质的三相混合体,使气泡附着在悬浮颗粒上,因黏合体密度小于水而上浮到水面,实现水和悬浮物分离,从而在回收废水中有用物质的同时又净化了废水。气浮可用于不适用沉淀的场合,以分离密度接近于水和难以沉淀的悬浮物,例如油脂、纤维、藻类等,也用来去除可溶性杂质,如表面活性物质。该法广泛应用于炼油、人造纤维、造纸、制革、化工、电镀、制药、钢铁等行业的废水处理,也用于生物处理后分离活性污泥。

悬浮物表面有亲水和憎水之分。憎水性颗粒表面容易附着气泡,因而可使用气浮。亲水性颗粒用适当的化学药品处理后可以转为憎水性。水处理中的气浮法常用混凝剂使胶体颗粒结成为絮体,絮体具有网络结构,容易截留气泡,从而提高气浮效率。水中如有表面活性剂(如洗涤剂)可形成泡沫,也有附着悬浮颗粒一起上升的作用。

气浮法有可连续操作、应用范围广、基建投资和运行费用小、设备简单、对分离杂质有选择性、分离速度较沉降法快、残渣含水量较低、杂质去除率高、可以回收有用物质等优点。气浮过程中,达到废水充氧的同时,表面活性物质、易氧化物质、细菌和微生物的浓度也随之降低。

气浮池平面通常为长方形、平底。出水管位置略高于池底。水面设刮泥机和集泥槽。因为附有气泡的颗粒上浮速度很快,所以气浮池容积较小,停留时间仅十多分钟。

气浮方式可分为散气气浮、溶气气浮和电解气浮等。

(1)散气气浮。散气气浮是空气通过微细孔扩散装置或微孔管或叶轮后,以微小气泡的形式分布在污水中进行气浮处理的过程。高速旋转叶轮的离心力在水中造成的真空负压状态将空气吸入,形成微小气泡扩散在水中。气泡由池底向水面上升并黏附水中的悬浮物一起升至水面。因为水流的机械剪切力与扩散板产生的气泡较大(直径达 1mm 左右),不易与小颗粒和絮凝体互相吸附,反而更容易将絮凝体打碎,所以散气气浮不适于处理含大量小颗粒和絮体的废水。

(2)溶气气浮。减压时,水中饱和空气能以微小的气泡形式释放出来,水中的杂质颗粒黏附在气泡上上浮。溶气气浮可以分为加压溶气气浮和真空式气浮。加压溶气是先将空气加压溶于水形成空气过饱和溶液,然后再减压析出空气。真空式气浮是让废水在常压下曝气,在真空条件下逸出溶气。加压气浮又可分为回流加压式、部分进水加压式、全部进水加压式。真空式气浮因其要求密闭容器且容器内还需装刮渣机械,结构复杂,故工程实际中较少应用。

(3)电解气浮。电解气浮是用不溶性阳极和阴极直接电解废水,电解产生的微小的氢和氧气泡黏附已絮凝的悬浮物升至水面,最终分离。电解气浮法产生的气泡尺寸远远小于散气和溶气气浮,不产生紊流。电解气浮不仅能降低废水 BOD,还有氧化、脱色和灭菌作用,还具有污泥量少、耐负荷冲击、不产生噪声等优点。

6.汽提

汽提又称解吸,是一种分离液相混合物的操作,用一种气体通过待分离的液体混合物,把易挥发的组分携带出来。汽提是让废水与水蒸气直接接触,使废水中的挥发性有毒有害物质按一定比例扩散到气相中去,从而达到从废水中分离污染物的目的。汽提过程是一种气体从液相到气相的质量传递过程,该传质过程是通过含有被提取气体的液体与在初始阶段不含被提取气体的某种气体(通常为空气)接触完成的。利用汽提技术从废水中去除溶解气体已经受到极大关注,特别对于去除散发臭味的气体、氨及挥发性有机物(VOC)等更是如此。

汽提采用一个气体介质破坏原气液两相平衡而趋于建立一种新的气液平衡状态,从而达到分离物质的目的,属一个纯物理过程。

组分的挥发与它的气相分压有关,当通入一惰性组分时,在总压不变的情况下,产品的分压减少,沸点降低,挥发出某些组分,使产品纯度达到要求。

例如,A 为液体,B 为气体,B 溶于 A 中达到气液平衡,气相中以 B 气相为主($p = p_A + p_B$),加入气相汽提介质 C 时,气相中 A,B 的分压均降低(即 $p = p_A + p_B + p_C$),从而破坏了气液平衡,A,B 物质均向气相扩散,但因气相中以 B 为主,趋于建立一种新的平衡关系,故大量 B 介质向气相中扩散,从而达到气液相分离的目的。

在废水处理中,让废水与水蒸气直接接触,使废水中的挥发性有毒有害物质按一定比例扩散到气相中去,从而达到从废水中分离污染物的目的。

7. 吹脱

吹脱或称曝气,它是通过改变与废水相平衡的气相组成,使溶于废水中的挥发性污染物不断地转入气相,扩散到大气中去,从而净化废水。改变气相组成的方法可采用在曝气塔中,使废水与空气或烟道气等接触,从中吹出诸如硫化氢、氨、氰化氢、二氧化碳等污染物,它的最大问题是污染物从废水转入大气将引起二次污染。

影响吹脱的主要因素有温度、气液比、油类物质、pH 值和表面活性剂等。

吹脱设备一般分吹脱池和吹脱塔两种,前者占地面积较大,而且易污染大气,所以,有毒气体的吹脱都采用塔式设备。常用的塔型有填料塔、筛板塔等。

三、化学法

1. 中和法

中和法主要用于处理含酸、含碱的工业废水。酸碱废水来源很广,随意流失会污染环境、腐蚀破坏管道、污染水体、使农作物枯萎。对含酸、含碱废水首先应考虑回收及综合利用。但在没有找到经济有效的回收利用方法之前,为防止污染环境,均应经中和处理后才允许排放。

酸性废水处理通常尽量选用碱性废水或废液中和酸性废水,以达到以废治废的目的。烧碱和纯碱价格很贵,故不轻易采用。选用中和药剂时,要注意废水中所含酸的种类和性质,中和后生成的盐在水中的溶解度,避免生成大量沉渣而影响处理效果,带来大量沉渣问题。

碱性废水处理也应首先考虑采用酸性废水中和处理,如无酸性废水可用,则采用投药中和法,常用中和药剂为工业用硫酸。另外,也有用烟道气中和碱性废水,主要是利用烟道气中的二氧化碳和二氧化硫这两种酸性氧化物进行中和。它是以废治废、综合利用的好办法,既可以降低废水 pH 值,又可除去烟道气中的灰尘,并使二氧化碳和二氧化硫气体得到应用,防止烟道气污染大气。

酸碱废水中和所用设备要根据酸碱废水排放情况具体考虑。如果酸碱废水均匀排出,且其所含酸碱量又能互相平衡,直接在吸水井或管道内混合反应即可。若排出的酸碱废水浓度和流量经常变化,则常设置中和池进行中和反应。

投药中和就是将碱性中和药剂如石灰、石灰石、电石渣、苛性钠等,投入酸性废水中,经过充分反应,使废水得到中和。投药中和可分为干投法和湿投法两种。

反应器中和法也称过滤中和法,是将酸性废水通过反应器中具有中和能力的滤料层(如石灰石、大理石等)进行中和反应,在过滤过程中,达到除酸目的。反应器中和法使用的中和反应器有两类:固定床和流化床。

2. 化学沉淀法

化学沉淀法是向水中投加某些化学药剂,使之与水中溶解性物质发生化学反应,生成难溶化合物,再进行固-液分离,从而去除废水中污染物的方法。利用此法可在废水处理中去除重金属(如 Hg,Zn,Cd,Cr,Pb,Cu 等)和某些非金属(如 As,F 等)离子态污染物。对于危害性极大的重金属废水,虽然有许多种处理方法,但是迄今为止,化学沉淀法仍然是最为重要的一种。

物质在水中的溶解能力可用溶解度表示。溶解度的大小主要取决于物质和溶剂的本性,也与温度、盐效应、晶体结构的大小等有关。习惯上把溶解度大于 $1g/100g\ H_2O$ 的物质列为可溶物,小于 $0.1g/100g\ H_2O$ 的物质列为难溶物,介于两者之间的列于微溶物。利用化学沉淀法处理废水所形成的化合物都是难溶物。

根据采用的沉淀剂及反应的生成物不同,可将化学沉淀法分为氢氧化物沉淀法、硫化物沉淀法、钡盐沉淀法、碳酸盐沉淀法、铁氧体沉淀法和卤化物沉淀法等。

采用化学沉淀法处理工业废水时,由于产生的沉淀物往往不形成带电荷的胶体,因此沉淀过程会变得简单,一般采用普通的平流沉淀池或竖流沉淀池即可。具体的停留时间应该通过试验取得,一般情况下比生活废水或有机废水处理中的沉淀时间要短。

当用于不同的处理目标时,所需的投药及反应装置也不相同。例如,有些处理药剂采用干式投加,而另一些处理中则可能先将药剂溶解并稀释成一定的浓度,然后按比例投加。对于这两种投加方法,可参考采用相关的投药设备。另外,有些处理中,废水或药剂具有腐蚀性,这时采用的投药及反应装置要充分考虑满足防腐要求。

3. 化学混凝法

化学混凝法简称混凝法,在废水处理中可以用于预处理、中间处理和深度处理的各个阶段。它除了除浊、除色之外,对高分子化合物、动植物纤维物质、部分有机物质、油类物质、微生物、某些表面活性物质、农药、汞、镉、铅等重金属都有一定的清除作用,所以它在废水处理中的应用十分广泛。

混凝法的优点是设备费用低、处理效果好,操作管理简单。缺点是要不断向废水中投加混凝剂,运行费用较高。

混凝法的基本原理是废水中的微小悬浮物和胶体粒子很难用沉淀方法除去,它们在水中能够长期保持分散的悬浮状态而不自然沉降,具有一定的稳定性。混凝法就是向水中加入混凝剂来破坏这些细小粒子的稳定性,首先使其互相接触而聚集在一起,然后形成絮状物并下沉分离的处理方法。前者称为凝聚,后者称为絮凝,一般将这两个过程通称为混凝。具体地说,凝聚是指使胶体脱稳并聚集为微小絮粒的过程,而絮凝则是使微絮粒通过吸附、卷带和架桥而形成更大的絮体的过程。

4. 化学氧化还原法

利用某些溶解于废水中的有毒有害物质在氧化还原反应中能被氧化或被还原的性质,把它们转化成无毒无害或微毒的新物质,或者转化成容易从水中分离排除的形态(气体或固体),从而达到处理的目的,这种方法称为废水处理中的化学氧化还原法。

氧化还原法的实质:在氧化还原反应中,参加化学反应的原子或离子有电子的得失,因而引起化合价的升高或降低。失去电子的过程叫氧化,得到电子的过程叫还原。在氧化还原反应中,若有得到电子的物质就必然有失去电子的物质,因而氧化还原总是同时发生的。得到电子的物质称氧化剂,因为它使另一物质失去电子受到氧化。失去电子的物质称还原剂,因为它使另一物质得到电子受到还原。

氧化剂的氧化能力和还原剂的还原能力是相对的,其强度可以用相应的氧化还原电位的数值来比较。在标准状态下,可通过物质的标准电极电位 $E^{\ominus}$ 值来判断。通常,$E^{\ominus}$ 值愈大,物质的得电子能力愈强,其氧化性亦愈强;$E^{\ominus}$ 值愈小,物质的失电子能力愈强,其还原性亦愈强。氧化剂与还原剂的电位差愈大,氧化还原反应进行得愈完全。

对于有机物的氧化还原过程,由于涉及共价键,电子的移动情形很复杂,难以用电子的得失来分析,常根据加氧或加氢反应来判断。把加氧或去氢的反应称为氧化反应,把加氢或去氧的反应称为还原反应。

各类有机物的可氧化性是不同的。在进行废水处理时,对氧化剂或还原剂的选择应当考虑以下因素。

1)对水中希望去除的污染物质有良好的氧化还原作用;

2)反应后生成物应当无害,避免造成二次污染;

3)价格便宜,来源可靠;

4)常温下能有较快的反应速度,尽量避免加热;

5)反应时所需 pH 值不宜太高或太低;

6)操作简便。

废水的氧化还原法可根据有毒、有害物质在氧化还原反应过程中是被氧化还是被还原的不同,分为氧化法和还原法两大类。

(1)化学氧化法。广义地说,废水的氧化处理可分为生物氧化和化学氧化。有些工业废水所含的污染物对微生物具有毒性,或经过生化处理仍难彻底分解。对于这些污染物,可以采用化学氧化法,即用氧化剂将其除去或转化成低毒物质,以达到净化目的。用于废水处理最多的氧化剂是空气、次氯酸、氯和臭氧等,这些氧化剂可在不同情况下用于各种废水的氧化处理。

1)空气氧化。空气氧化是将空气吹入废水中,利用空气中的氧来氧化废水中可被氧化的有害物质。空气因氧化能力较弱,主要用于含还原性较强物质的废水处理,如炼油厂的含硫废水。影响空气氧化过程的主要因素有反应温度、气水比、接触时间、催化剂等。目前,国外已用汽提法取代空气氧化法,我国也在积极试验中。

2)氯氧化。氯氧化在废水处理方面可用于消毒、除臭和除去一些有害的无机和有机污染物。在化学工业方面,它主要用于治理含氰、含酚、含硫化物的废水和染料废水。如在处理含氰化钠废水时,是将次氯酸钠、漂白粉或同时将氯气和氢氧化钠直接加入废水中(氯气与氢氧化钠反应生成次氯酸钠),其反应分两段进行,首先氰化钠经碱性氯化反应生成氰酸钠;氰酸钠的毒性仅为氰化钠的 1%,但为了净化水质,再将氰酸钠进一步氧化为二氧化碳和氮气。两段的反应式为

$$NaCN + 2NaOH + Cl_2 \rightarrow NaCNO + 2NaCl + H_2O$$

$$2NaCNO + 4NaOH + 3Cl_2 \rightarrow 2CO_2 + 6NaCl + N_2 + 2H_2O$$

在此反应中,为使氰化钠完全氧化,一般加入过量的氯。由于氯氧化是在碱性条件下进行的,故又称碱性氯化法。

3)光氧化。光氧化法是在 20 世纪 70 年代初期发展起来的污水深度处理方法。它对于去除污水中的微量有机物和颜色具有较强的能力,甚至可与活性炭吸附法和臭氧氧化法相媲美。它的原理是把光的催化作用和氧化剂的氧化作用结合起来的高效氧化分解方法。此法所用的光为波长 150～400nm 的紫外光,所用氧化剂主要为氯或次氯酸钠。它的特点是氧化能力强,不产生污泥,可进行深度处理,设备紧凑,但运转费用较高。此法可用于处理印染废水、活性污泥处理水和综合排水。

4)臭氧氧化。臭氧是一种很强的氧化剂和杀菌剂,它和氧的性质大不相同,具有特殊臭味。高浓度臭氧是有毒气体。臭氧在水中的溶解度约为氧的 10 倍,比空气高 25 倍。臭氧既与有机物发生化学反应,又可与无机物作用。它非常不稳定,在常温下能立刻分解为氧气,所以无法储存,制成后必须立即使用。

制备臭氧有化学法、紫外线法、电解法、放射线照射法和无声放电法等方法。一般均采用无声放电法。

用于臭氧与废水接触的装置有喷雾塔、填料塔、板式塔和将气体分散到液体中去的装置,其中最后一种是最普遍的臭氧接触装置。这种装置的类型有微孔扩散式反应槽、搅拌式反应槽和水射器式反应槽等。

臭氧氧化法在废水处理中的主要作用是杀菌、增加溶解氧、脱色和脱臭、降低浓度等。单独使用臭氧处理废水,臭氧的浪费很大,效果也差。如能与其他方法(如混凝沉降法等)组合好,则完全可能取代目前广泛采用的生化法。

(2)化学还原法。还原法就是向废水中投加还原剂,将废水中的有毒、有害物质还原成无毒或毒性小的新物质的方法。目前,还原法主要用于去除废水中的 Cr^{6+},Hg^{2+} 等重金属离子。常用的还原剂有硫酸亚铁、氯化亚铁、铁屑、锌粉、二氧化硫、硼氢化钠等。

1)还原法去除六价铬。电镀、冶炼、制革、化工等工业废水中常含有剧毒的 Cr^{6+},以 CrO_4^{2-} 或 $Cr_2O_7^{2-}$ 形式存在。在酸性条件($pH<4.2$)下,只有 $Cr_2O_7^{2-}$ 存在,在碱性条件($pH>7.6$)下,只有 CrO_4^{2-} 存在。利用还原剂将 Cr^{6+} 还原成毒性较低的 Cr^{3+},是最早采用的一种治理方法。采用的还原剂有二氧化硫、亚硫酸、亚硫酸氢钠、亚硫酸钠、硫酸亚铁等。

还原法除铬通常包括两步。首先,废水中的 $Cr_2O_7^{2-}$ 在酸性条件下($pH<4$ 为宜)与还原剂反应生成 $Cr_2(SO_4)_3$,再加碱生成 $Cr(OH)_3$ 沉淀,在 $pH=8～9$ 时,$Cr(OH)_3$ 的溶解度最小。

采用硫酸亚铁-石灰法除铬适用于含铬浓度变化大的场合,且处理效果好,费用较低。当硫酸亚铁投量较高时,可不加硫酸,因硫酸亚铁水解呈酸性,能降低溶液的 pH 值,也可降低第二步反应的加碱量。但泥渣量大,出水色度较高。采用此法处理,理论药剂用量为 Cr^{6+}:$FeSO_4 \cdot 7H_2O = 1:16$。当废水中 Cr^{6+} 大于 100mg/L 时,可按理论值投药;小于 100mg/L 时,投药量要增加。石灰投量可按 $pH=7.5～8.5$ 计算。

2)还原法去除汞。氯碱、炸药、制药、仪表等工业废水中常含有剧毒的 Hg^{2+}。处理方法是将 Hg^{2+} 还原为 Hg,加以分离和回收。采用的还原剂为比汞活泼的金属(铁屑、锌粒、铝粉、钢屑等)、硼氢化钠和醛类等。当汞在废水中以有机汞的形式存在时,通常先用氧化剂将其破坏,使之转化成无机汞之后,再用还原法进行处理。

采用金属还原法除汞,通常在滤柱内进行。反应速度与接触面积、温度、pH 值、金属纯净度等因素有关。通常将金属破碎成 $2\sim4mm$ 的碎屑,并去掉表面污染物。控制反应温度在 $20\sim80℃$。温度太高,虽然反应速度快,但是会有汞蒸气溢出。

5.消毒处理

消毒的目的主要是利用物理或化学的方法杀灭废水中的病原微生物,以防止其对人类及畜禽的健康产生危害和对生态环境造成污染。对于医院废水、屠宰工业及生物制药等行业所排废水,国家及各地方环保部门制定的废水排放标准中都规定了必须达到的细菌学指标。近年来实施较多的工业水回用和中水回用工程中,消毒处理也都成为必须考虑的工艺步骤之一。

应该指出,不应把消毒与灭菌混淆,消毒是对有害微生物的杀灭过程,而灭菌是杀灭或去除一切活的细菌或其他微生物以及它们的芽孢。

消毒的方法有很多,可分为物理法消毒与化学法消毒两大类。

(1)物理法消毒。物理法消毒是应用热、光波、电子流等来实现消毒作用的方法。在水的消毒处理中,采用或研究的物理消毒方法有加热消毒、冷冻消毒、紫外线消毒、辐射消毒、高压静电消毒以及微电解消毒等方法。

现在介绍几种常用的物理法消毒方法。

1)紫外线消毒。紫外线消毒是一种利用紫外线照射废水进行杀菌消毒的方法。紫外线可杀灭微生物和胚胎细胞,对病毒也有致死作用,汞灯发出的紫外光能穿透细胞壁和细胞质发生反应而达到消毒的目的。紫外线消毒强弱与其波长有关。当紫外线波长为 $200\sim295nm$ 时,有明显的杀菌作用,波长为 $260\sim265nm$ 的紫外线杀菌力最强。

利用紫外线消毒的水,要求色度低,含悬浮物低,且水层较浅;否则,光线的穿透力与消毒效果会受影响。当水中存在有机物质时,具有显著的干扰作用。紫外线消毒一般仅用于特殊情况下的小水量处理厂。

2)加热消毒。加热消毒法是通过加热来实现消毒目的的一种方法。人们把自来水煮沸消毒后饮用,早已成为常识,是一种有效而实用的饮用水消毒方法。但是若把此法应用于废水消毒处理,则费用高。对于废水而言,加热消毒虽然有效,但很不经济,因此,这种消毒方法仅适用于特殊场合很少量水的消毒处理。

3)辐射消毒。辐射是利用高能射线(电子射线、γ 射线、X 射线、β 射线等)来实现对微生物的灭菌消毒。由于射线有较强的穿透能力,可瞬时完成灭菌作用,一般情况下不受温度、压力和 pH 值等因素的影响。可以认为,采用辐射法对废水灭菌消毒是有效的,控制照射剂量,可以任意程度地杀死微生物,而且效果稳定。但是一次性投资大,还必须获得辐照源以及安全防护设施。

除上述物理消毒方法外,关于高压静电消毒、微电解消毒等新方法,在废水消毒处理中还处于探索阶段或初期研究阶段。

(2)化学法消毒。化学法消毒是通过向水中投加化学消毒剂来实现消毒。在废水消毒处理中采用的主要化学消毒方法有氯化消毒法、臭氧消毒法、另外,二氧化氯消毒法等。

1)氯化消毒法。氯化消毒法起源于 1850 年。1904 年英国正式将它用于公共给水的消毒。常用的化学药剂有液氯、漂白粉、漂粉精和氯片等。这些消毒剂的杀菌机理基本上相同,主要靠水解产物次氯酸的作用,故统称为氯系消毒剂。

氯化消毒法所需的加氯量,应满足两个方面的要求:一是在规定的反应终了时,应达到制定的消毒指标;二是出水要保持一定的剩余氯,使那些在反应过程中受到抑制而未杀死的致病菌不能复活。通常把满足上述两方面要求而投加的氯量分别称为需氯量和余氯量。因此,用于废水或原水消毒的加氯量应是需氯量与余氯量之和。

2)臭氧消毒法。臭氧具有很强的氧化能力,约是氯的两倍。因此,臭氧的消毒能力比氯更强。臭氧消毒法的特点:消毒效率高,速度快,几乎对所有的细菌、病毒、芽孢都是有效的;同时能有效地降解水中残留有机物、色、味等;pH值、温度对消毒效果影响很小。但臭氧消毒法的设备投资大,电耗大,成本高,设备管理较复杂。

此法适用于出水水质较好,排入水体卫生条件要求高的废水处理场合。一些国家的水厂使用此法消毒的也不少,近年来上海、北京等地的水厂也有使用。

当臭氧用于消毒过滤水时,其投加量一般不大于 1mg/L,如用于去色和除臭味,则可增加至 4~5mg/L。剩余臭氧量和接触时间是决定臭氧处理效果的主要因素。一般来说,如持续剩余臭氧量为 0.4mg/L,接触时间为 15min,可得到良好的消毒效果,包括杀灭病毒。

3)二氧化氯消毒法。采用二氧化氯消毒本质上也是一种氯消毒法,但它具有与通常氯消毒不同之处:二氧化氯一般只起氧化作用,不起氯化作用,因此它与水中杂质形成的三氯甲烷等比氯消毒要少得多。二氧化氯也不与氨作用,在 pH 值为 6~10 范围内的杀菌效率几乎不受 pH 值影响。二氧化氯的消毒能力次于臭氧,但高于氯。与臭氧比较,其优越之处在于它有剩余消毒效果,但无氯臭味。另外,二氧化氯有很强的除酚能力。

四、生物法

污水中自然存在着大量的微生物,它们可以利用污水中的污染物作为营养物质进行新陈代谢,其代谢产物大多是无害的小分子物质。这种利用微生物代谢作用使污染物转化为细胞物质和无害的代谢产物的过程叫作污水的生物处理。

好氧生物处理是指在有分子氧的条件下,好氧和兼性微生物降解污水中污染物的过程。

厌氧生物处理是指在无分子氧存在的条件下,厌氧和兼性微生物降解污水中污染物的过程。

1. 活性污泥法

活性污泥是指曝气池繁殖的含有各种好氧微生物群体的絮状体。生活污水经过一段时间曝气(向水中通入空气)后,水中会产生一种呈黄褐色的絮凝体。起初产生的量很少,如果每天保留沉淀物、更换新鲜污水,反复几次后,即可得到较多的絮凝体。这种絮凝体中含有大量的活性微生物,即活性污泥。活性污泥结构疏松、表面积大,对有机污染物有着较强的吸附凝聚和氧化分解能力,并易于沉淀分离,能使污水得到净化、澄清。

活性污泥法是污水生物处理的一种方法。该法是在人工充氧条件下,对污水中的各种微生物群体进行连续混合培养,形成活性污泥,利用活性污泥的生物凝聚、吸附和氧化作用,以分解去除污水中的有机污染物。然后让污泥与水分离,大部分污泥再回流到曝气池,多余部分则排出活性污泥系统。

活性污泥法既适用于大流量的污水处理,也适用于小流量的污水处理。其运行方式灵活,日常运行费用较低,但管理要求较高。

活性污泥净化废水的机理可以归纳为以下几种作用。

（1）活性污泥对有机物的吸附：在气液、固液等相界面上，物质因物理及化学作用而被浓缩，这种现象称为吸附。活性污泥对有机物的吸附就是有机物在活性污泥表面的浓缩现象。将废水与活性污泥进行混合曝气，废水中的有机物就会减少，被去除。

（2）被吸附有机物的氧化和同化：以被活性污泥吸附的有机物作为营养源，经氧化和同化作用，被微生物所利用，被吸附的有机物包括被氧化分解（产生能量）和被同化合成（合成细胞）。所谓氧化是指微生物为了获得合成细胞和维持其生命活动等所需的能量，将吸附的有机物进行分解。

（3）活性污泥絮体的沉淀和分离：活性污泥的混凝和沉淀性能与活性污泥中微生物所处的增殖期有关。微生物的增殖过程可分为停滞期、对数增殖期、衰减增殖期和内源呼吸期，城市污水处理厂广泛采用的普通活性污泥法就是利用微生物增殖处于从衰减增殖期到内源呼吸期来处理废水的。在曝气池内，活性污泥具有良好的去除有机物的性能；在二次沉淀池也具有良好的沉淀性能。

（4）生物硝化：活性污泥中还有以氮、硫、铁或其化合物为能源的自养菌，它能在绝对好氧条件下，将氨氮氧化为亚硝酸盐，并进一步氧化为硝酸盐，这些反应称硝化反应。有机氮、氨氮合起来称凯氏氮。当进水氨氮浓度高且碱度低时，随着硝化反应的进行而逐渐消耗水中的碱度，结果出水 pH 值下降，在这种情况下，需投加氢氧化钠等以提高碱度。

（5）生物脱氮：活性污泥中有的异养菌，在无溶解氧的条件下，能利用硝酸盐中的氧（结合氧）来氧化分解有机物，这种细菌从氧利用形式分，它属于兼性厌氧菌。兼性厌氧菌利用有机物将亚硝酸盐或硝酸盐还原为氮气的反应称为反硝化生物脱氮（简称脱氮），参与反硝化脱氮反应的兼性厌氧菌称为脱氮菌。污水生物处理中氮的转化包括同化、氨化、硝化和反硝化作用。

（6）生物除磷：活性污泥中存活着对磷有过剩摄取能力的聚磷菌，当它处于厌氧状态时，会将聚集磷以正磷酸盐形态向混合液中放出，结果混合液中正磷酸盐浓度就会逐渐增加。这种状态继续一定时间后，当处于好氧状态时，聚磷菌将摄取混合液中的正磷酸盐，结果混合液中正磷酸盐浓度会逐渐减少，同时在厌氧条件下，混合液中有机物浓度逐渐降低。

2.生物膜法

生物膜法是一大类生物处理的统称。这类微生物处理的共同特点是处理污水的微生物附着在介质"滤料"表面上，形成生物膜，污水与这种生物膜接触后，溶解的有机污染物被微生物吸附转化为 H_2O,CO_2,NH_3 以及微生物细胞物质，污水得到净化。生物膜法处理污水所需的氧气一般都来自大气。

当生物膜的挂膜介质（填料或载体）与污水接触，并有一定溶解氧存在时，接种的或污水中的微生物就会在介质表面生长，经过一段时间之后介质表面将被一种膜状的微生物所覆盖，这一层附着在介质上的微生物称为生物膜。

随着污水不断与挂膜介质接触，微生物膜的厚度将不断增加。生物膜增加到一定厚度之后，表面的氧气不能透过表层的微生物群进入最里层，微生物与氧的接触量随着生物膜厚度的不同而不同，此时，生物膜由外到内出现好氧、缺氧以及厌氧的状态，生物膜上的微生物种群也逐渐形成以好氧、厌氧细菌为优势细菌的种群。好氧层（也称好气层）的厚度一般为 1～2mm，有机物的降解主要是在好氧层内进行的。

图 2－7 所示为附着在生物滤料上的生物膜的构造。生物膜表面附着一层很薄的水层，水

中的溶解氧在水流紊流与自然扩散的作用下进入生物膜，好氧微生物在有氧的条件下分解有机物，产生 CO_2，H_2O；厌氧微生物在厌氧的条件下将扩散进入厌氧层（也称厌气层）的有机物分解，产生 CH_4，H_2S，CO_2，H_2O。微生物的代谢产物 H_2O，CO_2，H_2S，NH_3，CH_4 等通过附着水层逸出，进入流动水层（也称运动水层）被去除。此过程循环反复，污水中的有机物随之不断减少，从而达到了净化污水的目的。

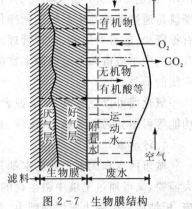

图 2-7　生物膜结构

应用于好氧处理的生物膜法，相对于活性污泥而言，有下述特点。

（1）剩余污泥产量低。与活性污泥比较，微生物主要是以附着状态生长的，生态膜系统中，包含了好氧与厌氧等微生物，微生物种类比较丰富，其中的高等动物的出现会吞噬掉不少细菌，所以生物膜法剩余污泥的产量一般比活性污泥法少。通常处理同样多的 BOD，生物膜法产生的污泥要比活性污泥处理系统产生的少 1/4 左右。利用生物膜法处理污水，一般很少设置污泥回流系统。

（2）脱氮效果较好，抗负荷冲击能力强。微生物附着在固体填料上，生物的固体停留时间（SRT）与水力停留时间（HRT）无关，这就为生长增殖速度较慢的微生物提供了生长繁殖的可能性，因此生长周期比较长的除氮的硝化细菌与反硝化细菌在生物膜系统中比较容易生长，所以通常生物膜法的除氮功能比普通的活性污泥法要好。生物膜中的微生物相相对活性污泥来讲更丰富，包括有好氧、兼性、厌氧类型，这些丰富多样的微生物群能形成良好的微生物生态，微生物活性比较高，抵抗外界冲击的能力较强，因此生物膜法对污水水质或水量变化引起的负荷冲击的适应性较好。在一些难处理的工业废水的生化处理中也常用到生物膜法。

（3）出现问题不容易发现。与活性污泥相比，生物膜法除了可以通过镜检观察生物膜中微生物相的活性与种类之外，生物膜法缺少污泥浓度、污泥体积指数（SVI）、污泥沉降比等参数检测，因此生物膜法出现的问题一般不容易发现，运行调整也缺少灵活性。

（4）能耗较低。多数生物膜法所需的氧气来源于空气，不需要额外曝气，如目前应用比较广泛的生物滤池、生物转盘，因此与活性污泥法相比较，生物膜法需要的动力较少。但经验显示，生物膜法与普通活性污泥法相比，生物膜法对 COD（BOD）的去除率比较低。活性污泥法去除水中的 BOD 通常可以高达 91％，而一半以上的生物膜法的 BOD 去除率为 83％左右。

3. 稳定塘

稳定塘也称氧化塘，用于处理城市污水已有很长的历史。美国第一个有记录的塘系统是 1901 年在得克萨斯州的圣安东尼奥市修建的。欧洲最早而且至今仍在运行的氧化塘是 1920 年在德国巴伐利亚州慕尼黑市建造的。澳大利亚最早的氧化塘系统是墨尔本市 1928 年投入使用的沃尔比氧化塘。

我国氧化塘处理污水技术的研究是从 20 世纪 50 年代开始的。据统计，1993 年，全国已有处理不同性质污水的氧化塘 113 座，分布在全国各地。

氧化塘是一种大面积敞开式的污水处理塘，具有一定面积和深度。其基本原理是利用藻菌共生系统来分解污水中的有机污染物，使污水得以净化。污水进入长有大量水草和藻类的氧化塘后，其中的有机污染物被好氧微生物氧化分解，产生 CO_2，同时消耗 O_2，藻类进行光合作用,固定 CO_2 并产生 O_2。只要该过程处于平衡,可使污水的 BOD_5 减少 $80\% \sim 95\%$。氧化塘就是通过藻菌共生系统达到净化废水的目的。与活性污泥法相比,氧化塘污水处理方法具有投资少、运行费用低、运行管理简单的优点。但也有不足之处,占地面积大是主要问题。在我国的中小城市和土地资源丰富的地区,氧化塘作为一种高效率、低能耗的污水处理系统具有广阔的前景。

氧化塘可以在好氧、厌氧或者二者混合的条件下使用。按塘内的微生物类型、供氧方式和功能等可划分为厌氧塘、氧化塘、充氧塘、兼性塘、高负荷充氧塘、生态塘和植物净化塘等。

4.污水灌溉

城市污水和无害工业废水都具有一定肥效,用其灌溉农田,既可解决农作物对水、肥的两大需要,又可通过土壤中微生物的作用使污水得到净化。科学的污水灌溉可以改良土壤,使贫瘠、板结而坚硬的土壤增加肥力,并形成团粒结构,有利于农业增产。

污水灌溉农田而使水得到净化的过程,是土壤自净的过程。当污水通过土壤时,土壤将污水中处于悬浮及胶体状态的物质截留下来,而在土壤表面形成薄膜,这层薄膜(相当于生物膜)里生长着大量细菌,它们吸附污水中的有机物,同时利用透进土壤中的氧气,在好气细菌的作用下,将污水中的有机物转变为无机物,从而使污水得到净化。污水灌溉还存在着一些问题,应在不断实践的过程中加强科学研究,以便采取切实有效的措施予以解决,并使出水达到排放要求。

5.厌氧生物处理法

厌氧生物处理是指在无分子态氧条件下,厌氧微生物进行厌氧呼吸,将水中复杂有机物转化为甲烷与二氧化碳,并释放出能量的过程。与好氧生化处理过程不同的是,厌氧生物处理法处理生活污水时受氢体不是分子态的氧,而是碳、氢、硫或化合态的氧。因此,厌氧生物反应处理产物中通常有 H_2,CH_4,H_2S 等产生。

厌氧生物一般应用于高浓度有机废水的处理或城市污水处理厂污泥消化。与好氧生物处理法相比,厌氧生物处理的方法一般有如下特点:

(1)污染负荷高。好氧生物法一般只适用于中、低浓度的有机废水,污泥的 BOD 有机负荷通常不会超过 $0.4kg/(kg \cdot d)$,对于有机物浓度比较高的污废水,好氧方法处理效果并不理想。厌氧生物处理法的 COD 有机负荷可以达到 $2 \sim 20kg/(kg \cdot d)$,甚至可以达到 $50kg/(kg \cdot d)$。若以容积负荷来计算,UASB 反应器的 COD 有机容积负荷可以达到 $5 \sim 15kg/(m^3 \cdot d)$,高的可以达到 $30kg/(m^3 \cdot d)$,相对于好氧生物反应的有机容积负荷 $2 \sim 6kg/(m^3 \cdot d)$ 而言,要高出许多,因此在处理某些高浓度有机物废水或含难降解物质的废水时通常运用厌氧生物处理法。

(2)能耗低。好氧微生物处理法是好氧微生物在有充足溶解氧的条件下,通过自身新陈代谢降解水中有机物的,因此好氧生物处理法需要不断充入氧气。理论上完全氧化 1kgBOD 需要 1kg 分子氧。在实际废水处理中常用空气氧进行充氧,空气中的氧通过曝气的方式进入水中,达到补充水中溶解氧的目的。一般的曝气设备充 1kg 氧需要 $0.5 \sim 1.0kW \cdot h$ 电力,即需要完全氧化水中的 1kgBOD 需要 $0.5 \sim 1.0kW \cdot h$ 的电力。厌氧生物处理法不需要充氧,同时反应产生的沼气可以作为能源回收。处理相同量的 BOD,厌氧生物法的动力消耗大约为好氧生物法的 1/10。

(3)剩余污泥较少。好氧生物法每去除 1kgCOD 会产生 $0.4 \sim 0.6kg$ 污泥,厌氧生物法去除 1kgCOD 只产生 $0.02 \sim 0.1kg$ 污泥,并且污泥的浓缩性与脱水性都较好。

(4)氮、磷营养元素需要较少。好氧生物法中 $w(BOD):w(N):w(P)=100:5:1$,而厌氧生物法要求 $w(BOD):w(N):w(P)=200:5:1$。

(5)具有杀菌作用。厌氧生物处理法具有一定的杀菌作用,能杀死废水中的寄生虫卵以及部分病原微生物。厌氧生物法处理废水也有一些不足,如厌氧处理一般不能去除水中的氮、磷;启动与处理时间长,去除率可能比较高,但由于进水有机物浓度高,出水很难达标;厌氧微生物对环境条件要求比较严格,厌氧生物反应操作控制条件比好氧生物反应复杂。

复习思考题

1. 水体中的污染物可分为哪几类?

2. 重金属污染物最主要的特征是什么? 它有何危害?

3. 有机污染物对水体污染的特征是什么?

4. 石油类污染物对水体有何危害?

5. 酸、碱及无机盐类对水体有何危害?

6. 从净化机制来看水体的自净作用,一般可分为哪几类? 它们的定义是什么?

7. 水体的自净效果与哪些因素有关?

8. 废水处理方法按其作用原理可分为哪几种? 它们各包括哪些方法?

9. 悬浮物在水中的沉淀可分为哪几种类型? 它们的定义各是什么?

10. 沉淀池一般可分成几个部分? 各有何作用?

11. 何谓颗粒滤料过滤? 影响过滤效率的主要因素有哪些?

12. 离心分离的原理是什么?

13. 用吸附法处理废水时,吸附剂和吸附质之间存在哪些作用力? 它们各形成哪些吸附类型? 其中起主要作用的是哪种?

14. 再生后的吸附剂吸附能力低的原因是什么?

15. 浮选的原理是什么? 影响浮选的因素有哪些?

16. 汽提的原理是什么? 它常用来处理何种类型的污染物?

17. 何谓吹脱? 吹脱设备有哪几种?

18. 何谓膜分离法? 它可分为哪几种? 其中电渗析基于什么原理?

19. 何谓离子交换法? 为何它在工业废水处理中的应用较广泛?

20. 电化学法的原理是什么? 影响电化学过程的因素有哪些?

21. 混凝的原理是什么? 混凝剂和助凝剂各分为哪些类? 画出混凝处理流程图。

22. 烟道气为何能处理碱性废水?

23. 光氧化法的原理是什么? 它的特点有哪些?

24. 何谓活性污泥法? 画出活性污泥法处理流程,并加以说明。

25. 何谓生物膜法? 生物膜是由什么组成的? 简述生物膜净化废水过程。生物滤池是如何工作的? 它由哪些部分组成? 各起什么作用? 何谓生物塘? 它可分为哪些种类?

第三章　大气污染及其防治

空气是人类生存的基础,洁净的空气对生命来说比任何东西都重要。然而,人类所从事的生活和生产活动,向大气中排放的污染物日益增多,使大气质量严重恶化,直接影响着人类和其他生物的生存和发展。因此,对大气污染进行综合防治,就变得非常必要了。

空气和大气两词,并无实质性的差别。但在环境科学中,为了便于说明问题,常将两词分开使用。一般将室内和特指的某个场所(如车间、厂区等)供人和动植物生存的气体称为空气;而以大区域或全球性的气流为研究对象时,常用大气一词。

第一节　污染大气的有害物质

污染大气的有害物质有很多种,对人类和其他生物的危害也各不相同。按污染物的物理状态可分为气体状污染物和气溶胶状污染物。本节对这两类污染物分别进行介绍。

一、气体状污染物

1.硫氧化物

硫氧化物主要是指二氧化硫,大部分是燃烧含硫燃料油或煤造成的。化学工业生产过程中排放二氧化硫的企业较多,如硫酸企业、磷肥企业、炼钢企业等。此外,石油化工企业燃烧含硫燃料油排放的二氧化硫数量更大。据《2011 年中国环境状况公报》报道,2011 年全国二氧化硫排放总量为 2 217.9 万吨,比 2010 年下降 2.21%;其中工业二氧化硫排放量为 2 016.5 万吨,占总排放量的 90.92%;生活二氧化硫排放量为 201.1 万吨,占总量的 9.07%;集中式排放量为 0.3 万吨,占总排放量的 0.01%。

当二氧化硫浓度达到 3ppm($1ppm=10^{-6}$)时,多数人即能感受到刺激,对结膜和上呼吸道黏膜具有强烈刺激性。吸入高浓度的二氧化硫可引起喉水肿、支气管炎、肺炎、肺水肿。长期接触低浓度的二氧化硫,将损害鼻、喉、支气管等器官,刺激眼睛、皮肤,影响嗅觉、味觉,并使心脏功能发生障碍。当二氧化硫浓度高达 100ppm 以上时,能使人致死。

二氧化硫进入空气以后,在空气中金属粉尘的催化作用下,它会与二氧化氮和氧等一起发生光化学反应,进一步氧化而产生三氧化硫。三氧化硫的吸湿性强,在湿度大的空气中很容易形成酸雾。这就是受二氧化硫污染的地区经常会出现硫酸雾或硫酸雨的原因。

此外,二氧化硫对水稻、小麦、棉花等作物以及松柏类针叶树木损害显著。它还能腐蚀金属器材及建筑物的表面,使其发生毁坏,并能使纤维织物、皮革制品发生变质。

2.氮氧化物

人类活动产生的氮氧化物,主要来源于燃料的燃烧、工业生产和机动车排气。据《2011 年中国环境状况公报》报道,2011 年,全国氮氧化物排放总量为 2 404.3 万吨,比 2010 年上升 5.73%,其中工业源排放量为 1 729.5 万吨,生活源排放量为 37.0 万吨,机动车排放量为

637.5万吨,集中式排放量为0.3万吨。在化学工业中,如硝酸、塔式硫酸、氮肥、染料等生产中都排放氮氧化物。氮氧化物主要是指一氧化氮和二氧化氮,另外还有一氧化二氮、三氧化二氮等。

一氧化氮能与人体血液中的血红蛋白结合,影响血液输氧功能,引起缺氧症,浓度高于25ppm时,造成急性中毒,能导致肺部充血和水肿,严重者窒息死亡。此外,一氧化氮对植物的光合作用起抑制作用。

二氧化氮严重刺激眼、鼻及呼吸系统,能使血液中血红蛋白发生硝化,损害造血组织。二氧化氮浓度在40ppm时会伤害肺部功能,400ppm浓度下呼吸5min能导致死亡。它还对心、肝、肾等器官有影响。长期吸入低浓度的二氧化氮可引起支气管、肺部发生病变,使呼吸机能衰退,并带来牙痛等病症。此外,它能降低远方物体的亮度和反差;毁坏棉花、尼龙等织物;破坏染料,使其褪色;腐蚀镍青铜材料。对植物也有损害作用,如使柑橘减产。

一氧化二氮(N_2O)是一种温室气体,是《京都议定书》规定的6种温室气体之一。N_2O是一种微量气体,主要来自土壤中的细菌作用、燃料高温燃烧时排出的少量N_2O,有些有机合成生产过程排放N_2O,大量化肥的使用也导致N_2O的人为排放。与二氧化碳相比,虽然N_2O在大气中的含量很低,但其单分子增温潜势却是二氧化碳的310倍;对全球气候的增温效应在未来将越来越显著。因此控制或减少N_2O的产生和排放,对防治全球变暖有重要意义。此外,N_2O也是导致臭氧层损耗的物质之一。

3. 碳氧化物

碳氧化物包括一氧化碳和二氧化碳。

一氧化碳主要由含碳物质的不完全燃烧产生的,天然排放较少。人为产生的一氧化碳约有70%来自机动汽车的尾气排放。2010年11月4日,环境保护部发布《中国机动车污染防治年报(2010年度)》,该年报显示,中国机动车污染日益严重,机动车尾气排放已成为中国大中城市空气污染的主要来源之一。汽车是机动车污染物总量的主要贡献者,其排放的一氧化碳和碳氢化合物超过70%。一氧化碳能和人体血液中的血红蛋白结合,妨碍其输氧功能,造成缺氧症。当浓度为400ppm时,会出现头痛、恶心、虚脱等症状;浓度达1 000ppm以上时,出现昏迷、痉挛以至于死亡;浓度达100ppm以上时,长时间的暴露也有不良影响。进入人体内的一氧化碳浓度高时,还与细胞色素氧化酶的铁结合,抑制组织的呼吸过程,造成中枢神经机能受损。

二氧化碳是大气中的"正常"成分,参与地球上的碳平衡,主要来自呼吸作用和化石燃料的燃烧。由于二氧化碳对地面长波辐射具有高度的吸收性,而对太阳的短波辐射具有高度的透过性,因此大气中的二氧化碳浓度不断升高,会导致温室效应。

4. 碳氢化合物

碳氢化合物包括烷烃、烯烃和芳烃化合物等。进入自然界的碳氢化合物,主要是由于自然界的动植物体受微生物的生化作用而产生的,每年估计产生甲烷3亿吨;其次,人类的活动也排出大量的碳氢化合物,即燃料的不完全燃烧和有机化合物的蒸发。

高浓度甲烷能引起头痛、呼吸困难等症状。高浓度乙烯有麻醉作用。此外,极低浓度的乙烯对于植物也有危害作用,影响植物的生长。

从污染环境的现实来说,碳氢化合物的含量并未真正反映其污染环境的水平,而是要看它们在空气中的反应产物的性质及含量。

5.氯气、氯化氢

氯气或氯化氢是石油化工生产的原料。如氯碱厂、氯加工厂以及聚氯乙烯、有机氯农药等的生产。由于氯气反应活泼、价格便宜，因此，在化工生产过程中使用很广，并常采用过量氯气来促使反应完全，这就造成了广泛的氯气污染。

氯气浓度在 20ppm 以上时，强烈刺激眼、鼻、喉及上呼吸道等，浓度达 50～100ppm 时，能引起喉头肿胀、吐血、急性肺水肿。更高浓高可引起急性中毒致死。慢性中毒可得支气管炎、鼻黏膜炎等症。此外，它对植物的毒性相当于二氧化硫的 2 倍，并对金属器物有腐蚀性。

总之，除了上述介绍的几种气体状污染物外，还有许多种，如硫化氢、氟化氢、氨等，以及含硫有机物、含氧有机物、硫醇类等有机物，它们对人体均有危害作用。

二、气溶胶状污染物

污染大气的另一类物质是气溶胶状污染物，也就是粒状污染物，一般可把它们分为固体颗粒(粉尘)和液体颗粒(烟雾)两种。

1.粉尘

粉尘是废气中常见的浮游粒子，形状有空心球形、杆球形和不规则形，其直径在 0.002～500μm 之间。可以按照重力沉降作用分类，直径大于 10μm 的粉尘会很快落到地上，称为降尘；降尘的主要来源为地面扬尘、燃料燃烧、工业粉尘、火山灰等。降尘不易进入人体内部，一般在上呼吸道滞留，对皮肤和眼部有刺激作用。直径小于 10μm 的粉尘可以在空中悬浮几小时甚至几年，称为飘尘。粉尘是人类健康的大敌，特别是直径 0.5～5μm 之间的飘尘危害最大。2011 年 10 月以来 PM$_{2.5}$ 事件受到广泛关注，PM$_{2.5}$ 是指粒径在 2.5μm 以下的颗粒物，主要来源是汽车尾气排放的颗粒物、大型发电厂燃煤飞灰粒子以及土壤和扬尘。2011 年 12 月 30 日环保部常务会议审议并通过了修订后的《环境空气质量标准》(GB3095—2012)。该标准增设了 PM$_{2.5}$ 平均浓度限值。该标准中规定，PM$_{2.5}$ 平均浓度限值一级为 0.035mg/m^3，二级为 0.075mg/m^3。

大于 5μm 的粒子，由于惯性力作用被鼻毛与呼吸道黏液排出；小于 0.5μm 的粒子，由于气体扩散的作用被黏附在上呼吸道表面随痰排出；但是，0.5～5μm 的飘尘可直接到达肺的深部而沉积，并可能进入血液送往全身。

煤和石油燃烧所排出的烟气是气状污染物和粉尘的混合体。飘尘能吸附二氧化硫、二氧化氮、一氧化碳等有害气体，而且借其催化或氧化作用，使之变成比二氧化硫等刺激性更强的污染物。大气中含有的低浓度飘尘及二氧化硫，能被吸入滞留在鼻腔、咽喉、气管、支气管等部位，刺激腐蚀管腔内的黏膜；长期吸入就会引起鼻咽炎、慢性气管炎及支气管炎等，而且可侵入肺泡，黏在肺泡膜上。这些微粒的长期作用会促使肺泡壁纤维增生，诱发肺纤维性变、肺气肿、支气管喘息等病症，并使肺部的血管阻力增加，加重心脏负担，导致心肺病。吸附有气体的飘尘进入人体血液，二氧化硫能影响人体的新陈代谢；一氧化碳、二氧化氮则破坏血液携氧功能，造成脑、心肌缺氧，带来冠心病。此外，飘尘还可能附有致癌性很强的多环芳烃，使人致癌。

破碎、筛分、气固分离等过程均能产生污染大气的大量粉尘，其中往往含有一些重金属。据报道，铅、锌、砷、镉、汞等许多元素在若干地区大气中所富集的数量，要比它们在天然地壳中的含量大 100 倍以上。大气中的这些元素吸附在飘尘上，被吸入人体时就能与机体的体液组织直接接触。它们对人体的毒害作用，因其侵入机体的数量、性质以及作用部位的不同，再加上机体状况的差别,所引起的机体反应也不尽相同。通常是对神经系统、血液系统和消化系统产生损害作用。

烟尘可以成为水蒸气凝集的核心,因而大气受烟尘污染时,能促使形成云雾,天气变阴。大量烟尘和水蒸气还能吸收太阳辐射和紫外线,降低大气透明度,从而减弱太阳辐射强度。

2.烟雾

作为液体颗粒的烟雾主要来自污染水蒸气的凝集或污染液体的雾化。雾气由于表面张力作用,一般呈球状。雾粒凝集至粒径大于 $40\mu m$ 时,即变成雨滴而降落地面,如硫酸雾或硝酸雾凝集成酸性雨。这类酸雨能使土壤、河湖酸化,加速许多物质和物质表面的腐蚀。

三、大气污染源

污染源就是造成环境污染的发生源,一般指向环境排放有害物质或对环境产生有害影响的场所、设备和装置等。大气污染源指的是向大气中排放污染物质的发生源,如焦化厂向大气中排放烟尘、二氧化硫等污染物质,它就是一种大气污染源。

大气污染源按总体分为自然污染源和人为污染源。自然污染源是由于自然现象造成的,如火山爆发时喷射出大量粉尘、二氧化硫气体等;森林火灾产生大量二氧化碳、碳氢化合物、热辐射等。人为污染源是由于人类的生活和生产活动造成的,是大气污染的主要来源。

1.自然污染源

自然界的各种物理、化学和生物过程是大气污染物的一个很重要的来源。与人为污染源相比,自然界各种过程产生的大气污染物种类少、浓度低。大气污染物的自然来源主要有以下几种。

1)自然沙尘(风沙、黄沙、土壤粒子等);
2)森林与草原火灾排放出 SO_x,NO_x,CO,CO_2,碳氢化合物;
3)火山活动排放出 SO_2、硫酸盐等颗粒物;
4)海浪飞沫带入大气的硫酸盐与亚硫酸盐颗粒。

2.人为污染源

人为污染源是指任何向大气排放一次污染物的工厂、设备、车辆等。人为污染源比较多,根据不同的研究目的以及污染源的特点有以下 5 种划分方法。

(1)按污染源存在的形式划分为固定污染源和移动污染源。固定污染源就是位置固定不变的污染源。这种污染源主要是一些工矿企业在生产中排放大量的污染物而造成的。例如,火电企业主要以燃烧煤为主,煤中含有较多的灰分(5%~20%)和硫(1%~5%)。在燃烧过程中大量的粉尘、二氧化硫及氮氧化物等气体产生。与固定污染源不同,移动污染源的位置是变动的,主要是指由交通工具在行驶时向大气中排放的污染物而形成的,例如汽车、火车、飞机、轮船等。它们与固定污染源相比,在单个污染源的规模上要小得多,分布比较分散而且不固定,但在总量上不一定小,并且由于行驶频繁有很大的流动性。

(2)按污染物排放的形式划分为点源、线源和面源。点源是指污染源集中在一点或相对于所考虑的范围而言可以看作为一个点的情况,如高的单个烟囱就可以看作是点源,污染物通过烟囱排放;移动污染源在一定的线路上排污,使该线路成为一条线状污染源的情况,如一辆汽车来往频繁的公路就可以看作线源;面源是在一个较大范围内较密集的排污点连成一片,即可把整个区域看作为一个污染源,如许多低矮烟囱集合起来就构成了面源。

（3）按污染物排放的时间划分为连续源、间断源和瞬时源。钢铁厂的烟囱持续不断地向大气中排放污染物就是一种连续源；全暖锅炉的排烟具有一定的时间间隔，属于间断源；而某些工厂发生事故时向大气中排放污染物，由于这种排放为突发性或暂时性的，并且一般排放时间较短，因此属于瞬时源。

（4）按污染物产生的类型可划分为生活污染源、工业污染源、交通污染源、农业污染源。工业污染源主要包括工业用燃料燃烧排放的废气及工业生产过程的排气等。农业污染源主要是指农用燃料燃烧的废气、某些有机氯农药对大气的污染，施用的氮肥分解产生的 NO_x。生活污染源主要是指民用炉灶及取暖锅炉燃煤排放的污染物，焚烧城市垃圾的废气，城市垃圾在堆放过程中由于厌氧分解排出的有害污染物。交通污染源是指交通工具燃烧燃料所排放的污染物。

（5）按污染物排放的空间可划分为高架源和地面源。高架源是指在距地面一定高度上排放污染物，如烟囱；地面源是指在地面排放污染物。

四、大气污染的联合作用

大气污染物在排出过程或进入环境以后能相互发生作用，而且事实上各种污染物也不可能是单独存在的。在很多情况下，这将使污染物的危害较原来加重，这种现象称为协同作用。如二氧化硫与飘尘同时吸入时，由于吸附在飘尘上的二氧化硫能被氧化为三氧化硫（因飘尘含有铁、锰等金属），而三氧化硫与水蒸气形成硫酸雾，其毒性比二氧化硫大 10 倍。若侵入人的呼吸道，对肺泡有更强的毒性作用。

有害物之间在一定条件下发生反应，产生新的污染物（二次污染物）。如光化学烟雾，它是由氮氧化物与碳氢化合物，在阳光作用下发生一系列复杂的化学反应所形成的二次污染物。它包括二氧化氮、臭氧和过氧乙酰硝酸酯等，其中后二者通常被称为光化学氧化剂。光化学烟雾是一种有刺激性的、浅蓝色的混合型烟雾，对人体的危害主要表现为刺激人的眼睛，引起红眼病，并对鼻、咽喉、气管和肺部也有刺激作用。当浓度达到 50ppm 时，人可能中毒死亡。此外，还能降低大气能见度，毁坏植物，损坏有机物质，如橡胶、尼龙和聚酯等。

第二节 污染物的扩散及植物净化

大气污染的消除从根本上来说，虽然有赖于生产工艺的无害化和各种控制技术，但大气扩散能力及植物吸收、过滤作用对于大气污染的控制也能起到有效的作用。

一、污染物在大气中的扩散

从工厂排出的污染气体，以及装置泄漏出来的有害气体等，能不能造成危害，危害程度多大，这取决于它们作用于接受体的浓度和时间。污染物在大气中浓度的时空分布，在很大程度上取决于当地、当时的气象条件，而气象条件又与地形、地理位置有很大关系。由于气象条件的改变，在某地会造成严重污染的工厂，建在另一地方污染就可能大为减轻。因此，在控制和治理大气污染源之外，还应考虑在各种气象和地理、地形条件下，主动地利用大气对污染物的稀释作用，一方面尽量避免不利条件，防止污染；另一方面充分依靠大气自净能力，以便在最经济的条件下达到保护环境的目的。

大气中各种迁移转化过程造成大气污染在时间上、空间上的再分布称为大气扩散。大气污染物的扩散是污染物从发生到产生环境效应之间必经的环节,大气污染物的扩散有利于减轻局部地区大气污染,但同时也使影响范围扩大,并且转化为二次污染的可能性增大。影响大气扩散的主要因素有两个方面:一为气象动力因子,如风、湍流;二为热力学因子,即温度层结等。

1. 风和湍流

一般把空气的水平运动称为风。它对大气污染的影响包括风向和风速的大小两个方面。风向影响着污染物的扩散方向。通常是在水平风的作用下将污染物不断地向下风向地区输送。风速的大小决定着污染物的扩散和稀释状况。通常,在下风向上的任何一点污染物浓度与风速成反比,若风速增大一倍,则下风向污染物的浓度将减少一半。

大气湍流是小范围的空气短时间内在主导风向的上下左右出现的不规则运动。自然界的风实际上都具有一定的湍流特性。这种杂乱的湍流运动有利于污染物进一步得到稀释,使污染气体在随风飘移过程中不断向四周扩展。湍流扩散是在水平和垂直两个方向进行的,污染物浓度与两个方向湍流扩散速率的乘积成反比。高烟囱排放废气的扩散和稀释,主要是大尺度的湍流起作用。湍流尺度越大,废气扩散的范围就越大,但是遭受污染的地区也越大。湍流强度愈大,愈有利于扩散,反之,不利于扩散。

2. 温度层结

温度层结就是垂直方向的温度梯度。温度层结决定了大气稳定度,影响大气湍流的强弱。稳定的层结抑制湍流,造成扩散不畅;没有稳定层结时,由于热力湍流得到加强,扩散强烈。因此气温的垂直分布与空气污染有着十分密切的联系。

(1)气温的垂直分布。近地面大气层中气温垂直分布一般有 3 种情况:

1)气温随高度递减。这种情况一般出现在晴朗的白天,风速不大时。地面由于受到太阳的辐射,贴近地面空气增温较厉害,热得快,热量不断由低层向高层传递,形成气温下高上低的情况,近地面的空气密度比上空小,这样,受污染的暖空气便能向上垂直运动,往高处扩散。

2)气温随高度递增。这种现象一般出现在晴朗无风的夜晚。夜间太阳没有辐射,地面无热量收入,但地面仍然有辐射,而少云天气逆辐射很少,地面大量辐射失去热量而不断冷却,近地面空气也随之冷却,热量又不断地由上而下传递,气温不断由下向上冷却,形成气温下低上高的现象,这时便出现逆温。

3)气温基本不随高度变化。这一情况一般出现在多云天或阴天,风速比较大的情况下。白天,由于云层反射到达地面的太阳辐射减少,地面增温不大。夜间,又因云的存在,大大加强了云的逆辐射,有效辐射减弱,地面冷却不大,因此有云时,气温随高度变化不明显。风速较大时,气层上下交换激烈,空气混合较好,也形成气温随高度变化不明显。

(2)逆温层。气温垂直递减率小于零时,大气层的温度分布与标准大气情况下气温的分布相反时称为温度逆增,简称逆温。出现逆温的大气层叫逆温层,在逆温层中,气温分布是上面热、下面冷,所以很稳定,空气不易产生上下对流,这对污染物的扩散是不利的。

如果逆温持续时间长,逆温层的厚度增加到数十米乃至数百米,笼罩着大地,阻止地面气流向上运动,甚至连水平扩散也受到很大阻碍,而污染物又是源源不断地排放,污染物的浓度就会愈来愈大,达到危害人体健康的地步。国外曾经发生过多次严重的大气污染事件,就是在这种强逆温条件下,再加上地形、地理等其他因素影响所造成的。

逆温层的下限,称逆温高度,上下限的温度差称为逆温强度。根据逆温层出现的高度不同,分为接地逆温层与上层逆温层。根据逆温层发生的原因可分为辐射逆温、湍流逆温、沉降逆温、锋面逆温和地形逆温。

1)辐射逆温。它是由地面长波辐射冷却而形成的。一般是在晴朗无风的夜晚,地面强烈辐射,地面和近地面的大气层迅速降温,上层大气降温较慢,因而出现辐射逆温。辐射逆温多发生在对流层的接地层。

2)下沉逆温。在逆温情况下,上空的空气密度比地面小,使重的在下,轻的在上,气体难以向上运动。由于大范围天气形势变化带来的逆温现象更为显著,它能使大范围的空气发生下沉,从而在地面以上数百米到1 000m的高空,可形成下沉逆温层。

3)湍流逆温。它是由低层空气的湍流混合而成的。逆温离地面的高度依赖于湍流混合层的厚度,通常在1 500m以下,其厚度一般为数十米。

4)锋面逆温。它是由锋面上暖空气和锋面下冷空气的温差造成的。当对流层中的冷暖空气相遇时,暖空气密度小就会爬到冷空气上面形成一个倾斜的过渡区,成为锋面。

5)地形逆温。地形对污染物扩散有重要影响。除了大范围的气流外,山区能产生局部的特异气流。在山谷地带,白天阳光照进山谷,山坡比谷底先受热,受热的山坡把热量首先传递给其上的空气,因而使得山坡的气温比同一高度上的谷底空气温度要高。山坡上空气密度轻则上升,由谷底较冷的空气移来补充,这就形成了从谷底吹向山坡的谷风。相反,夜间山坡散热快,山坡上的气温将低于同一高度上的谷底空气温度,谷底的热空气便上升,而山坡上的冷空气则由山坡流向谷底,于是造成了山风。山风和谷风每昼夜内隔一定的时间进行转换,并受天气形势变化的影响。在无风或少风的天气情况下,就出现较稳定的逆温层,空气停滞不动,阻碍污染气体的扩散和稀释。此外,海滨、湖滨地区也有局部的特异气流。在这类地区往往出现所谓的海陆风,即在白天,海风吹向陆地可达几公里,而后气流上升又折回海面,形成环状气流。在此情况下,大气中的污染物不能充分地输送到远处,污染程度将趋于加重。

因此,为了防止和减轻大气污染,在建厂前应结合考虑气象条件选择厂址。要尽量选择气象、地形条件比较有利于污染物扩散的地区建厂,特别是对山区、海滨等一些具有特殊气象规律的地方,要认真注意。

3.大气不稳定度

污染物在大气中垂直方向的稀释扩散,与大气稳定度有密切关系。大气稳定度是指大气在垂直方向稳定的程度,即是否易于发生对流。按照大气气温随高度的变化情况,可把大气分为三种状态,即稳定状态(气温直减率小于1℃/100m)、不稳定状态(气温直减率大于1℃/100m)和中性稳定状态(气温直减率等于1℃/100m)。气温随高度的变化通常以气温垂直递减率表示。气温垂直递减率是指在垂直于地球地面方向上,每升高100m气温的变化值。由于气象条件不同,气温垂直递减率可大于零、等于零或小于零。大于零表示气温随高度的增加而降低;等于零表示气温不随高度变化而变化;小于零表示气温随高度增加而增加。

二、植物在大气净化上的作用

大气中的污染物除因发生扩散而被稀释以外,还在阳光、空气和雨水的作用下,进行着其他自然净化过程。另外,植物在大气净化上也起着颇为重要的作用。林木吸收二氧化碳、放出氧气的生命活动是众所周知的。植物通过光合作用吸收二氧化碳、放出氧气,但又通过呼吸作用吸收氧气,放出二氧化碳。植物白天光合作用吸收的二氧化碳多于呼吸作用排出的二氧化碳,所以总的说来消耗了二氧化碳增加了空气中的氧气。通常 10 000m² 阔叶林,每天能吸收 1 000kg 左右的二氧化碳,放出约 730kg 氧气。绿化造林既对大气中的二氧化碳进行了净化,也补充了新鲜的氧量。据估计,在全世界由各种植物所消耗的二氧化碳数量,每年可达 2 600 亿吨之多。除此之外,植物在大气净化上还能起到过滤粉尘、吸收有害气体的作用。

1. 过滤消除粉尘的作用

含尘量很大的气流通过枝叶茂密的树林时,一方面由于其阻挡作用使风速下降,使空气中的大粒灰尘下降;另一方面,粉尘和飘尘可被树枝滞留,或被树叶和树脂所吸附。植物叶子的表面粗糙不平、多绒毛,有些植物还能分泌油脂和黏性汁液,从而提供了滞留或吸附大量粉尘的条件。草地和灌木植物生长茂盛时,其叶面积总和可比其占地面积大 22~30 倍。黏滞在叶面上的粉尘,以后受雨水淋洗,树木又可恢复其滞尘吸附的作用。因此,在工厂区绿化造林,是防尘的一项积极措施。

2. 吸收有害气体的作用

植物对有害气体有吸收作用,例如:植物对二氧化硫的吸收。大气中低浓度的二氧化硫可被植物吸收或同化。二氧化硫能通过张开着的植物叶子表面的叶孔进入叶子内部。因此,影响叶孔开放的因素也就影响着植物对二氧化硫的吸收。二氧化硫被吸收在海绵状的叶肉和栅状细胞的潮湿表面进行反应,形成亚硫酸盐。低浓度的亚硫酸盐在植物体内会缓慢地被氧化,生成硫酸盐。硫酸盐然后作为营养物质被利用,并转化成有机形式。但亚硫酸盐及硫酸盐过量存在时,对植物细胞是有害的。亚硫酸盐的毒性较硫酸盐的大 30 倍。如果亚硫酸盐累积速度缓慢,赶不上细胞氧化亚硫酸盐的速度,则叶子吸收二氧化硫后仍能保持正常功能,直至硫酸盐大量累积为止。

各种不同的植物对二氧化硫有不同的吸收能力。当二氧化硫浓度低时,有些植物能吸收二氧化硫,积累于植物体内,起到净化二氧化硫污染的作用。据报道,每公顷柳杉林每年能吸收 720kg 二氧化硫。柑橘树的吸硫能力也很强,吸硫达到叶重的 0.8%。玉米、黄瓜、芹菜、葫芦、香瓜等作物以及丁香树、枫树和夹竹桃等观赏植物的吸硫能力都很强。

由于厚密的树林可以降低低层空气的流速,二氧化硫又重于空气,成片林木就又有阻滞二氧化硫的作用,影响二氧化硫的流动和扩散。因此,在排放二氧化硫的车间附近,为了尽量不使这种污染物危害工人的健康,必须尽快扩散稀释。在这样的地点不宜密植高大林木,可以稀疏地种植一些树木,最好多种草皮等低矮地被植物,这样既有显著的净化作用,又不妨碍空气流通。

此外,某些植物还能吸收氟、氯气、光化学烟雾等污染物。吸收氟的植物有棉花、烟草,西红柿等;吸收氯气的植物有茄子、铁杉、槐树等;吸收光化学烟雾的植物有白菜、黄瓜、洋槐等。

需要注意的是,各种树木、作物在其忍受限度以内虽能够吸收有毒气体,可是往往在"可视害"发现以前,其内部生理上已产生了"不可视害",这种不可视害表现在光合作用和呼吸作用发生异常。因此,合理地利用林木净化大气,还有待于掌握内在规律。当然,利用植物吸收毒物,最大不过枯萎死亡,却免除解脱了污染物在环境中的危害。对于吸毒作物能否食用,则须慎重研究。

第三节 废气处理方法

排入大气中的污染物有固态、液态和气态,以及粉尘和烟雾,其中主要的污染物质是由于燃烧不完全而产生的微炭颗粒和化学反应中带出的固体微粒,硫酸、硝酸、磷酸等液体微粒酸雾,二氧化硫、氮氧化物、氯气、氯化氢、氟化氢、硫化氢以及其他有机气体。上述各种污染物质都有一定的危害,因此,就要求有关的生产部门必须对生产中排放的废气进行比较彻底的治理,然后再排入大气。本节主要介绍清除废气中颗粒污染物和气态污染物的各种方法,前者是利用性能不同的除尘装置来处理;后者是利用吸收、吸附、冷凝、膜分离法、生物法和氧化分解法来处理。

一、颗粒污染物的治理

1.机械式除尘器

机械式除尘器是利用质量力(重力、惯性力和离心力等)的作用使尘粒与气流分离沉降的装置,它包括重力沉降室、惯性除尘器和旋风除尘器等。

重力沉降室是利用含尘气体中尘粒的重力作用而进行自然沉降分离的捕集装置。当含尘粒的气流通过沉降室时,只要沉降室的尺寸满足下面这个条件,即尘粒在重力作用下从顶部降到底部灰斗的时间小于气流通过沉降室的时间,则尘粒在自然重力下会被分离除去。

重力沉降室除单沉降室外,还有多层沉降室。单沉降室的流速一般保持在 $1\sim2\mathrm{m/s}$,最大不超过 $3\mathrm{m/s}$,以免造成再飞扬。由于尺寸的限制,它只用于捕集 $50\mu\mathrm{m}$ 以上的尘粒。

惯性除尘器是使含尘气流冲击挡板,或使气流方向发生急剧转变,借助尘粒本身的惯性力将尘粒分离下来的一种除尘装置。这类除尘器可同时利用惯性力、重力和离心力,可以捕集 $10\sim20\mu\mathrm{m}$ 以上的粗尘粒。惯性力除尘器宜用于净化密度和粒径较大的金属或矿物粉尘,而不宜用来净化黏结性和纤维性粉尘。这类除尘器由于净化效率不高,常被当作高效除尘器的预除尘器使用。其结构如图 3-1 所示。

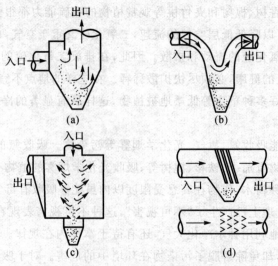

图 3-1 惯性除尘器

旋风除尘器是使含尘气流作旋转运动,借作用于尘粒上的离心力把尘粒从气体中分离出来的装置。普通旋风除尘器由筒体、锥体和进、排气管等组成。气流流动状况及尘粒的捕集过程如图 3-2 所示。

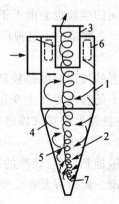

图 3-2　普通旋风除尘器

1—筒体； 2—锥体； 3—排气管； 4—外旋流； 5—内旋流；

6—上旋流； 7—回流区

含尘气体由进口切向进入后,沿筒体内壁由上向下作旋转运动,并有少量气体沿径向运动到中心区内。这股向下旋转的气流大部分到锥体顶部附近时折转向上,在中心区域边旋转边上升,最后由排气管排出。这股气流作向上旋转运动,也同时进行着径向的离心运动。一般将旋转向下的外圈气流称为外旋流,而将旋转向上的内圈气流称为内旋流,并把外旋流转变为内旋流的锥顶附近区域称为回流区,内旋流与外旋流两者旋转方向相同。气流作旋转运动时,尘粒在离心力的作用下,逐渐向外壁移动,到达外壁的尘粒,在外旋流的推力和重力的共同作用下,逐渐沿锥壁旋落至灰斗中。此外,当气流从除尘器顶部向下高速旋转时,顶部压力发生下降,致使一部分气流带着微细尘粒沿筒体内壁旋转向上,到达顶盖后再沿排气管外壁旋转向下,最后进入排气管排走。通常将这股旋转气流称为上旋流。它所造成的细尘逃逸问题与下部回流区造成的细尘二次返混问题都影响除尘效率的提高,因而是旋风除尘器结构设计时应注意的问题。

旋风除尘器具有结构简单、造价便宜、体积小、除尘效率较高、适应粉尘负荷变化性能较好、无运动部件及运行管理简便等优点,因而应用很广泛。

2.湿式除尘器

湿式除尘器也可称为湿式气体洗涤器。它是使含尘气体与液体(一般为水)密切接触,利用水滴和尘粒的惯性碰撞及其他作用捕集尘粒的装置。它既能用于气体除尘,又能用于气体吸收,还能起到气体的降温、增湿等作用。其他类型除尘器不具备这些特点。下面仅介绍它在除尘方面的作用。

(1)惯性碰撞作用。在湿式除尘器中,气体中的尘粒由于惯性力的作用与分散在气流中的液滴发生碰撞。如果尘粒在碰撞之后附着在液滴上,则这些尘粒就被分离出去。一般当尘粒直径、密度、尘粒与液滴间的相对速度较大、气体黏度与液滴尺寸较小时,可提高尘粒的捕集效率。此外,增大液气体积比,也可提高捕集效率。

(2)拦截作用。气流中的尘粒随气流一起绕过液滴时,尘粒与液体的表面发生接触而被捕集下来。对于拦截起主要作用的是尘粒尺寸,而不是密度或惯性。当尘粒在距液滴表面1/2粒径距离以内绕过液滴时,则发生拦截作用。

(3)布朗扩散运动造成的接触。小于 $2\mu m$ 的尘粒由于流体湍动和自身的内动能,发生波浪式的运动,因而与液滴运动方向相同的尘粒也会由于正弦运动而与液滴相遇。通常,处于超微范围的细小尘粒(直径 $0.1\mu m$ 以下)主要是由于这种机理除去的。液滴的数目越多,相互作用的可能性越大。

(4)凝集作用。一般进入洗涤装置的气体温度都较高,进入洗涤器后,因洗涤液蒸发而使气体逐渐饱和。由于蒸发,尘粒表面上的静电力发生变化,使得尘粒发生凝集作用,这些聚集起来的粒子对碰撞捕集更为有效。在洗涤器前对气体进行预饱和及增湿,有助于提高洗涤器的捕集效率。

(5)晶核引起的冷凝作用。气体被饱和后,与较冷的循环液相遇,以及通过管壁散热而使温度下降,由此造成气体中水分的冷凝。此过程是在尘粒(晶核)表面上发生的,因而促进尘粒长大,使其容易分离。

上述5种作用中,对除尘起主要作用的是惯性碰撞作用和拦截作用。只有捕集很小的尘粒时,才受到布朗扩散作用的影响。

湿式除尘器具有结构简单、造价低和除尘效率高等特点,适用于净化非纤维性和不与水发生化学反应的各种粉尘,尤其适用于净化高温、易燃和易爆的含尘气体。但要特别注意设备和管道的腐蚀和堵塞以及污水和污泥的处理等问题。此外,动力消耗比较大,尤其是在高效地捕集很细的粉尘时。

3.电除尘器

电除尘器是含尘气体在通过高压电场进行电离的过程中,使尘粒荷电,并在电场力的作用下使尘粒沉积在集尘极上,将尘粒从含尘气体中分离出来的一种除尘装置。电除尘过程与其他除尘过程的根本区别在于:分离力(主要是静电力)直接作用在粒子上,而不是作用在整个气流上,这就决定了它具有分离粒子耗能小,气流阻力也小的特点。由于作用在粒子上的静电力相对较大,所以对较细的粒子也能有效地捕集。

电除尘器的除尘过程可分为以下3个阶段(见图3-3)。

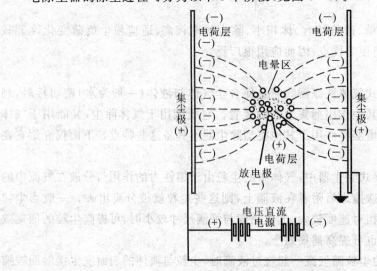

图3-3 平板型集尘极的集尘原理

（1）粒子荷电。高压放电极在高压的作用下向周围放出大量电子去轰击电极周围的气体分子。由于这种轰击力，产生了荷正电的和荷负电的气体离子。这些离子在很强的静电力的作用下向带相反电荷的电极移动。荷负电的气体离子向荷正电的集尘极运动。荷正电的气体离子回到负放电极（电晕极）又失去了正电荷。这样，在气体通道内充满了大量荷负电的气体离子（以上称为电晕放电）。当气体携带尘粒通过气体通道时，尘粒与带负电的气体离子碰撞附着，因而被荷以负电，便实现了粒子荷电。由于气体离子比最细小的尘粒还小得多，并且数目极大，所以，它们对尘粒的荷电能力很强。

（2）粒子沉降。在库仑力作用下，荷负电的尘粒被驱往集尘极，到达集尘极表面放出电荷而沉集其上。

（3）粒子清除。当在集尘极上的尘粒所形成的尘粒层达到一定厚度时，紧靠集尘极的尘粒因放电已无电荷，因而也无静引力。外层的尘粒虽然有许多电荷，但和极板间因有一层尘粒而被绝缘。因此，可用机械振打等方法将其清除掉。

电除尘器的结构一般包括以下几个主要部分：电晕电极、集尘电极、电晕极和集尘极的清灰装置、气流分布装置、壳体、高压瓷瓶的保温箱、输灰装置及供电装置等。根据它的结构特点，可以作不同的分类，其中按集尘极的形式分为板式电除尘器和管式电除尘器（见图3-4）。

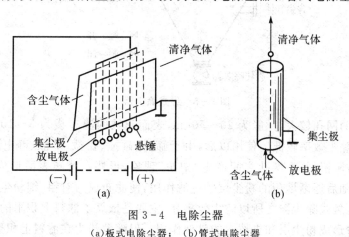

图 3-4 电除尘器
(a)板式电除尘器； (b)管式电除尘器

电除尘器具有以下优点：压力损失小；除尘效率高，最高可达 99.99%，所以广泛用于各种工业部门中，特别是化工、火电、冶金、建材等工业部门；且对 $0.1\mu m$ 以下的微细尘粒的去除，效果也很好；处理气体流量大，对气量波动的适应性很强；能捕集腐蚀性极强的尘粒和酸、油雾；适于高温场合（370～720℃）；能连续运行，并可实现自动化。其缺点是设备庞大，初投资高，不能处理有爆炸性的气流。

4.过滤除尘器

过滤除尘器是使含尘气体通过滤料将尘粒分离捕集的装置。它有内部过滤和表面过滤两种方式。内部过滤，是把松散的滤料（如玻璃纤维、金属绒等）以一定的体积填充在框架或容器内作为过滤层，含尘气体进行净化时尘粒是在过滤材料内部进行捕集的。而表面过滤是采用织物等较薄滤料，将最初黏附在表面的粉尘层（初层）作为过滤层，进行微粒的捕集。

以滤纸或玻璃纤维等填充料作滤料的空气过滤器，主要用于通风及空气调节方面的气体净化。采用廉价的砂、砾、焦炭等颗粒物作为滤料的颗粒层除尘，是 20 世纪 70 年代出现的一种除尘装置,在高温烟气除尘方面引人注目。采用纤维织物等作滤料的袋式除尘器,在工业上应用较广。下面仅对此种除尘器加以介绍。

袋式除尘器是在除尘室内悬挂许多滤布袋来净化含尘气体的装置(见图3-5),滤布袋是用棉、毛或人造纤维等加工而成的。

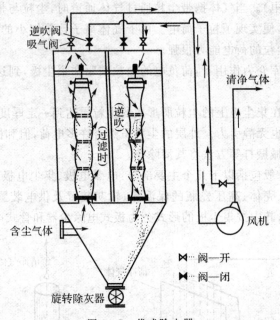

图3-5 袋式除尘器

滤布袋本身的网孔较大,一般为$20\sim50\mu m$,表面起绒的滤布袋为$5\sim10\mu m$,因而新的滤布袋开始滤尘时除尘效率较低。使用以后,由于筛滤、碰撞、拦截、扩散、静电及重力沉降等作用,粗尘粒首先被阻留,并在网孔之间产生"架桥"现象,很快在滤布表面形成一层粉尘初层。由于粉尘初层及随后逐渐堆积的粉尘层的过滤作用,使滤布成为对粗、细粉尘皆可有效捕集的滤料。由此可知,袋式除尘器之所以滤尘效率高,主要是依靠了滤料上积附的粉尘层的过滤作用,而滤布只起着形成粉尘层和支撑它的骨架作用。但随着粉尘在滤料上积聚,滤料两侧的压力差增大,会把有些已附在滤料上的细小粉尘挤压过去,使除尘效率下降。另外,若除尘器阻力过高,还会使除尘系统的气体处理量显著下降。因此,除尘器阻力达到一定数值后,要及时清灰。清灰时要注意,不应破坏粉尘初层,否则会使除尘效率显著降低。

袋式除尘器是一种高效除尘器,已广泛地用于各种工业部门的尾气处理。与电除尘器相比,它具有结构简单、投资少等特点。其性能稳定可靠,对负荷变化适应性较好,且运行管理方便,特别适宜捕集微细而干燥的粉尘,所收集的干尘也便于处理和回收利用。但它不适于处理含有油雾、水雾、黏结性强的粉尘,以及有可能爆炸或带有火花的含尘气体。

除了上述4种除尘装置外,还可利用声波使尘粒凝集后再用其他方法分离,以及采用后烧法处理含尘废气。

声波除尘装置是利用声波使含尘气体中的尘粒凝集成粗大颗粒,然后用其他除尘装置(如旋风除尘器等)进行捕集。利用声波使尘粒凝集的原理是:粒径不同的尘粒的振幅不同,因而粒子相互碰撞、接触而凝集。声波除尘装置(见图3-6)由声波发生器、凝集塔和分离器三部分组成。

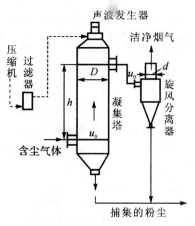

图 3-6 声波除尘装置

分离器一般采用旋风除尘器。声波除尘效果的好坏受频率、声强、作用时间、分离器等的影响。这类除尘装置常常产生噪声,且耗能较大。

后烧法的原理是将废气中所含的尘粒和气态污染物在燃烧炉内燃烧而除去,燃烧可以采用直接焚烧或催化燃烧。后烧法所处理的尘粒必须是易燃的,尘粒的浓度也必须很低。

总之,上述各类除尘器都有各自的特点。在具体应用时,必须全面考虑有关因素,使选择的除尘器既经济又有效。必要时,可将它们组合起来,以便达到更好的除尘效果。各种主要除尘器的优缺点比较见表 3-1。

表 3-1 各种主要除尘设备优缺点比较

除尘器	原理	适用粒径 μm	除尘效率 η %	优 点	缺 点
沉降室	重力	100～50	40～60	1.造价低; 2.结构简单; 3.压力损失小; 4.磨损小; 5.维修容易; 6.节省运转费	1.不能除小颗粒粉尘; 2.效率较低
挡板式(百叶窗)除尘器	惯性力	100～10	50～70	1.造价低; 2.结构简单; 3.处理高温气体; 4.几乎不用运转费	1.不能除小颗粒粉尘; 2.效率较低
旋风式分离器	离心式	5 以下 3 以下	50～80 10～40	1.设备较便宜; 2.占地小; 3.处理高温气体; 4.效率较高; 5.适用于高浓度烟气	1.压力损失大; 2.不适于湿、黏气体; 3.不适于腐蚀性气体

续表

除尘器	原理	适用粒径 μm	除尘效率 η %	优 点	缺 点
湿室除尘器（文丘里洗涤器）	湿式	1左右	80～99	1. 除尘效率高； 2. 设备便宜； 3. 不受温、湿度影响	1. 压力损失大，运转费用高； 2. 用水量大，有污水需处理； 3. 容易堵塞
过滤（袋式）除尘器	过滤	20～0.1	90～99	1. 效率高； 2. 使用方便； 3. 低浓气体适用	1. 容易堵塞，滤布需替换； 2. 操作费高
电除尘器	静电	20～0.05	80～99	1. 效率高； 2. 处理高温气体； 3. 压力损失小； 4. 低浓度气体也适用	1. 设备费贵； 2. 粉尘黏附在电极上时，对除尘有影响，效率降低； 3. 需要维修费用

二、气态污染物的治理

用于治理气态污染物的方法有吸收、吸附、冷凝、燃烧、膜分离和生物净化等。

1. 吸收

（1）物理吸收和化学吸收。利用吸收剂将一种或一种以上的组分有选择地从气体混合物中分离出来的过程称为吸收。一般吸收过程均以液体溶剂作为吸收剂。吸收过程如不发生显著的化学反应，只是气体溶于液体的物理过程，称为物理吸收。吸收质（气体中可溶性组分）与吸收剂或吸收质与已溶解于吸收剂中的其他物质发生显著化学反应的吸收过程，称为化学吸收。在大气污染控制工程中，由于气态污染物的浓度很低，单纯利用物理吸收常常不能满足净化的要求，因而大量采用化学吸收。

1）物理吸收：即在一定的温度和压强下，当吸收剂和混合气体接触时，气体中的吸收质就向液体吸收剂中传递，被液体吸收形成溶液。同时溶液中的吸收质也可能从液相向气相传递，进行解吸。经过足够长的接触时间后，气相和液相中的吸收质组成不再变化，气液两相间达到动态平衡，表面上已看不出物质的传递。这时，吸收质在吸收剂中的浓度称为平衡溶解度，平衡溶解度是吸收过程的极限。

经理论分析，对于稀溶液和气相总压不高的情况，在物理吸收中，降低温度，提高压力，增大气液两相间的浓度差，均有利于吸收操作的进行。利用这一特性可进行气态污染物的吸收和解吸，解吸后的吸收剂可以重新利用。

吸收剂性能的好坏，对吸收操作有决定性影响。因此，在选择吸收剂时应考虑以下因素：①对被吸收的气体有较高的溶解度，这样可提高吸收速率，减少吸收剂用量，缩小设备，减少能量消耗；②选择性好，对被吸收组分有良好的吸收能力，对其他组分不吸收或吸收能力很弱；

③挥发性低,无毒,不易燃烧,化学稳定性好,凝固点低,不发泡,易再生,黏度低,比热小;④不腐蚀或腐蚀性很小,可以减少设备费用;⑤价钱便宜,容易得到。

2)化学吸收:指伴有显著化学反应的吸收过程,可以是被溶解的气体与吸收剂或与已溶解于吸收剂中的其他物质进行化学反应,也可以是两种同时溶解进去的气体发生化学反应。例如用碱液吸收二氧化硫、氮氧化物、硫化氢、二氧化碳或用各种酸吸收氨等,都是化学吸收。利用固体吸收剂与被吸收组分发生化学反应而将其从气体中分离出来的过程,也属于化学吸收。在化学吸收中,由于吸收质在液相中与反应组分发生化学反应,结果降低了液相中纯吸收质的含量,增加了吸收过程的推动力,使吸收效率提高。在清除浓度低、净化程度要求高的气态污染物时,大多采用化学吸收。

上述的物理吸收和化学吸收是在吸收设备中进行的。吸收设备的主要作用是使气液两相充分接触,以便很好地进行传质。常用的吸收设备有填料塔、喷雾塔、旋风洗涤器和板式塔等。

(2)吸收法在废气治理中的应用。

1)二氧化硫的脱除。因所用的吸收液不同,脱除废气中的二氧化硫的方法也不同。下面仅对常用的几种方法作以介绍。

亚硫酸钠法:此法以氢氧化钠或碳酸钠溶液为吸收剂,回收结晶亚硫酸钠。废气进入吸收塔内,先被吸收剂吸收,再送至中和槽进行中和,并加入适量试剂(硫化钠溶液)去除某些金属离子。随后将 pH 值调整为 12,用过滤机过滤。此时的吸收液为较纯的亚硫酸溶液,将它进行蒸发、结晶、离心分离和热风干燥,即得亚硫酸钠成品。此法的二氧化硫吸收率可达 95% 以上,能适应负荷的波动,吸收塔和管道不易结垢,构造简单,操作容易,结晶颗粒较大。

钠盐循环法:又称亚钠循环法。此法用亚硫酸钠(钾)溶液作为吸收剂,在吸收塔内对二氧化硫进行吸收。生成的亚硫酸氢钠(钾)用蒸汽加热分解,分解出亚硫酸钠(钾)、二氧化硫和水。亚硫酸钠(钾)可再循环使用于吸收过程,水被冷凝后可分出,二氧化硫的纯度很高(95%),可用以制造浓硫酸、液体二氧化硫和元素硫等。此法具有脱硫率高、吸收液可循环使用、回收二氧化硫纯度高等特点。

氨法:此法采用氨水或气态氨为吸收剂,吸收二氧化硫生成亚硫酸铵和亚硫酸氢铵。吸收液可根据回收目的的不同进行不同的处理。若回收亚硫酸铵,则往吸收液中加入氨;若回收硫酸铵,则往吸收液中加过量的硫酸。此法的缺点是氨的运输困难,使用较少。

稀硫酸法:此法以稀硫酸为吸收剂,在吸收塔内将二氧化硫吸收,随后把吸收液送入氧化塔氧化生成硫酸。一部分硫酸送去制造石膏,另一部分硫酸又回到吸收塔循环使用。此法脱硫率可高达 98%,设备简单,操作容易。但稀硫酸腐蚀性较强,故此法应用受到一定限制。

2)氮氧化物的脱除。氮氧化物主要是指一氧化氮和二氧化氮。脱除它们的吸收法种类较多,现对常用的几种方法加以简要介绍。

水吸收法:水与二氧化氮接触发生反应,生成硝酸和亚硝酸。亚硝酸分解放出一氧化氮和二氧化氮。一氧化氮不易溶于水,且氧化成二氧化氮的速度很低,所以水吸收法对一氧化氮去除率低,而二氧化氮又可与水反应。水吸收法的效率一般为 30%~50%。

碱法:用碱中和生成的硝酸和亚硝酸,形成硝酸钠和亚硝酸钠。可以用氢氧化钠、碳酸钠和石灰乳作为吸收剂。碱法的氮氧化物去除率可达 50%~60%。

氨法:此法为用氨水喷洒含氮氧化物的废气或向废气中通入气态氨,使氮氧化物转变为硝酸铵与亚硝酸铵。此法效率高,氮氧化物脱除率可达 90%。但生成的硝酸铵与亚硝酸铵雾,可使废气呈白色烟雾扩散,造成二次污染。若将此法与氢氧化钠溶液吸收法结合起来效果比较好,并已推广使用。

稀硝酸法:此法为利用30%左右的稀硝酸吸收氮氧化物。吸收过程主要是物理吸收。将吸收液在30℃下用空气进行吹脱,吹出的氮氧化物可回至硝酸生产系统中去,而剩下的吸收液经冷却后再用于吸收。此法在国外硝酸工厂已经广泛应用。

氧化吸收法:由于一氧化氮很难被吸收,因而提出用氧化剂先将它氧化成二氧化氮,然后再吸收的方法。所用的氧化剂有亚氯酸钠、次氯酸钠、高锰酸钾、臭氧等。这类方法去除氮氧化物的效率较高,但运转费用也较高。

硫酸亚铁法:此法利用硫酸亚铁与一氧化氮反应生成不稳定的络合物而加以吸收。当此吸收液加热至60℃时,即发生分解反应放出一氧化氮。硫酸亚铁溶液可冷却至30℃后循环使用,一氧化氮则回收用于生产。此法仅适用于生产中需要使用一氧化氮的情况。

此外,吸收法还可去除氰化物、氯化物、硫化物、氨,以及醛、酮、醇、醚、不饱和烃等。

2.吸附

(1)吸附原理。吸附是利用多孔性固体吸附剂处理流体混合物,使其中所含的一种或数种组分吸附于固体表面上,以达到分离的目的。它是一种固体表面现象。当气体与吸附剂的表面接触时,即发生吸附作用。吸附程度取决于被吸附气体的物理性质和固体表面的物理性质。一般,气体分子量越大、分子尺寸越大、沸点越低,就越容易被吸附。气体在吸附剂表面的吸附,可分为物理吸附和化学吸附两种。

物理吸附是由于吸附剂和吸附质的分子之间的引力(范德华力)而发生的吸附作用。在这种力作用下有几层气体分子被牢牢地吸引在固体的表面上。吸附过程是放热的,放出的热量大致相当于冷凝时放出的热量。在任何情况下,当吸附达到平衡时吸附质的分压等于它在吸附剂接触的气相中的分压。当气相压力降低或系统温度升高时,被吸附的气体将从吸附剂上脱离下来,这一现象称为脱附。由于吸附过程放热,脱附过程吸热,为使吸附过程顺利进行,有时需要进行冷却以带走释放出来的热量,有时需将气体稀释以减缓过程的放热。用加热和减压的方法可使吸附过程向相反方向——脱附进行。工业上的吸附操作,正是利用这种可逆性进行吸附剂的再生和吸附质的回收。吸附法净化气态污染物是以物理吸附为基础的。

化学吸附是由于吸附剂表面与吸附质分子间的化学键力所造成的。化学吸附的吸附力比物理吸附的大,吸附热也比物理吸附的高得多,与化学反应热相近。化学吸附一般是不可逆的,脱附时原来的分子已经发生了化学变化。在化学吸附中,被化学键力吸附在固体表面上的分子是处于活化状态的,所以化学吸附又称为活化吸附,这对表面催化有重要作用。由于化学吸附是通过气体和固体表面上的原子发生化学结合而进行的,所以化学吸附层的厚度都是一个分子,这一点和物理吸附不同。在物理吸附中,被吸附的分子对外也有引力,在第一吸附层之上,还可以吸附第二层、第三层……,即不只是单分子层吸附,也可以是多分子层吸附。这时,气体吸附量是各层吸附量的总和。

当气体混合物与吸附剂接触时,经过一定时间后,吸附剂的表面逐渐被吸附质所饱和,最后达到平衡。这种平衡是一定条件下的平衡,即压力、温度、吸附质的分压等都是一定的。达到平衡后,吸附质就不再被吸附。这对于实际的吸附操作很重要,因为它是实际可能达到的上限。

当吸附剂达到饱和时,必须对它进行再生处理,以便循环使用。吸附剂的再生一般可采取下述方式中的一种：①降低进口气体的浓度，如用清洁气体冲洗吸附剂床层；②提高床层温度，可直接加热（如采用水蒸气、惰性高温气体）或间接加热（采用蒸汽蛇管）；③降低系统的压力，如真空脱附；④用溶剂除去吸附质，再将溶剂除去，如活性炭脱除二氧化硫的水洗式再生。最常用的再生方法是切断进入吸附器的气体，直接通入蒸汽将吸附质赶走。但再生后重新使用前必须向吸附剂床层通入清洁的干燥气体 5～10min，以使吸附器保持干燥。

根据吸附器内吸附剂床层的特点，可将气体吸附器分为固定床、移动床和流化床三种，其中固定床吸附器由于结构简单、操作方便，因而被广泛使用。

（2）吸附法在废气治理中的应用。

1）二氧化硫的脱除。二氧化硫是一种易被吸附的气体。常用的吸附剂是活性炭。活性炭对二氧化硫的吸附包括物理吸附和化学吸附。当烟气中无水蒸气和氧存在时，主要发生物理吸附，吸附量较小。当烟气含有足够的水蒸气和氧时，伴随物理吸附进行的同时，还会发生一系列的化学反应，从而增加了化学吸附的程度。化学吸附将二氧化硫氧化成三氧化硫，三氧化硫发生水合作用生成硫酸，水分再将硫酸稀释，最终以浓度 70%～80% 的硫酸形式被吸附在活性炭上。

覆盖在活性炭表面的硫酸，降低了活性炭的吸附能力。需采用一些方法脱附，回收这些硫酸，并使活性炭再生。常用的方法有固定床水洗再生式、移动床加热再生式及移动床水蒸气再生式三种。

2）氮氧化物的脱除。用于脱除氮氧化物的吸附剂有活性炭、硅胶和分子筛等。这些吸附剂都是将一氧化氮氧化成二氧化氮后，以二氧化氮的形式加以吸附。活性炭对氮氧化物的吸附容量仅为二氧化硫吸附量的几分之一，因而所需活性炭的数量很大，实用有困难。以硅胶和分子筛吸附氮氧化物的效果较好，加热再生时得到二氧化氮，可以利用。但对于含大量水分的烟道气并不适用。

此外，还可利用某些吸附剂去除气体中的臭气成分，以及回收一些易挥发的有机溶剂。目前国内外已将活性炭吸附法用于甲苯、二甲苯等溶剂的回收。吸附法既可回收某些气态污染物，实现废物资源化，又能使废气达到排放标准保护大气环境。因此，吸附法的应用已越来越广泛。

3. 冷凝

冷凝法是利用物质在不同的温度下具有不同的饱和蒸气压这一性质，采用降低系统温度或是提高系统的压力或者既降低温度又提高压力的方法，使处于蒸气状态的污染物冷凝而从废气中分离出来，这一分离过程是在冷凝器中完成的。

冷凝法所用的设备有接触冷凝器和表面冷却器两类。接触冷凝器有喷雾冷凝器、喷水凝汽器、气压冷凝器和阶式冷凝器等。表面冷却器又可分为管壳式和空气冷却式两类。

冷凝法具有回收物质纯度高、所需设备和操作条件简单等优点，但由于其通常所需较高的压力或较低的温度，使得处理运行费用过高，因而常与吸收等过程联合应用。在理论上冷凝法可达到很高的净化程度，但从经济角度来看并不可行。冷凝法常作为预处理来减轻燃烧、吸附等方法的处理负荷。

4. 燃烧

燃烧法是通过燃烧将废气中的污染物（可燃气体、有机蒸气及微细的尘粒等）转变成无害物质或容易除去的物质。例如，在石油化工企业、炼油企业、焦化企业及其他企业设置的火炬，就是将可燃的有毒气体及蒸气燃烧转变为不可燃的惰性气体或是将有害有毒物质转化为无害无臭无毒物质然后排放。由于这种方法常常放在所有工艺流程的最后,故又称为后烧法,所用设备称为后烧器。燃烧法简单易行,可处理污染物浓度很低的废气,净化程度很高,且可以回收热能。

根据燃烧方式的不同,可将燃烧法分为直接燃烧法、热力燃烧法和催化燃烧法 3 种。

(1)直接燃烧法。直接燃烧法也称直接火焰后烧法,它是把可燃的废气当作燃料来燃烧的方法。通常在 1 100℃ 以上进行,燃烧产物是二氧化碳、水蒸气和氮气,为了正常地进行燃烧,直接燃烧法要求废气的发热量为 3 350~3 730kJ/m^3。该法适用于废水中含有的可燃组分浓度较高(高于最低发火极限),或者燃烧氧化后放出的热量比较高的废气。

(2)热力燃烧法。热力燃烧法是把废气的温度提高到可燃气态污染物的反应温度,使其进行氧化分解。它一般是通过燃烧其他燃料把废气的温度提高到 540~820℃ 之间,使其中的气态污染物进行氧化,分解为二氧化碳、水蒸气和氮气。它可处理发热量约达 7 540kJ/m^3 的废气。为了保证完全燃烧,必须有过量的氧、必要的反应温度、足够的停留时间及充分混合。它适用于可燃污染物浓度低、经过燃烧氧化产生热量少且不能维持燃烧的场合。

(3)催化燃烧法。催化燃烧法是采用催化剂使废气中的可燃污染物在较低温度下氧化分解。催化燃烧所用的催化剂,从活性组分看可分为铂、钯等贵重金属和钴、铬、铜、镍等非贵重金属两大类。前者活性高、选择性好,但价格昂贵,后者则相反。从形状上看,主要有以氧化铝为载体的颗粒状催化剂、以硅-铝-锰氧化物为载体的蜂窝状催化剂和以其他金属氧化物为载体的海绵状以及条状催化剂等。在实际应用中,根据不同废气的性质和处理深度要求,选择合适的催化剂。常用催化剂载体有无规则金属网、氧化铝球以及蜂窝陶瓷载体。由于催化剂的存在,反应温度为 250~500℃,并可用排气的热量预热待处理的废气,进行热量回收。

催化燃烧法主要用于油漆溶剂、化工企业的恶臭物质等废气的处理。它不适用于处理使催化剂中毒或堵塞催化剂表面的废气。

5. 膜分离法

膜分离法主要是用半透性的聚合膜将有机废气从气体中分离出来,其操作流程简单、能耗小,并且无二次污染。其工艺常由压缩冷凝和膜分离等操作组成。气体加压冷凝后进入膜分离组件,未冷凝的有机气体则透过半透膜进行分离,半透膜对空气的透过性比对有机废气蒸汽的透过性强 10~100 倍,因而能将最终分离成的气量很大的净化气直接排放,而气量很小的浓集气回流并重新压缩冷凝净化,如此循环操作,最终能得到浓度较高的有机废气。膜分离法可用于处理苯、甲苯、溴代甲烷、氯乙烯等气体污染物或挥发性较强的液态有机物,尤其是膜分离工艺能有效地处理一些低沸点有机物和氯代有机物,此外它还省去了解吸和浓缩气进一步处理的麻烦。

6. 生物净化

应用生物技术来处理废气和净化空气是控制大气污染的一项新技术,代表了大气净化处理技术的未来发展方向。大气净化生物技术的基本原理很简单,就是将污染气体与水体充分混合,使污染气体分子转化为液相成分,然后利用生物,尤其是微生物的生理代谢机能来净化液相污染成分。目前,大气净化生物技术中常用的方法有生物过滤法、生物洗涤法和生物吸收法等,所采用的生物反应器包括生物净气塔、渗滤器和生物滤池等。

(1)生物净气塔。生物净气塔通常是由一个涤气室和一个再生池组成的(见图 3-7)。废气进入涤气室后向上移动,与涤气室上方喷淋柱喷洒的细小水珠充分接触混合,使废气中的污染物和氧气转入液相,实现质量传递。然后利用再生池中的活性污泥除去液相中的污染物,从而完成净化空气的过程。实际上,空气净化最为关键的步骤就是将大气中的污染物从气态转入液态,此后的处理过程也就是污水或废水的去污流程。

生物净气塔可用于处理含有乙醇、甲酮、芳香族化合物和树脂等成分的废气;也可用来净化由煅烧装置、铸造工厂和炼油厂排放的含有胺、酚、甲醛和氨气等成分的废气,以达到除臭的目的。

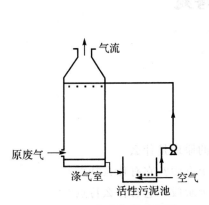

图3-7 生物净气塔示意图

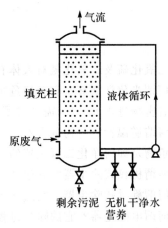

图3-8 简单渗滤器的结构示意图

(2)渗滤器。与生物净气塔相比,渗滤器可使废气的吸收和液相的除污再生过程同时在一个反应装置内完成(见图3-8)。

渗滤器的主体是填充柱,柱内填充物的表面生长着大量的微生物种群并由它们形成数毫米厚的生物膜。废气通过填充物时,其污染成分会与湿润的生物膜接触混合,完成物理吸收和微生物的作用过程。使用渗滤器时,需要不断地往填充柱上补充可溶性的无机盐溶液,并均匀地洒在填充柱的截面上。这样水溶液就会向下渗漏到包被着生物膜的填充物颗粒之间,为生物膜中的微生物生长提供营养成分;同时还可湿润生物膜,起到吸收废气的作用。渗滤器在早期主要用于污水处理。其用于废气处理的基本原理与前者相同。

(3)生物滤池。生物滤池主要用于消除污水处理厂、化肥厂以及其他类似场所产生的废气。一个常用的生物滤池的结构如图3-9所示。很明显,用于净化空气的生物滤池与前面提及的进行污水处理的生物滤池非常相似,深度约1m,底层为砂层或砾石层,上面是50~100cm厚的生物活性填充物层,填充物通常由堆肥、泥炭等与木屑、植物枝叶混合而成,结构疏松,利于气体通过。在生物滤池中,填充物是微生物的载体,其颗粒表面为微生物大量繁殖后形成的生物膜。另外,填充物也为微生物提供了生活必需的营养,每隔几年需要更换一次,以保证充足的养分条件。

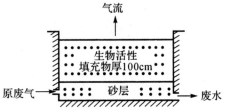

图3-9 用于废气处理的开放式生物滤池

在生物滤池系统中,起降解作用的主要是腐生性细菌和真菌,它们依靠填充物提供的理化条件生存,这些条件包括水分、氧气、矿质营养、有机物、pH 和温度等。活性微生物区系的多样性则取决于被处理废气的成分。常用于生物滤池技术的菌株有降解芳香族化合物的诺卡氏菌(Nocardia)、降解三氯甲烷的丝状真菌和黄杆菌,以及降解氯乙烯的分枝杆菌(Mycobacterium)等。对于含有多种成分的废气,可采用多级处理系统来进行净化,每一级处理使用一个生物滤池,针对某种或某类成分进行处理。

复习思考题

1. 二氧化硫及二氧化氮对人体有何危害?

2. 何谓光化学烟雾? 它有何危害?

3. 有害物进入大气后,需经过哪些过程?

4. 何谓逆温? 它有何危害?

5. 植物是如何净化二氧化硫的?

6. 何谓机械式除尘器? 它包括哪几种? 它们的原理是什么?

7. 何谓旋风式除尘器? 它的除尘机制有哪几个方面? 它有什么特点?

8. 何谓电除尘器? 它的除尘过程可分为哪几个阶段? 它有什么特点?

9. 何谓过滤除尘器? 袋式除尘器是如何除尘的? 它的除尘机制有哪些?

10. 何谓吸收? 选择吸收剂时应考虑哪些问题?

11. 何谓吸附? 吸附剂的再生可采用哪些方式?

12. 简述以活性炭为吸附剂去除二氧化硫的过程。

13. 何谓冷凝法? 它所用的设备有哪几类?

14. 何谓催化法? 它可分哪几类? 各适合于处理何种污染物?

第四章 土壤污染防治及固体废物处理

　　土壤是生化过程的媒介,是生物活动的主要场所之一,也是一切植物生长的基础。土壤承纳着从各种渠道来的固体的、液体的以及气体的废物,随着工农业生产的发展,进入土壤的污染物有日益增加的趋势。土壤被污染也使生长于其上的植物受到各种污染物的影响,或阻抑生长,或导致变异,严重者甚至可以致死。当然,土壤中的污染物也能被作物吸收,使污染物转移到粮食和蔬菜中,进而通过食物链进入牲畜或人体内,危及人畜健康。因此,有必要了解土壤的特点,利用土壤的自净能力,进行土壤环境的保护。

　　固体废物是指人类在生产、加工、流通、消费以及生活等过程中被丢弃的固态或泥浆状物质,其种类和物性差异极大,对环境的影响很大。其污染往往是多方面的,加强对固体废物的综合利用,变废为宝,也是搞好环境保护的重要措施之一。

第一节　土壤污染及防治

一、土壤污染的现状

　　土壤作为陆地生态系统的重要组成部分之一,是污染物质进入生态系统的主要承载体,具有一定的环境容纳能力和净化功能。然而庞大的有害、有毒的污染物质流入生态系统,势必会超出其缓冲容量,改变系统结构,导致系统失衡。特别是生活生产和大量的工农业生产的污染物质,可以直接或间接通过土壤介质对陆地生态中的动植物造成毒害作用。

　　人类在日常生活中向陆地生态系统中排放了大量的废弃物。例如携带大量的动植物油类、洗涤剂及 N,P 等营养物质的生活污水的排放;以及人们生活中产生的大量的合成塑料、建筑废料等排入土壤生态系统,其掩埋和焚烧等处理措施也可能产生二次污染。

　　在农业生产方面,首先,农业生产活动可能导致土壤中微生物群落结构的失衡,一些不良微生物成为群落中的优势种群,形成地域性的生物污染。其次,在面对庞大的人口压力下,人们过于片面追求在农业方面的高产、稳产,而这些全部依赖于化肥和农药的使用,这样过量地使用化肥和农药会造成土壤中农药和无机盐的积累,并进一步污染地下水。

　　相比之下,更为严重的是工业生产所引起的环境污染,人们一方面通过合成工业生产出更多的对于自然界来说相对陌生的物质,如 DDT、狄氏计、艾氏计等;另一方面还通过采矿、冶炼、化工提纯等技术使本来在土壤中呈分散、低浓度存在的物质如重金属、放射性元素及天然的有机化学品得以浓缩和富集于局部陆地生态环境,这些污染物大大超过了区域陆地生态系统原有的自净能力。

　　资料显示,早在 2006 年,为了调查中国土地污染现状,环保部和国土资源部联合启动了首次全国土壤污染状况调查,预算资金达 10 亿元,计划 2010 年完成。在 2006 年启动调查工作的视频会议上,时任国家环保总局局长的周生贤曾公布过当时土壤污染的状况:到 2006 年,全国受污染的耕地约有 1.5 亿亩,污水灌溉污染耕地 3 250 万亩,固体废弃物堆存占地和毁田 200 万亩,合计约占耕地总面积的 1/10 以上,其中多数集中在经济发达地区。全国每年因重金属污染的粮食达到 1 200 万吨,造成的直接经济损失超过 200 亿元。

然而调查工作已结束多年,我国土壤污染的"家底"却迟迟未公布。不过,在环保部 2011 年 6 月公布的《2010 年中国环境状况公报》中简单披露了调查过程。公报显示,截至 2010 年底,全国共采集土壤、农产品等各类样品 213 754 个,获得有效调查数据 495 万个,点位环境信息数据 218 万个,照片 21 万张,制作图件近 11 000 件。建成全国土壤污染状况调查数据库和样品库;组织完成全国土壤污染状况调查总报告和专题报告;针对重金属类、石油类、多氯联苯类、化工类污染场地和污灌区农田土壤等开展试点研究,完成 12 项试点工程、18 份研究报告和 7 部污染土壤修复技术指南草案。在 2006—2010 年间的此次调查,被认为是我国首次大规模土壤污染现状调查,通过此次调查,初步掌握了全国土壤环境质量状况,建立了我国土壤利用类型的土壤样品库和调查数据库。

2012 年 6 月 5 日,环境保护部发布了《2011 年中国环境状况公报》。公报分别从大气环境、淡水环境、海洋环境、声环境等汇报了我国目前环境质量状况,但依旧未包含我国土壤环境质量状况的信息。此次调查结果没有对外界公布,据分析其原因是目前修复技术不成熟,政府也难以一次性支付修复污染场地的巨额资金,且调查结果非某一部委能决策、掌控之事。

由此可见,无论从农业生产所面临的现实问题,还是工业化的建设发展,土壤环境污染问题已成为限制我国国际贸易和经济社会可持续发展的重大障碍之一。因此,我国作为人均耕地小国和农业大国的国家,研究解决土壤和农产品污染问题势在必行,迫切需要进行土壤污染的防治工作以及对污染土壤进行修复,恢复其生产能力,改善其环境功能。

二、土壤环境的污染

1. 土壤污染物的种类

(1)有机污染。作为土壤污染的主要污染物,土壤的有机污染已成为国际上关注的热点。根据土壤污染的累积性,一些有毒害的有机化合物不断地在土壤中积累,将来有可能给整个生态系统带来灾难性的后果。现阶段土壤有机污染对农产品和人体健康的影响已开始显现。

随着社会的城市化和工业化,城市和工业区附近的土壤有机污染日益加剧。中科院南京土壤研究所近期对某钢铁集团四周的农业土壤和工业区附近的土壤进行了调查。结果表明,农业土壤中 15 种多环芳烃(多环芳烃是煤、石油、木材、烟草、有机高分子化合物等有机物不完全燃烧时产生的挥发性碳氢化合物,是重要的环境和食品污染物)总量的平均值为 4.3mg/kg,且主要以 4 环以上具有致癌作用的污染物为主,约占总含量的 85%,仅有 6% 的采样点尚处于安全级。而工业区附近的土壤污染远远高于农业土壤:多环芳烃、塑料增塑剂、除草剂、丁草胺等,这些高致癌的物质可以很容易在重工业区周围的土壤中被检测到,而且超过国家标准多倍。对天津市区和郊区土壤中的 10 种多环芳烃(PAHs)的调查结果表明,市区是土壤多环芳烃(PAHs)含量超标最严重的地区,其中二环萘的超标程度最严重,强致癌物质苯并芘的超标情况也不容乐观。在我国西藏,未受直接污染的土壤中多氯联苯含量为 0.625~3.501g/kg,而在沈阳市检出其含量为 6~151g/kg。

(2)重金属污染。污染土壤的重金属主要包括汞、镉、铅和类金属砷等生物毒性显著的元素及有一定毒性的锌、铜、镍等元素。它们主要来自农药、生产生活废水、污泥和大气沉降等,如砷主要来自杀虫剂、杀菌剂和除草剂,汞主要来自含汞废水,而镉、铅则主要来自冶炼排放和汽车废气沉降等。在土壤中,重金属污染物的移动性差、滞留时间长,不能被微生物降解,并且可经水、植物等介质最终影响人类健康。

据我国农业部进行的全国污灌区调查,在约 $1\,400\,000km^2$ 的污水灌区中,遭受重金属污染的土地面积占污水灌区面积的 64.8%,其中轻度污染的占 46.7%,中度污染的占 9.7%,严重污染的占 8.4%。我国每年因重金属污染而减产粮食 1 000 多万吨,被重金属污染的粮食每年多达 1 200 万吨,合计经济损失至少 200 亿元。从目前开展重金属污染调查情况来看,我国大多数城市近郊土壤都遭受不同程度的污染。最近的调查资料显示,江苏省某丘陵地区 $14\,000km^2$ 范围内,铜、汞、铅和镉等的污染面积达 35.9%。广东省地勘部门土壤调查结果显示,西江流域的 $10\,000km^2$ 土地遭受重金属污染的面积达 $5\,500km^2$,污染率超过 50%,其中,汞的污染面积达到 $1\,257km^2$,污染深度达到地下 40cm。

(3)放射性元素污染。近年来,随着核技术在工农业、医疗、地质、科研等各领域的广泛应用,越来越多的放射性污染物进入到土壤中。放射性元素主要来源于大气层核试验的沉降物,以及原子能和平利用过程中所排放的各种废气、废水和废渣。含有放射性元素的物质不可避免地随自然沉降、雨水冲刷和废弃物堆放而污染土壤。这些放射性污染物除可直接危害人体外,还可以通过生物链和食物链进入人体,在人体内产生内照射,损伤人体组织细胞,引起肿瘤、白血病和遗传障碍等疾病。如科研表明,氡子体的辐射危害占人体所受的全部辐射危害的 55% 以上,诱发肺癌的潜伏期大多都在 15 年以上,我国每年因氡致癌约 5 万例,而天津市区公众肺癌 23.7% 是由氡及其子体造成的。

2.土壤污染的途径

污染物进入土壤的主要途径有不合理的施肥、过量使用高毒的化学农药、工业废弃物和颗粒性空气污染物的沉降等。

(1)肥料的施用引起的土壤污染。随着世界人口的增加,对粮食的需求量也越来越大。为了在有限的土地上收获更多的粮食,合理地施用化肥是夺得高产的重要措施。化肥已成为现代农业的必需品,这是众所周知的。但是事物总是一分为二的。第一,不合理地施用化肥可造成大气和水体污染。例如施用氮肥的利用率,一般为 30%~60%,其余的 10% 左右随雨水淋失、地表径流、农田排水而进入水体,30% 左右变为气体散失到大气中。第二,不合理地施用化肥可造成土壤板结。如长期施用硫铵可造成土壤中硫酸根离子积累,土壤酸性增加,生成硫酸钙土壤就会板结。第三,不合理地施用化肥可危害人畜。如过量地施用氮肥或作物过分密植,都将妨碍植物正常的氮代谢过程,造成硝酸盐在植物体内蓄积。植物中的硝酸盐还原为亚硝酸盐后,无论对人还是对牲畜都是有害的。亚硝酸盐除了与二级胺生成致癌的亚硝胺外,还可导致正铁血红蛋白症。特别是婴儿,对亚硝酸盐的毒性更敏感。牧草含氮量过高,牛食用饲草后在胃内将硝酸盐还原为亚硝酸盐,从而导致患病和死亡;用其做青贮饲料时,由于释放出大量的氮氧化物,使人"中毒"死亡者亦有报道。因此,有人主张采取免耕法、秸秆还田和高温堆肥法,以有机肥来代替合成肥。世界各国现在对生物固氮极为重视。科学家们认为,一旦生物固氮的研究获得突破并应用于农业生产,必将对人类进步产生不可估量的影响,也就从根本上解决了化肥对环境的影响问题。

(2)农药的广泛施用所引起的土壤污染。为防治地下害虫、病菌和杂草等需要喷施农药。农药按效果分类大致可分为杀虫剂、杀菌剂、除草剂、植物生长剂等。农药首先是被土壤吸附,然后又被植物吸收,或在土壤中进行迁移和降解。土壤中农药大体可发生 4 种变化:①经紫外线照射而分解;②与土壤中有机物质结合;③受生物酶作用而降解,降解的最终产物是 CO_2 和 H_2O,如分子中含 S,N,P,还能生成硫酸盐、硝酸盐和磷酸盐;④通过食物链进行生物迁移和浓缩。

农药在喷洒过程中,粉剂(喷粉施用)只有 10% 左右附着在农作物上,液剂(喷雾施用)只有 20% 左右附着在农作物上,而约有 40%~60% 的药剂降落在土壤上。飘浮在空气中的药剂最后也将降落在土壤及水面上。

重金属元素不能被土壤微生物所分解,易在土壤中积累,甚至在土壤中可能转化为毒性更大的甲基化合物。汞、铅、砷、镉、锡、铜等重金属农药制剂对人畜有毒,施用后即使最终分解成为元素,仍然具有元素本身原有的毒性,它们在土壤中长期残留,其半衰期长达 10~30 年。进入土壤中的重金属可能吸附在土壤中,可分为溶解和不溶解两种状态。土壤中水溶性重金属可以通过植物吸收,如铜、锌主要是妨碍植物正常发育;汞、镉、铅等元素在植物体内富集转化,引起食物污染,危及人体的健康。如镉污染土壤进入植物链,对人类健康造成威胁,破坏红细胞引起骨痛病。对土壤污染的防治,必须贯彻"预防为主,防治结合"的环境保护方针,控制和消除土壤污染源是防治的根本措施。

有机氯杀虫剂大多数对人畜的急性毒性不高,但其化学性质一般较稳定,分解慢,在土壤内的半衰期达 2~4 年,故可在土壤内蓄积。有机氯脂溶性较强,能在动物脂肪组织中积累,在植物中的残留也是很明显的。人和牲畜吃了含有有机氯残毒的种子、果实以后,将引起慢性中毒。

有机磷农药(乐果、马拉硫磷等)急性毒性比较大,但在脂肪组织中没有明显的积累作用。它们在土壤中残留期短,一般为 7~15 天,较长的也只有 80 天左右。

关于农药在土壤中残留期的长短,环保工作者和植保工作者的要求就显然不同。环保工作者要求农药易于降解、残留期越短越好,防止污染环境和通过食物链危害人类。而植保工作者要求有一定的残留期,如果瞬时被分解、残留期太短就达不到杀虫、灭病和除草的效果,因此,必须将二者统一起来,既要提高药效,又不造成环境污染。这样,生产高效低毒、低残留的新农药和采取生物防治法就成了解决这一矛盾的有效途径。

(3)工业废渣与颗粒污染物沉降所引起的土壤污染。工业废渣是构成土壤污染的一个主要因素。大量废渣堆放在地上,不仅侵占农业耕地,破坏农业生产,而且大片地消灭地表的绿化植被。固体废渣中含有许多有害物质,随着风化、微生物分解、雨水冲淋,渗透至地层,能够造成大面积的土壤污染。而这些有害物质很容易被作物所吸收富集,进入食物链,潜在威胁人体健康,并可引起中毒。凡是含有氟化物、汞及汞盐、砷化物、六价铬、镉、铅、氰化物、酚等常见污染物的废渣,均为有毒废渣。一些有毒废渣还会大量杀伤土壤中的细菌等微生物,使土壤失去腐解能力,土壤便变得贫瘠起来。由于土壤中微生物的自然生态平衡受到破坏,病菌也能趁机繁殖和传播,引起疾病的传染蔓延。

空气中含有许多固体粒子、细小粉尘和液滴,因重力作用大部分落到地面,有害气体污染物在雨水淋洗下,也降在土壤表层,使土壤受到污染,影响作物的质量和产量。

总之,土壤污染的显著特点是比较隐蔽,具有持续性,不易直观觉察,往往是通过农产品质量和人体健康状况才最后反映出来。土壤污染原因有时需追溯到若干年前的人类生产活动。土壤一旦被污染后很难恢复,有时被迫改变用途或放弃。因此说,人类赖以生存的基本环境要素——土壤被污染，后果将会非常严重。

3.土壤污染的特点

（1）土壤污染具有隐蔽性和滞后性。大气、水和废弃物污染等问题一般可以直接通过感官就能发现，具有直观性。然而土壤的污染则不同，它需要对土壤进行样品分析和一些农药残留物的检测，更有甚者需要通过对人畜健康状况的研究才能确定是否遭受污染。因此，从土壤受到污染到因污染而产生问题时，往往需要一个时间段，这段时间就叫滞后时间，所以土壤污染是具有滞后性的。由于隐蔽性和滞后性，土壤污染的问题一般不容易受到重视。

（2）土壤污染的累积性。因为大气和水体具有很好的流通性，所以污染物质在大气和水体中容易扩散和稀释。然而在土壤中并非如此，污染物质会因为土壤的不流通性不断地在土壤中积累。这也说明土壤污染具有很强的地域性。

（3）土壤污染具有不可逆转性。重金属对土壤的污染基本上是一个不可转的过程，许多有机化学物质的污染也需要较长的时间才能降解，譬如：被某些重金属污染的土壤可能要100～200年时间才能够恢复。

（4）土壤污染难治理性。通常在受到污染后，首先要做的是切断污染源，其次通过稀释和自净化作用来使污染问题得到逆转，然而这些方法运用在长期积累于污染土壤中的难降解的污染物，则很难靠稀释作用和自净化作用来消除。土壤污染的治理，仅仅依靠切断污染源的方法是很难有效果的，有时需要靠换土、淋洗土壤等方法才能解决问题，其他治理技术可能见效较慢。因此，治理污染土壤通常需要较高的成本和较长的治理周期。

4.石油化工行业对土壤的污染

石油被称为经济乃至整个社会的"黑色黄金""经济血液"，作为一种重要的能源，其应用范围还在继续拓展，消耗量也日趋增大。在石油的开采、炼制、贮运、使用过程中，由于工艺水平和处理技术的限制，大量含石油类物质的废水、废渣不可避免地排入了土壤，随之而来的环境污染问题也越来越严重。石油在土壤环境中的大量存在严重影响着整个土壤生态系统。

（1）石油类污染物在土壤中的环境行为。石油在土壤中的环境行为主要有迁移、吸附和降解。撒落在土壤表面上的石油类污染物会向土壤中入渗，并在土壤中残留。由于土壤中存在着大量的有机和无机胶体、土壤动植物和微生物，使进入土壤中的污染物通过土壤的物理、化学和生物等过程，不断地被吸附、分解、迁移和转化。一般石油在土壤中的迁移能力很弱，多被吸附聚集在表层土壤中，土壤表面的石油还可通过挥发进行自净。当污染强度较大且小分子烃类含量较高时，则可以迁移进入地下水含水层中。

（2）石油类污染物对土壤生态环境的危害。石油类污染物是油田开发和石油加工过程中产生的最重要的污染物，石油工业的每一个环节都可能产生石油类污染物并污染土壤环境，污染源具有分布广、排放复杂、影响的全方位性、综合性与双重性。有调查研究表明，在胜利、大庆油田油井周围100m范围内采集的土壤，其油量大多数高于国家标准临界值（500mg/kg）。受石油污染的土地面积正在不断扩大，污染程度也日益严重，在辽河油田污染严重的区域，土壤中含油量已经达到10 000mg/kg，土地不能耕种，一般需要50年才能恢复，土壤中石油含量严重超标。作为各种物质循环及能量交换的重要场所，土壤通常是污染物在环境中迁移、滞留和沉积的目的地，是环境污染的最终承受者，石油类物质在土壤中的大量存在会对其造成严重危害。

（3）石油类污染物对土壤性质的影响。石油对土壤的污染主要集中在20cm左右的表层。

石油排入土壤后,能破坏土壤结构,影响土壤的通透性,改变土壤有机质的组成和结构,降低土壤质量。因石油类物质的水溶性一般很小,土壤颗粒吸附石油类物质后不易被水浸润,形不成有效的导水通路,使土壤透水性降低、透水量下降。石油类物质在土壤中的残留性、累积性较强,能显著影响土壤同外界环境的物质、能量交换,石油进入土壤在向地下渗透过程中还沿地表扩散、侵蚀土层,使之盐碱化、沥青化、板结化,在重力作用下沿土壤深部迁移,由于石油的黏度大、黏滞性强,在短时间内形成小范围的高浓度污染,改变土壤的物理化学性质,土壤性质的改变会直接影响土壤中化合物的行为,破坏土壤的生产功能。另外,在一定的环境条件下,石油烃中不易被土壤吸收的部分能渗入地下并污染地下水,其对地下水的潜在危害性也是不容忽视的。

三、土壤的自然净化

1.土壤的组成

土壤是位于大气圈、水圈和岩石圈交界处的,覆盖在岩石圈上的薄薄的一层特殊物质。

土壤主要由矿物性固体、有机质、空气和水四大部分所组成。这四部分是互相联系、互相制约的有机整体,缺一不可。

矿物性固体既是土壤的"骨架",又是土壤中无机物质的来源。土壤中的矿物质可分为原生矿物和次生矿物两大类。原生矿物是在岩石风化过程中,只遭到机械性破碎,而没有改变其成分与结构的土壤的原始部分。如石英、长石、云母等矿物性物质,且多属硅酸盐类。次生矿物是指在岩石风化过程中形成的新矿物。土壤中颗粒最细的黏粒、粉粒、泥粒等大都是次生矿物质。

有机质是土壤的"肌肉",它包括动植物残骸、施入的有机肥料、微生物和经微生物作用所形成的腐殖质(即动植物残骸经微生物分解转化,又重新合成的复杂的有机胶体)等。动植物残骸和施入土壤中的有机肥料,在不同条件下,由于微生物的生化作用,会发生有机质的矿质化和腐殖质化两个过程。而腐殖质是土壤的特殊肥效成分。

水分是土壤的"血液"。它在土壤中矿物质的风化、有机物的分解和物质的迁移、转化以及上下左右运行等都起着重要的作用。土壤中的水分主要来自降水和灌溉。在地下水接近于地表面(2～3m)的情况下,地下水也是上层土壤水分的一个重要来源。

空气存在于土壤的孔隙之中,它主要来自大气以及土壤中生物化学反应过程中产生的少量气体。空气同水一样,影响着土壤中物质的物理的、化学的和生物化学的转化过程。

2.土壤的物理化学性质

土壤颗粒重要的物理化学性质之一是带有电荷。在电场的作用下,悬浮液中的土壤颗粒分别向正极或负极移动。由于土壤的荷电性质,使得土壤对于阴离子或者阳离子产生吸附作用。此外,离子在土壤中的移动和扩散以及土壤的絮凝、膨胀和收缩等性质,都与土壤的带电性质有关。

土壤的氧化还原性质是土壤的另一个极为重要的特性。据土壤化学家的研究表明,土壤中的无机元素主要是氧化形态占优势,在适当的条件下可以被还原为金属元素。土壤中的有机物质主要呈还原状态,同时在适当条件下会发生氧化作用。土壤的氧化还原过程受气候条件、土壤中所含的水分以及土壤 pH 值等因素的影响。例如,在潮湿的高温气候条件下,土壤中的有机物质受土壤微生物的作用,可以迅速地被氧化为二氧化碳和水。在水分存在时,铁很容易被空气中的氧所氧化。

一般来说,在适当的浓度范围内,土壤中氧化形态的产物往往是植物养料的来源。至于还原产物,尽管其在土壤中的浓度很低,但对于许多农作物来说,都是无益的。

土壤的另一个重要性质是其酸碱度问题,即 pH 值问题。影响土壤 pH 值的因素是多方面的。如果土壤中含有某些能改变土壤的氧化状态和还原状态的物质,就会使 pH 值升高或降低。如酸性土壤受水浸渍后,可使其 pH 值升高,并很快使土壤处于还原体系。土壤 pH 值也受二氧化碳浓度的影响,土壤中二氧化碳浓度越高,土壤的 pH 值就越低。此外,pH 值的变化还与土壤溶液中盐分浓度有关。

3.土壤的自净

土壤依靠自身的组分、功能和特性,对介入的外界物质有很大的缓冲能力(是一个大的多功能的缓冲体系)和自身更新作用,即通过物理、化学和生物化学的一系列变化,使污染物分解转化而去毒,从而保持一定程度的稳定状态。土壤的这种自身更新或自净转化作用,就称之为土壤自净。土壤中的反应不但比空气中大几倍,而且是真正的自净,并且有很大的自净潜力。主要原因是土壤颗粒物层对污染物质有过滤、吸附等作用,土壤微生物有强大的生物降解能力,土壤本身对酸碱度改变具有相当强的缓冲能力以及土壤胶体表面能降低反应的活化能,成为很多污染物转化反应的良好催化剂。此外,土壤空气中的氧可作为氧化剂,土壤水分可作为溶剂,这些都是土壤的自净因素。

由于土壤具有独特的组分、结构与功能,可使污染物迁移转化、降解释放、去毒更新,实现自净,其反应机理是很复杂的。

(1)土壤可通过稀释、扩散和挥发等作用实现自净。土壤是一个多相、疏松、多孔隙且具有层次结构的体系,进入其中的挥发性物质和由复杂的土壤化学、生物化学反应生成的挥发性物质,就会很容易地挥发、释放入大气中。由于土壤本身含有水分和借助外来水力的作用,可使污染物质稀释与扩散,或被淋洗到耕作层以下。

(2)土壤可通过氧化还原反应,使有机或无机污染物改变存在形态,实现自净。土壤是一个氧化还原体系。它以空气中的自由氧气、高价金属离子和 NO_3^- 为氧化剂,以有机物和低价金属离子为还原剂,进行着多种物质之间的氧化还原反应,加速了有机物质的分解、变态和挥发,或使无机物(如重金属)变成不溶解的化合物而被迁移转化,暂时储存起来。

(3)土壤可通过络合-螯合、离子交换和吸附作用,使污染物被土壤胶体牢固地吸附住,使其一部分不再参与生物物质循环,而实现"自净"。土壤内存在两类胶体,其中无机胶体有硅、铝、铁等的氧化物、氢氧化物、复杂的次生黏土蒙脱土、高岭土等;有机胶体主要由土壤腐殖质组成。这些胶体由半径为 $1nm\sim0.1\mu m$ 的胶粒组成,是具有巨大表面积的高度分散体系,吸附能力很强。腐殖质与硅酸盐、铝硅酸盐胶粒的胶核带负电,扩散层上为正离子。铁、铝氢氧化物为两性胶体,胶核上的电荷随酸碱度而变化。在酸性条件下,胶核带正电,扩散层为负离子;在碱性条件下,胶核带负电,扩散层为正离子。扩散层的离子与土壤中的污染物的离子可发生代换吸附作用。土壤胶粒通过代换吸附作用,也可将农药吸着在胶体表面,凡在水中溶解度大、能离解的农药,易于与土壤胶体发生代换吸附作用。进入土壤的各种污染物能否保持活性,活性有多大,取决于它们与土壤胶粒结合的状态。与土壤有机质结合紧密的污染物,不易进入土壤溶液,不会转移到生物体内,减少了对作物的危害。这些污染物虽蓄积在土壤内,但是对它们起了"隔离"的作用。污染物被吸着在土壤胶粒表面而进行缓慢的自然降解。土壤又是一个络合-螯合体系,也可将污染物质络合、螯合成相当稳定的络合物或螯合物,使它们中的一部分退出生物物质循环。

(4)土壤可通过化学平衡的缓冲作用和生物降解作用,将污染物转化或降解、沉淀或释放,降低其浓度或毒害作用,减轻或消除污染,而实现自净。

土壤溶液是多种物质的缓冲溶液,同其他缓冲溶液一样,存在着化学平衡移动方向问题,具有很大的缓冲能力。因此,一定限度内的污染物不会造成污染。例如,重金属和磷等可被变为沉淀物质退出生物物质循环。

土壤是一生物体系,存在着种类繁多、具有各种功能、数量庞大的微生物群和多种低等动物。微生物制成的各种酶类对形形色色的有机物具有独特的降解作用。

天然有机化合物几乎均能被土壤微生物分解,人工合成有机化合物分解较难较慢,但是很大一部分仍能被逐步破坏。如有机农药在各种土壤细菌和真菌的作用下,能分别引起脱氯、脱烷基、脂水解、氧化、还原等反应,不过有的反应并不伴随发生去毒作用。

土壤微生物破坏酚类化合物的能力很强,能将酚类化合物作为碳和能量的来源加以利用。当然,微生物对酚的忍耐力有一定的限度,当酚浓度大于 1 000ppm 时,大部分土壤微生物不能正常生长。氰化物能被土壤微生物固定,在变腈酶的作用下,氰基的碳与氮可以转化成无害的碳酸盐和氨。

某些含增塑剂和添加剂的塑料能被土壤微生物分解,如含添加剂癸二酸酯 40% 的聚氯乙烯在土壤中可发生降解,这是由于许多好氧土壤微生物能在其上生长,从中获得碳源和能源。聚丙烯腈、硝酸纤维素等也能被微生物降解,不过其分解过程很慢,时间是以月或年计。

有的重金属在微生物作用下也能发生复杂转化。例如无机汞在土壤厌氧细菌作用下转变为毒性大的甲基汞,但有的土壤微生物却能使甲基汞进行脱甲基反应,转化成无机汞,甚至变成汞蒸气逸散于大气。有机砷在某些土壤微生物作用下,发生砷碳键断裂,形成无机的砷酸盐和二氧化碳,其中砷真菌对砷化合物的氧化能力特强,可以把砷还原成 AsH_3,使土壤中的砷气化逸脱。但在短帚霉等作用下,无机砷又可以发生甲基化。

土壤里还有数量众多的小动物。其中如蚯蚓能够吃食某些有机废物。经观察,蚯蚓平均体重为 0.4g,用含水 8% 的纸浆渣饲养蚯蚓,每条蚯蚓每天的吃食量与其体重相当。美国有一家公司养殖了 5 亿条蚯蚓,一天可处理掉近 200t 有机废物。蚯蚓的排泄物是含有大量水溶性硝酸盐、磷酸盐和钾碱的粪土,可作为优质的农业肥料和土壤改良剂。有些蚂蟥也能够把滴滴涕(DDT)分解成无毒的代谢物滴滴伊(DDE)。

4.影响土壤自净作用的因素

(1)土壤环境的物质组成。

1)土壤矿质部分的质地。土壤中黏土矿物的种类和数量,铁铝氧化物含量等影响着土壤的比表面积、电荷的性质及阳离子交换量(CEC)等,因而是影响吸附与解吸的重要因素。

2)土壤有机质的种类与数量。土壤有机质的种类和数量影响土壤的 CEC,并易于重金属形成各种有机配合物,对重金属吸附和解吸、溶解与沉淀有较大影响。

3)土壤的化学组成。土壤中所含有的碳酸盐的重金属易形成沉淀化合物,影响土壤的化学净化能力。

(2)土壤环境条件。

1)土壤的酸碱值 pH、土壤氧化还原电位 E_h 条件。土壤 pH 与 E_h 的变化是直接或间接影响污染物迁移转化的重要环境条件,如影响微生物的活动和有机污染物的降解、重金属的吸附与解吸、沉淀与溶解等。

2)土壤的水、热条件。这是影响污染物迁移转化过程的速度与强度的重要因素。土壤水分的影响是多方面的,如水分作为极性分子可与农药分子竞争表面吸附点;对矿物来说,含水量低时,其表面上水的解离度就大,表面酸性就强;有机胶体能促使有机质与农药的憎水部分增强,所以对农药的吸附能力增强。含水量的多少还影响农药分子向土壤固相表面的扩散。

(3)土壤环境的生物学特征。土壤环境的生物学特征指植被与土壤生物(微生物和动物)区系的种属与数量变化。它们是土壤环境中污染物的吸收固定、生物降解、迁移转化的主力,是土壤生物净化的决定性因素。

(4)人类活动的影响。人类活动也是影响土壤净化的因素,如长期施用化肥可引起土壤酸化而降低土壤的净化性能;施石灰可提高对重金属的净化性能;施有机肥可增加土壤的有机质含量,提高土壤净化能力。

总的来说,对土壤污染的净化研究仍处于探索阶段。在应用微生物及生物体对各种土壤污染物进行处理的技术上,更有待于开展研究。必须指出的是,尽管土壤的自净方式是多种多样的,自净能力是很大的,但当污染物超过了土壤的自净能力时,土壤还是会被污染的。

四、土壤污染的防治

1.预防土壤污染

预防土壤污染的根本方法是消除与控制污染源和污染途径,控制与消除工业"三废"的排放,或采取使其不污染土壤的有效措施。要控制排放浓度、排放量和绝对累计排放量,实行污染物排放总量控制。排放工业"废水"时要严格执行《农田灌溉用水水质标准》中的有关规定。要治理大气,防治大气污染对土壤造成的二次污染或次生污染。

(1)控制农药施用量。对残留量高、毒性大、半衰期长,不易降解而在环境中会造成长期危害的农药,要尽量淘汰,暂时不能淘汰的要严格控制施用范围、次数和总施用量。加速研制和推广施用高效、低毒、低残留、易降解、易衰变的新农药。探索和推广生物防治法(包括保护害虫的天敌——益鸟、益虫和其他动物)、遗传、信息等代替农药的"卫生植物保护工程"。

(2)合理施用化肥。对本身含有有毒有害成分的化肥要严加控制;对硝酸盐和磷酸盐类化肥要合理施用;对盐酸盐和硫酸盐类化肥要选择施用。总之,要防止滥施滥用,以免造成土壤板结与污染。

(3)利用工业污水灌田,如水中含有酚、氯、硫、氰、油质及各种重金属与有毒成分,可引起土壤及作物的污染。因此对灌溉用污水,必须经常测定污染物的含量,当超过一定标准时,就需用物理化学法——分子筛及生物净化方法——减少有害物质,同时有些工业废水可能是无毒的,但与其他废水混合后,即变成了有毒废水。因此,利用污水灌溉农田时,必须符合《不同灌溉水质标准》,否则,必须进行处理,符合标准要求后方可用于灌溉农田。加强对污灌区土壤和农产品的监测工作,防止因盲目滥灌而导致土壤污染。

2.治理被污染的土壤

治理被污染的土壤不是一件轻而易举的事情,往往需要多年长期努力,并采取综合治理措施,才能缓慢地使其恢复能力。

土壤污染的防治主要有如下几种措施:控制和消除外排污染源、土壤改造和植物修复法

（只适用于重金属轻度污染的情况）、农药微生物降解等。对于不同的污染物，在实际工作中常常采用不同的治理措施。

切断污染源是削减、消除土壤污染的有效措施。尽可能避免工矿企业重金属与有害有机污染物等各类污染物的任意排放，尽量避免其输入土壤环境，这是防止土壤环境遭受污染的最根本性的也是最重要的原则。主要包括：①控制含有重金属有害气体和粉尘的超标排放；②严格执行污灌水质标准和控制污水超标排放；③控制污泥、垃圾等固体废弃物的排放和使用；④发展清洁工艺。

（1）土壤重金属污染的治理途径。目前，治理土壤重金属污染的途径主要有两种，即①改变重金属在土壤中的存在形态，使其固定，降低其在环境中的迁移能力和生物可利用性；②从土壤中去除重金属。围绕这两种治理途径，已有相应的一些有关物理、化学和生物治理方法提出。

土壤重金属污染的主要工程治理措施有客土法、换土法、水洗法、电动力学法、热解吸法等。

1）客土法是在被污染的土壤上覆盖非污染土壤。

2）换土法是部分或全部挖除污染土壤而换上非污染土壤。

3）水洗法是采用清水灌溉稀释或洗去重金属离子，或使重金属离子迁移至较深土层中，以减少表土中重金属离子的浓度。

4）电动力学法。有人研究了应用电动力学方法去除土壤中 Ba，Ca，Cr 和 As 的方法。在土壤中插入一些电极，把低强度直流电导入土壤以清除污染物。电流接通后，阳极附近的酸就会向土壤毛细孔移动，并把污染物释放在毛细孔的液体中，大量的水以电渗透方式开始在土壤中流动，这样，土壤毛细孔中的流体就可以移至电极附近，并在此被吸收到土壤表层而得以去除。

5）热解吸法对于挥发性重金属，如汞，采取加热的方法能将其从土壤中解吸出来，然后再回收利用。

6）淋洗法的原理是运用试剂和土壤中的重金属作用，形成溶解性重金属离子或金属——试剂络合物，最后从提取液中将重金属回收。提取液可循环利用。

（2）土壤有机物污染的治理途径。土壤有机物污染的修复治理方法主要有化学法、生物法及化学与生物相结合的修复方法。有机污染物的生物修复研究较为广泛、深入，包括多氯联苯、多环芳烃、石油、表面活性剂、杀虫剂等。目前生物修复治理土壤有机污染的实例较多，主要可分为两类，一是原位生物处理技术，另一类是地上生物处理技术。

原位生物处理是向污染区域投放氮、磷营养物质或供氧，促进土壤中依靠有机物作为碳源的微生物的生长繁殖，或接种经驯化培养的高效微生物等，利用其代谢作用达到消耗有机物的目的。地上生物处理法要求把污染的土壤挖出，集中起来进行生物降解。可以设计和安装各种过程控制器或生物反应器以形成生物降解的理想条件。这样的处理方法包括土耕法、土壤堆肥法和生物泥浆法。

（3）土壤放射性污染的治理途径。植物可从污染土壤中吸收并积累大量的放射性核素，因此用植物去除大面积低浓度的放射性核素污染是一个很有意义的方法。有研究证明，桉树苗一个月可去除土壤中 31.0% 的 ^{137}Cs 和 11.3% 的 ^{90}Sr。用生长很快的多年生植物与特殊的菌根真菌或其他根区微生物共同作用，以增加植物的吸收和累积也是一个很有价值的研究方向。

植物对放射性核素的吸收不仅与植物种类有关,还与土壤的性质有着密切的关系。土壤的离子交换能力越强,植物对放射性核素的吸收能力越大。另有研究表明,在土壤中加入有机物、螯合剂和化肥可通过改变土壤的物理和化学特征,来增加土壤中放射性核素的植物可利用性和降低这类污染物在土壤中的流动性。

(4)治理轻度污染土壤。

1)增施有机肥。对于被农药和重金属轻度污染的土壤来说,增施有机肥可达到一定的效果。因为有机肥可提高土壤的胶体作用,增强土壤对农药和重金属的物理吸附、化学吸附和吸附-催化水解的能力。有机质又是还原剂,可使部分离子还原沉淀,成为不可逆态;有机质能增强土壤团粒结构和增加养分,以及保水和透气性能,有利于微生物繁殖和去毒作用。总之,有机肥料可提高土壤对污染物的净化能力。

2)加强水浆管理。对被重金属轻度污染的土壤来说,加强水浆管理是很有效的措施。这是由于土壤中的氧化还原作用可控制土壤中的重金属迁移转化。在淹水情况下,经过一段时间,土壤里呈现缺氧状态,厌气性微生物活跃。厌气微生物分解有机物时产生 H_2S。土壤中的汞、镉、铅、锌等重金属离子可与 H_2S 反应,生成相应的硫化物而沉淀,减少植物对其吸收量。

3)改变耕作制度。植物对农药的吸收是有选择性的。因此,在有条件的地区,采用稻麦或稻棉水旱轮作,是预防和治理轻度农药污染土壤的有效措施之一。

4)施加抑制剂。被重金属污染的酸性土壤,可施加碱性抑制剂加以治理。因为在酸性条件下,某些重金属的离子是溶解的,而在碱性条件下可生成难溶的沉淀物,从而也就减少了作物对其吸收。例如,加石灰可使汞、镉、铅、锌等离子生成氢氧化物而沉淀;加碱性磷酸盐可使上述离子生成难溶的磷酸盐而沉淀,不过有降低部分肥效的副作用。最好施加石灰氮肥料,可以一举两得。

总之,要根据重金属和农药的种类、性质及其在土壤中的迁移转化规律,结合土壤类型对症下药。

(5)治理严重污染土壤。

1)面积较小时,可采取深翻改土措施。深翻时,要将表层被污染的土壤翻到 30cm 以下的植物根系达不到的土层,然后再多施有机肥,保持土壤肥力。一般条件下,30cm 以下的土壤中的重金属化合物或离子是不易向表层迁返的。如有条件,可采取更换"客土"措施。不过土方量很大,一方面需有"客土"源,另一方面又需妥善处理换出去的污染土壤,故经济代价较高。

2)面积较大时,由于能力所限,不能采取深翻或换"客土"措施,可选择一些抗污染的树木品种,植树造林,但不宜造经济林,以选用材林或薪炭林为妥。在其他条件具备时,可改为基建用地。

从上述土壤污染的防治,可以看出:土壤污染容易治理难。因此要特别注意防止土壤的污染。

五、土壤环境的质量标准

环境质量标准一般表达为在一定范围的环境中和一定的时间间隔内某种污染物或环境质量指标的允许数量或浓度。按标准的管理权限和使用范围,可分为国家标准和地方标准;按环境介质的差异可以分为大气环境质量标准、水环境质量标准、土壤环境质量标准等类型。

我国土壤环境标准包括土壤环境质量标准和相关监测规范、方法标准。

土壤环境质量标准:《土壤环境质量标准》(GB15618—1995);《温室蔬菜产地环境质量标准》(HJ333—2006);《食用农产品产地环境质量评价标准》(HJ332—2006)等。

我国现行的《土壤环境质量标准》(GB15618—1995)规定了土壤中 Cd,Hg,As,Cu,Pb,Cr,Zn 及 Ni 总量和六六六、DDT 的三级环境质量标准,土壤环境质量标准选配分析方法除六六六和 DDT 按 GB/T14550—93 分析方法外,其余暂采用《环境监测分析方法》(2004,城乡建设环境保护部环境保护局);《土壤元素的近代分析方法》(1992,中国环境监测总站编,中国环境科学出版社);《土壤理化分析》(1978,中国科学院南京土壤研究所编,上海科技出版社)。

标准根据土壤应用功能和保护目标将土壤环境质量划分为三类,并分为 3 个级别。

(1)Ⅰ类主要适用于国家规定的自然保护区(原有背景重金属含量高的除外)、集中式生活饮用水源地、茶园、牧场和其他保护地区的土壤,土壤质量基本保持自然背景水平。

执行一级标准:为保护区域自然生态,维持自然背景的土壤环境质量的限制值。

(2)Ⅱ类主要适用于一般农田、蔬菜地、茶园、果园、牧场等土壤,土壤质量基本上对植物和环境不造成危害和污染。

执行二级标准:为保障农业生产,维护人体健康的土壤限制值。

(3)Ⅲ类主要适用于林地土壤及污染物容量较大的高背景值土壤和矿产附近等地的农田土壤(蔬菜地除外),土壤质量基本上对植物和环境不造成危害和污染。

执行三级标准:为保障农林业生产和植物正常生长的土壤临界值。

另外,我国的农业、林业、地质以及卫生部门已相继制定了一些有关土壤质量的行业或国家标准和规范,见表 4-1。

表 4-1 土壤质量的行业或国家标准和规范

编　号	名　称
GB11728—89	《土壤中铜的卫生标准》
GB8093—87	《土壤中砷的卫生标准》
DZ/T0145—94	《土壤地球化学测量规范》
GB7830—87	《森林土壤样品的采集和制备 农业环境监测技术规范》
GB7172—87	《土壤水分测定法》
GB7833—87	《森林土壤含水量的测定》
GB7845—87	《森林土壤颗粒物(机械组成)的测定》
GB7859—87	《森林土壤 pH 值的测定》
GB7860—87	《森林土壤交换性酸的测定》
GB7861—87	《森林土壤水解性总酸的测定》
GB7863—87	《森林土壤阳离子交换量的测定》
GB7864—87	《森林土壤交换性盐基总量的测定》
GB7867—87	《森林土壤盐基饱和度的测定》
GB7873—87	《森林土壤矿质全量分析方法》
GB9834—88	《土壤有机质的测定法》
HJ/T25—1999	《工业企业土壤环境质量风险评价基准》

现阶段我国土壤污染中有机物污染越来越严重,应当引起重视。而现行的《土壤环境质量标准》(GB15618—1995)中的有机物污染的标准只有两项。对人体和动植物影响较大的有机磷农药等化学农药、硫化物、石油类、酚类、有机氯化合物、非金属物质和苯并芘等化合物缺乏质量标准和相应的标准分析方法。所以还需要在有机物的调查研究的基础上,根据有机物的挥发性、半挥发性和不挥发性制定出不同类型的控制标准,才能应对我国有机物污染日趋严重的现状。

第二节 固体废物的处理和利用

一、概述

(一)固体废物

固体废物是指人类在生产、加工、流通、消费以及生活等过程提取目的组分之后,而被丢弃的固态或泥浆状的物质。随着人类文明社会的发展,人们在索取和利用自然资源从事生产和生活活动时,由于受到客观条件的限制,总要把其中的一部分作为废物丢弃。另外,由于各种产品本身有其使用寿命,超过了寿命期限,也会成为废物。但"废物"具有相对性,一种过程的废物随着时空条件的变化,往往可以成为另一过程的原料。所以废物也有"放在错误地点的原料"之称。

(二)固体废物的国内外现状

随着经济的不断增长和人民生活水平的不断提高,废物排出量也与日俱增。表 4-2 是 2001 年世界主要工业化国家各类废物产量统计情况。

目前,一些工业化国家年平均固体废物排出量以 2%～3% 的速度增长,统计表明全世界每年产生的工业固体废物量达 24.4×10^8 t(包括 3.4×10^8 t 危险废物),其中约有 1/5(即约 4×10^8 t)为美国工业所排出,约有 1/7 为日本工业所产生。

在城市生活垃圾方面,随着工业化国家的都市化发展和居民的消费水平提高,城市生活垃圾增长率也十分迅速,近几年发达、发展中国家增长速度分别为 3.2%～4.5% 和 2%～4.5%。美国 1970—1978 年受经济萧条影响,垃圾的年增长率不大,仅为 2%,但随着经济复苏,年增长率很快上升至 4%;目前,欧洲经济共同体国家的垃圾平均年增长率为 3%,德国为 4%,瑞典为 2%;韩国近几年经济发展较快,垃圾年增长率达 11%。以全球情况而论,年产垃圾总量在 10×10^8 t 以上,其中美国占 1/3。

表 4-2 2001 年世界主要工业化国家各类废物产量统计　　　　单位:10^6 t

废物名称 \ 国家	英国	法国	荷兰	比利时	意大利	瑞典	芬兰	日本	西德	美国
城市废物	20.0	12.5	5.2	2.6	21.0	2.5	1.1	35.0	20.0	150
产业废物	45.0	16.0	2.0	1.0	19.0	2.0			13.0	60.0
污 泥		8.0	1.0					125	7.0	
有害废物	5.0	2.0	1.0				0.4		3.0	57.0
炉 灰	12.0								13.0	

续 表

国家\废物名称	英国	法国	荷兰	比利时	意大利	瑞典	芬兰	日本	西德	美国
矿业废物	60.0	42.0							80.0	1 890
建筑废物	3.0		6.5					0.3	75.0	96.0
采石废物	50.0	75.0								
农业废物	250	220	1.0		130	32.0		44.0	260	660

我国固体废物的产量,随经济的发展和人民生活水平的不断提高也在急剧地增加。2010年,我国工业固体废物产量 24.1 亿吨,其中危险废物产量 1 587 万吨,工业固体废物储存量 23 918 万吨。表 4-3 为我国工业固体废物产量发展状况。

表 4-3 我国工业固体废物产量发展状况(2005—2011 年)

年份/年	2005	2006	2007	2008	2009	2010	2011
工业固体废物/(10^5 t)	13 400	15 200	17 576.7	19 012.7	20 409.4	24 094.4	32 514.1

我国城市垃圾的产出量近几年增长也较快,1987 年为 5 397.7 万吨,1989 年增至 6 291.4 万吨,1990 年已达到 7 000 多万吨。目前,全国城市垃圾年产量已达 1.5 亿吨左右,而且正以每年约 8% 的速率增长。由于各项处理设施严重不足,这些城市垃圾约有一半未经任何处理,采用裸露堆填的粗放弃置,占用城市土地,严重影响城市环境质量和可持续发展。

(三)固体废物的来源与分类

固体废物主要来源于人类的生产和消费活动。人们在资源开发和产品制造过程中,必然有废物产生,任何产品经过使用和消费后都会变成废物。表 4-4 列出从各类发生源产生的主要固体废物。

固体废物有多种分类方法,可以根据其性质、状态和来源进行分类。如按其化学性质可分为有机废物和无机废物;按其危害状况可分为有害废物和一般废物。但较多的是按来源分类,欧美许多国家按来源将其分为工业固体废物、矿业固体废物、城市固体废物、农业固体废物和放射性固体废物等五类。我国从固体废物管理的需要出发,将其分为工矿业固体废物、有害固体废物和城市垃圾等三类。至于放射性固体废物则自成体系,进行专门管理。

1. 工矿业固体废物

工矿业固体废物是指在工业生产、加工过程中产生的废渣、粉尘、碎屑、污泥,以及在采矿过程中产生的废石、尾矿等。

2. 有害固体废物

有害固体废物,国际上称之为危险固体废物。这类废物泛指除放射性废物以外,具有毒性、易燃性、反应性、腐蚀性、爆炸性、传染性而可能对人类的生活环境产生危害的固体废物。这类固体废物的数量约占一般固体废物量的 1.5%~2.0%,其中大约一半为化学工业固体废物。

表4-4　固体废物的分类、来源和主要组成物

分　类	来　源	主要组成物
矿业废物	矿山、选冶	废矿石、尾矿、金属、废木、砖瓦、石灰等
工业固体废物	冶金、交通、机械、金属结构等工业	金属、矿渣、砂石、模型、芯、陶瓷、边角料、涂料、管道、废木、塑料、绝热和绝缘材料、黏结剂、橡胶、烟尘等
	煤炭	矿石、木料、金属等
	食品加工	肉类、谷物、果类、菜蔬、烟草等
	橡胶、皮革、塑料等工业	橡胶、皮革、塑料、布、纤维、染料、金属等
	造纸、木材、印刷等工业	木质素刨花、锯末、碎木、化学药剂、金属填料、塑料等
	石油和化学工业	硫铁矿烧渣、铬渣、电石渣、磷泥、磷石膏、烧碱盐泥、纯碱盐泥、化学矿山尾矿渣等
	电器、仪器仪表等工业	金属、玻璃、木材、橡胶、塑料、化学药剂、研磨料、陶瓷、绝缘材料等
	纺织服装业	布头、纤维、橡胶、塑料、金属等
	建筑工业	金属、水泥、黏土、陶瓷、石膏、石棉、砂石、纸、纤维等
	电力工业	炉渣、粉煤灰、烟尘等
城市垃圾	居民生活	食物垃圾、纸屑、布料、木料、庭院植物修剪物、金属、玻璃、塑料、陶瓷、燃料灰渣、碎砖瓦、废器具、粪便、杂品等
	商业、机关	管道、碎砌体、沥青及其他建筑材料、废汽车、废电器，含有易爆、易燃、腐蚀性、放射性的废物，以及类似居民生活栏内的各种废物等
	市政维护、管理部门	碎砖瓦、树叶、死禽畜、金属、锅炉灰渣、污泥、脏土等
农业固体废物	种植业	稻草、秸秆、蔬菜、水果、果树枝条、糠秕、落叶、废塑料、人畜粪便、禽粪、农药等
	养殖业	腥臭死禽畜、腐烂鱼、虾、贝壳，水产加工污水、污泥等
放射性废物	核工业、核电站、放射性医疗单位、科研单位	放射性废渣、粉尘、污泥等，医院使用过的器械和产生的废物，化学药剂、废弃农药、废油等

3.城市垃圾

城市垃圾是指居民生活、商业活动、市政建设与维护、机关办公等过程产生的固体废物，包括生活垃圾、城建渣土、商业固体废物、粪便等。

(四)固体废物对环境的危害

固体废物对环境的危害很大，其污染往往是多方面、多环境要素的。其主要污染途径有下述几方面。

1.侵占土地

固体废物不加利用时，需占地堆放。堆积量越大，占地也越多。据估算，每堆积1万吨废物，占地约需0.067亩。"十一五"期间，工业固体废物产生量快速攀升，总产生量118亿吨，堆存量净增 82 亿吨,总堆存量达到 190 亿吨。"十二五"期间,随着我国工业的快速发展,工业固体废物产生量也将随之增加,预计总产生量将达 150 亿吨,堆存量将净增 80 亿吨,总堆存量将达到 270 亿吨,工业固体废物堆存将新增占用土地 40 万亩。随着我国工农业生产的发展和城乡人民生活水平的提高,城市垃圾占地的矛盾日益突出,垃圾在城市周边郊区自然堆放,在全国 600 多个城市中有 2/3 以上处于垃圾包围之中。例如,广州市郊堆放的各种废物占地168.5公顷,其中仅垃圾堆放就占地 69 公顷。

2.污染土壤

固体废物堆放或填埋在土地中,如不采取适当措施,废物中的污染成分会随雨水沥滤进入土壤,使土壤被有害化学物质、病原体、放射性物质等污染,受污染土壤面积往往大于堆渣占地的 1~2 倍,并且随流水扩散而有扩大趋势。污染物影响土壤微生物的活动或使其死亡,使土壤成为无分解能力的死土,有碍植物根系生长,或在植物体内积蓄,通过食物链使各种有害物质进入人体而危及健康。例如,我国包头市某处堆积的尾矿达 1 500t,使其下游某乡的土壤被大面积污染,居民被迫搬迁;我国西南某地因农田长期使用垃圾肥料,导致土壤中有害物质的积累,土壤中汞的浓度超过本底值的 8 倍,给农作物的生长带来了严重的危害。

3.污染水体

固体废物随天然降水和地表径流进入河流湖泊,或随风飘迁落入水体能使地面水污染;随渗水进入土壤则使地下水污染;直接排入河流、湖泊或海洋,又能造成更大的水体污染,不仅减少水体面积,而且还妨害水生生物的生存和水资源的利用。例如,德国莱茵河地区地下水因受废渣渗沥水污染,导致自来水厂有的关闭,有的减产。我国沿河流、湖泊建立的部分工厂,每年向附近水域排入大量灰渣,有的排污口外形成的灰滩已延伸到航道中心,导致灰渣在巷道中大量淤积。哈尔滨市韩家洼子垃圾填埋场,地下水浊度、色度和锰、铁、酚、汞含量及总细菌数、大肠杆菌数等都超过标准许多倍,威胁到当地居民的身体健康。

4.污染大气

固体废物一般通过如下途径污染大气:①以细粒状存在的废渣和垃圾,在大风吹动下会随风飘逸,扩散到很远的地方;②运输过程中产生的有害气体和粉尘;③一些有机固体废物在适宜的温度和湿度下被微生物分解,能释放出有害气体;④固体废物本身或在处理(如焚烧)时散发的毒气和臭味等。石油化工厂排出的渣油、沥青等,在自然存放条件下,会因强力蒸发释放有机气体,使大气中致癌成分的浓度增高,给人体健康和生态平衡造成直接危害。典型的例子是煤矸石的自燃,曾在各地煤矿多次发生,散发出大量的 SO_2,CO_2,NH_3 等气体,造成严重的大气污染。

5.影响环境卫生

固体废物在城市里大量堆放或处理不妥,不仅妨碍市容,而且有害城市卫生。城市堆放的生活垃圾,非常容易发酵腐化,产生恶臭,招引蚊蝇、老鼠等滋生繁衍,容易引起疾病传染;在城市下水道的污泥中,还含有几百种病菌和病毒。长期堆放的工业固体废物有毒物质潜伏期较长,会造成长期威胁。

二、固体废物的处理和综合利用

(一)资源化

固体废物的资源化即废物的再循环利用,以回收能源和资源。随着工业发展速度的增长,固体废物的数量以惊人的速度不断上升。在这种情况下,如果能大规模地建立资源回收系统,必将减少原材料的采用,减少废物的排放量、运输量和处理量。这样可以保护和延长原生资源寿命,降低成本,降低环境污染,保持生态平衡,具有显著的社会效益。世界各国的废物资源化的实践表明,从固体废物中回收有用物资和能源的潜力相当大,像一个"沉睡的巨人"。

"资源化"应遵守的原则是:①"资源化"技术是可行的;②"资源化"的经济效益比较好,有较强的生命力;③废物应尽可能在排放源就近利用,以节省废物在存放、运输等过程的投资;④"资源化"产品应当符合国家相应产品的质量标准,因而具有与之相竞争的能力。

(二)资源化系统

资源化系统是指从原材料经加工制成的成品,经人们的消费后,成为废物又引入新的生产-消费循环系统。就整个社会而言,就是生产-消费-废物-再生产的一个不断循环的系统。城市垃圾中含有大量可循环再生用的纸类、纤维、塑料、金属、玻璃等。工业固体废物不同于城市垃圾,其成分性质复杂,随不同的生产行业而具有显著的差异。因此,对工业固体废物的回收必须根据具体的行业生产特点来定。理想的资源化系统要综合地进行技术、经济和社会的论证,才能实现。

(三)固体废物的一般处理技术

1.预处理技术

固体废物预处理是指采用物理、化学或生物方法,将固体废物转变成便于运输、储存、回收利用和处置的形态。预处理常涉及固体废物中某些组分的分离与浓集,因此往往又是一种回收材料的过程。预处理技术主要有压实、破碎、脱水、分选和固化等。

2.焚烧热回收技术

焚烧是高温分解和深度氧化的过程,目的在于使可燃的固体废物氧化分解,借以减容、去毒并回收能量及副产品。固体废物经过焚烧,体积一般可减少 $80\%\sim90\%$,一些有害固体废物通过焚烧,可以破坏其组成结构或杀灭病原菌,达到解毒、除害的目的。但是,焚烧容易造成二次污染,而且投资和运行管理费用也较高。焚烧法在发达国家中发展比较迅速,成为除土地填埋之外的一个重要手段。

3.热解技术

固体废物热解是利用有机物的热不稳定性,在无氧或缺氧条件下受热分解的过程。热解法与焚烧法相比是完全不同的两个过程。焚烧是放热的,热解是吸热的;焚烧的产物主要是二氧化碳和水,而热解的产物主要是可燃的低分子化合物:气态的氢、甲烷、一氧化碳,液态的甲醇、丙酮、醋酸、乙醛等有机物及焦油、溶剂油等,固态的主要是焦炭或炭黑。

4.微生物分解技术

利用微生物的分解作用处理固体废物的技术,应用最广泛的是堆肥化。堆肥化是指依靠自然界广泛分布的细菌、放线菌和真菌等微生物,人为地促进可生物降解的有机物向稳定的腐殖质转化的微生物学过程,其产品称为堆肥。其主要作用是能够改善土壤的物理、化学和生物性质,使土壤环境适于农作物生产。

从发展趋势来看,土地填埋的场所一般难以保证,焚烧处理的成本太高,而且二次污染严重。因此,堆肥得到了广泛的重视。我国的具体情况是垃圾量大,农业又要求提供大量的有机肥料作为土壤改良剂。因此,堆肥是一条可行的垃圾处理途径。

(四)固体废物的综合利用

1.钢渣

钢渣是炼钢过程排出的废渣(如平炉、转炉、电炉钢渣等)。它的成分比较复杂。钢渣内各种元素含量的变化幅度很大,一般随炉型、钢种不同而异,钢渣的利用途径目前正不断得到开发,如平炉钢渣含有钙、镁、磷、硅和许多对农作物有营养价值的元素,粒状矿渣用作肥料可以提高小麦产量,也可以作为生产矿渣磷肥的原料。平炉钢渣含有5%～10%的铁,可以用磁选法回收。钢渣的排量大约为粗钢量的20%。我国水淬钢渣综合利用主要有以下几方面:①从初期水淬钢渣中提取五氧化二钒(V_2O_5);②将与钙镁磷肥化学成分很相近的初期水淬钢渣干燥,磁选后球磨至80目作钢渣磷肥;③钢渣经水淬后再经干燥、磁选分离钢粒后,掺入适量的磷石膏等制钢渣水泥;④用初水淬钢渣掺加一部分锅炉粉煤灰、电石渣、磷石膏制钢渣蒸养砖;⑤从水淬钢渣中用磁选将其中的钢粒分离,回收钢粒作炼铁原料或用于其他工业;⑥初期水淬钢渣可用于烧结生产含钒烧结矿,代替富矿粉,节省钒精矿,提高烧结矿强度,有利于烧结机和高炉生产率的提高及高炉焦比的降低。迄今为止,人们已开发了多种有关钢渣综合利用的途径,主要包括冶金、建材、农业等领域。

2.硫铁矿烧渣

硫铁矿烧渣是生产硫酸时焙烧硫铁矿产生的废渣。硫铁矿经焙烧分解后,铁、硅、铝、钙、镁和有色金属转入烧渣中,其中铁、硅含量较多,波动范围较大。根据铁含量的高低可分为高铁硫酸渣和低铁硫酸渣。高铁渣中氧化硅含量大于35%,低铁渣中氧化硅含量高达50%以上,类似于黏土。我国硫铁矿渣一部分来自硫铁矿生产的硫酸工厂或车间,多为粉粒状,一般含铁40%～50%,含二氧化硅16%～65%;一部分来自硫精矿生产的硫酸工厂。

20世纪50年代初期,我国已开始利用硫铁矿渣炼铁,60年代曾系统地组织过硫铁矿渣利用的科学实验。近年来,我国许多厂矿企业和科研单位,克服了各种困难,对于硫铁矿渣的综合利用,正在千方百计地进行试验研究,摸索经验开辟新途径。目前,在硫铁矿渣综合利用方面已有烧渣炼铁;作水泥助剂;中高温氯化熔烧提炼有色金属及炼铁;硫酸化焙烧提炼有色金属及炼铁;制铁合金;制还原铁粉和磁性氧化铁粉;烧结-高炉炼铁;掺烧炼铁;生产热压料球和球团矿供高炉炼铁;用作重介质选煤加重剂;生产铁红颜料;制三氯化铁和制高强度砖等途径。在综合利用试验方面,采用回转窑金属化球团-电炉炼钢法、回转窑生铁-水泥法等,已取得许多经验。

3.粉煤灰

燃煤电厂将煤磨细成100μm以下的细粉,用预热空气喷入炉膛悬浮燃烧,产生高温烟气,经由捕尘装置捕集,就得到粉煤灰。粉煤灰的化学组分包括SiO_2,Al_2O_3,Fe_2O_3,CaO和未燃尽炭。由于煤的品种和燃烧条件不同,各地粉煤灰的化学成分波动范围比较大,这方面的统计资料只能供研究工作者参考,无多大实际意义。

粉煤灰的化学成分被认为是评价粉煤灰质量高低的重要技术参数。例如,在研究工作和实际应用中常根据粉煤灰中CaO的含量高低,将其区分为高钙灰和低钙灰。再如,粉煤灰中的SiO_2,Al_2O_3,Fe_2O_3的含量直接关系到它用作建材原料的优劣。

我国燃煤电厂基本上是用烟煤,粉煤灰中CaO含量偏低,属低钙灰,但Al_2O_3含量一般比较高,烧失量也较高,这是其特点。此外,我国有少数电厂用褐煤发电或为了脱硫而喷烧石灰石、白云石产生的灰,CaO含量都在30%以上。神木煤就是优质褐煤,烧成的灰就属高钙灰。

我国粉煤灰利用途径还是比较少的。目前比较大量的应用是制砖,主要是制蒸养砖(占总利用量 84%);其次作水泥掺和料(占总利用量的 4.8%);作黏土配料(占总利用量的 2.7%),作无熟料水泥(占总利用量的 0.2%);作农肥和改良土壤(占总利用量的 5.5%);铺路(占总利用量的 2.8%)。粉煤灰除了以上利用途径以外,目前还被开发用来制作陶粒、铸石等。

近年来,国外对粉煤灰利用有了新用途和新工艺。在南非,粉煤灰被用来处理矿山酸性废水;美国西弗吉尼亚州利用粉煤灰做回填材料已相当普遍;波兰 Groszowice 水泥厂从含 30% Al_2O_3 的粉煤灰中提取氧化铝。除此之外,粉煤灰在制备新型材料方面也具备了一定用途。

第三节　危险固体废物的处理

一、危险固体废物的危害

危险固体废物是一类特殊的固体废物。由于其性质多种多样,种类繁杂,因而鉴别困难。它不但污染空气、水源和土壤,而且由于各国对有害固体废物的管理方法不同,从而使有害固体废物通过各种渠道危害人体健康与环境。危险固体废物影响环境的途径很多,其生产、运输、储存、处理到处置的各个过程,都可能对环境造成重大危害。

危险固体废物对环境的影响有较长的历史。例如,美国的 Love Canal 污染事件,就是由掩埋 2 万多吨化学废物引起的,掩埋过后十多年,井水变臭,婴儿畸形,人患怪病,联邦政府对该地区的评价和补救工作,投资达数千万美元。在我国辽宁省,锦州合金厂累积堆存了约 25 万吨铬渣,污染面积超过 $20km^2$,污染区内的 1 800 多口井水无法饮用,最后不得不花近千万元建阻挡墙等解决当地居民引水问题。

危险固体废物对人体健康危害程度很大。它的特殊性质(如易燃性、腐蚀性、毒性等)表现在它们的短期和长期危险性上。就短期而言,是通过摄入、吸入、皮肤吸收、眼接触而引起的毒害,或发生燃烧、爆炸等危险性事件;长期危害包括重复接触导致的人体中毒、致癌、致畸、致突变等。但是,由于对多数有害废物缺少毒性数据,因此其对人体的特殊障碍及致病问题仍在研究之中。

二、危险固体废物的无害化处理

危险固体废物是多种污染物质的终态,它将长期保留在环境中。为了控制其对环境的污染,必须对它进行最终处置,寻求一条合理的途径,使它最大限度地与生物圈隔离。因此,无害化处理是解决其最终归宿问题,也是对危险固体废物管理的最后一个环节。

对于少量的高危险性废物,如高放射性废物等,国际上已进行了大量的实验研究和可行性探讨,并积累了大量的经验。例如,将放射性废物固化后进行孤岛处置、极地处置或深地层处置等。但对于量大面广的危险固体废物,就必须寻求其他的方法。除极个别的情况外,已不再允许废物倾入海洋,因海洋处置容易造成污染,破坏海洋的生态环境。因此,事实上陆地处置已成为唯一的途径。

按照处置对象及技术要求上的差异,陆地上的土地填埋主要分为卫生填埋和安全填埋两类。前者适用于生活垃圾的处置,后者则用于处置工业固体废物,特别是危险固体废物。今天,卫生填埋的含义已不同于以往的堆、填的概念,而与传统方法有本质上的差别。安全填埋是处置有害废物的一种较好的方法，实际上是卫生填埋的进一步改进，它对场地的建造技术、浸出液的收集处理技术等要求更加严格。

三、危险固体废物的处理方法

(一)填埋法

土地填埋是最终处置固体废物的一种方法，此方法包括场地选择、填埋场设计、施工填埋操作、环境保护及监测、场地利用等几个方面。其实质是将固体废物铺成有一定厚度的薄层，加以压实，并覆盖土壤。这种处理技术在国外得到普遍应用。我国自20世纪60年代以后，固体废物填埋技术不断地改进，特别是近年来该项技术有了很大的发展，从简单的倾倒、堆放，发展到卫生填埋和安全填埋等，使填埋质量有了显著的提高。

1.卫生土地填埋

卫生土地填埋是利用工程手段，将被处置的固体废物在密封型屏障隔离的条件下进行土地填埋，并采取有效技术措施将垃圾压实减容、防止渗滤液及有害气体对水体及大气的污染，做到在整个处置过程中对公共卫生及环境安全均无危害。

卫生土地填埋法始于20世纪60年代，并首先在工业发达国家得到推广应用，随后在实际应用过程中不断得到发展和完善，由于卫生土地填埋法具有工艺简单、操作方便、处置量大、费用较低等优点，已逐步成为广泛采用的固体废物处置方法，目前主要用于城市生活垃圾的填埋。

卫生土地填埋场主要由填埋区、污水处理区和生活管理区构成，典型的城市生活垃圾卫生填埋场如图4-1所示。

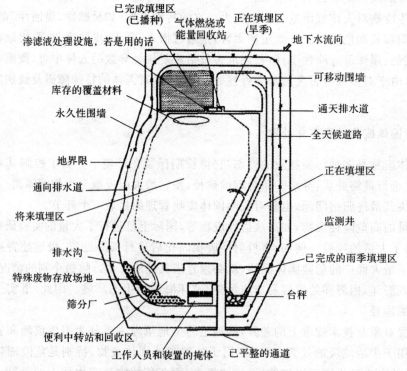

图4-1 典型城市生活垃圾卫生土地填埋场示意图

2.安全土地填埋

安全土地填埋是一种改进的卫生填埋方法,也称为安全化学土地填埋。安全土地填埋主要用来处置危险固体废物,因此,对场地的建造技术要求更为严格。如衬里的渗透系数要小于 10^{-8}cm/s,浸出液要加以收集和处理,地表径流要加以控制,还要考虑对产生的气体的控制和处理等。图4-2所示为安全土地填埋场示意图。

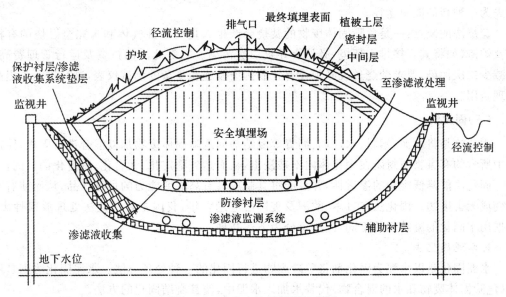

图4-2 安全土地填埋场示意图

此外,还有一种土地填埋处置方法,即浅地层埋藏法。这种方法主要用来处置低放射性废物。

土地填埋法与其他固体废物处置法相比,其主要优点:①此法是一种完全的、最终的处置方法,若有合适的土地可供利用,此法最为经济;②它不受固体废物的种类的限制,并且适合于处理大量的固体废物;③填埋后的土地可重新用作停车处、游乐场、高尔夫球场等。此法的主要缺点:①填埋场必须远离居民区;②恢复的填埋场将因沉降而需不断地维修;③填埋在地下的固体废物,通过分解可能会产生易燃、易爆或毒性气体,需加以控制和处理等。

(二)焚烧法

焚烧法是高温分解和深度氧化的综合过程。通过焚烧可以使可燃性固体废物氧化分解,达到减少容积、去除毒性、回收能量及副产品的目的。

固体废物的焚烧过程要比普通燃料的燃烧过程复杂。由于固体废物的物理性质和化学性质复杂多样,对于同一批固体废物,其组成、热值、形状和燃烧状态都会随着时间与燃烧区域的不同而有较大的变化,同时燃烧后所产生的废气组成和废渣性质也会随之改变。因此,固体废物的焚烧设备必须适应性强,操作弹性大,并有在一定程度上自动调节操作参数的能力,这样才能满足需要。

一般地说,差不多所有的有机性固体废物都可用焚烧法处理。对于无机和有机混合性固体废物,若有机物是有毒、有害物质,一般也最好用焚烧法处理,这样处理后还可以回收其中的无机物。而某些特殊的有机性固体废物只适合用焚烧法处理,例如医院的带菌性固体废物,石化工业生产中某些含毒性中间副产物等。

焚烧法的优点在于能迅速而大幅度地减少可燃性固体废物的容积。如在一些新设计的焚烧装置中,焚烧后的废物容积只是原容积的 5% 或更少。一些有害固体废物通过焚烧处理,可以破坏其组成结构或杀灭病原菌,达到解毒、除害的目的。固体废物通过焚烧处理还能提供热能,其焚烧热可用来供热和发电。这在当前世界能源紧缺而固体废物产量有增无减的情况下,不失为一种新的能源途径。

焚烧法的缺点:一是危险固体废物的焚烧会产生大量的酸性气体和未完全燃烧的有机组分及炉渣,如将其直接排入环境,必然会导致二次污染。二是此法的投资及运行管理费高,为了减少二次污染,要求焚烧过程必须设有控制污染设施和复杂的测试仪表,这又进一步提高了处理费用。

(三)固化法

固化法是将水泥、塑料、水玻璃、沥青等凝结剂同危险固体废物加以混合进行固化,使得污泥中所含的有害物质封闭在固化体内不被浸出,从而达到稳定化、无害化、减量化的目的。

固化法能降低废物的渗透性,并且能将其制成具有高应变能力的最终产品,从而使有害废物变成无害废物。固化法在日本、欧洲及美国已应用多年,我国主要用此法处理放射性废物。根据用于固化的凝结剂的不同,此法可分为下述几种。

1. 水泥固化法

水泥固化是以水泥为固化剂将危险废物进行固化的一种处理方法。水泥固化法则是用污泥(危险固体废物和水的混合物)代替水加入水泥中,使其凝结固化的方法。

对有害污泥进行固化时,水泥与污泥中的水分发生水化反应生成凝胶,将有害污泥微粒包容,并逐步硬化形成水泥固化体。可以认为,这种固化体的结构主要是水泥的水化反应物。这种方法使得污泥中的有害物质被封闭在固化体内,达到稳定化、无害化的目的。水泥固化法由于水泥比较便宜,并且操作设备简单,固化体强度高,长期稳定性好,对受热和风化有一定的抵抗力,因而其利用价值较高。对于含有有害物质的污泥的固化方法来说,水泥固化法是最经济的。

水泥固化法的缺点:①水泥固化体的浸出率较高,通常为 $10^{-4} \sim 10^{-5} \mathrm{g/(cm^2 \cdot d)}$,主要由于它的空隙率较高所致,因此,需作涂覆处理;②由于污泥中含有一些妨碍水泥水化反应的物质,如油类、有机酸类、金属氧化物等,为保证固化质量,必须加大水泥的配比量,结果固化体的增容比较高;③有的废物需进行预处理和投加添加剂,使处理费用增高。

2. 塑料固化法

将塑料作为凝结剂,使含有重金属的污泥固化而将重金属封闭起来,同时又可将固化体作为农业或建筑材料加以利用。塑料固化技术按所用塑料(树脂)不同可分为热塑性塑料固化和热固性塑料固化两类。热塑性塑料有聚乙烯、聚氯乙烯树脂等,在常温下呈固态,高温时可变为熔融胶黏液体,将有害废物掺和包容其中,冷却后形成塑料固化体。热固性塑料有脲醛树脂和不饱和聚酯等。脲醛树脂具有使用方便、固化速度快、常温或加热固化均佳的特点,与有害废物所形成的固化体具有较好的耐水性、耐热性及耐腐蚀性。不饱和聚酯树脂在常温下有适宜的黏度,可在常温、常压下固化成型,容易保证质量,适用于对有害废物和放射性废物的固化处理。

塑料固化法的优点是一般均可在常温下操作;为使混合物聚合凝结,仅加入少量的催化剂即可;增容比和固化体的密度较小。此法既能处理干废渣,也能处理污泥浆,并且塑性固化体不可燃。其主要缺点是塑料固化体耐老化性能差,固化体一旦破裂,污染物浸出会污染环境,因此,处置前都应有容器包装,因而增加了处理费用。此外,在混合过程中释放的有害烟雾,污染周围环境。

3.水玻璃固化法

水玻璃固化是以水玻璃为固化剂,无机酸类(如硫酸、硝酸、盐酸等)作为辅助剂,与有害污泥按一定的配料比进行中和与缩合脱水反应,形成凝胶体,将有害污泥包容,经凝结硬化逐步形成水玻璃固化体。用水玻璃进行污泥的固化,其基础就是利用水玻璃的硬化、结合、包容及其吸附的性能。水玻璃固化法具有工艺操作简便,原料价廉易得,处理费用低,固化体耐酸性强,抗透水性好,重金属浸出率低等特点,但目前此法尚处于试验阶段。

4.沥青固化法

沥青固化是以沥青为固化剂与危险废物在一定的温度、配料比、碱度和搅拌作用下产生皂化反应,使危险废物均匀地包容在沥青中,形成固化体。

经沥青固化处理所生成的固化体空隙小、致密度高,难于被水渗透,同水泥固化体相比较,有害物质的沥滤率更低。并且采用沥青固化,无论污泥的种类和性质如何,均可得到性能稳定的固化体。此外,沥青固化处理后随即就能硬化,不需像水泥那样经过 20～30 天的养护。但是,沥青固化时,由于沥青的导热性不好,加热蒸发的效率不高,同时倘若污泥中所含水分较大,蒸发时会有起泡现象和雾沫夹带现象,容易使排出废气发生污染。对于水分含量大的污泥,在进行沥青固化之前,要通过分离脱水的方法使水分降到 50%～80%。再有,沥青具有可燃性,必须考虑到,如果加热蒸发时沥青过热,就会引起大的危险。

(四)化学法

化学法是一种利用危险废物的化学性质,通过酸碱中和、氧化还原以及沉淀等方式将有害物质转化为无害的最终产物。

(五)生物法

微生物对多种污染物均具有较强较快的适应性,并可将其作为新陈代谢底物降解、转化。同常规废物处理技术相比,生物技术具有效果好、投资及运行费用低、安全、无二次污染、易于管理等特点,尤其在处理浓度低、生物可降解性好的固体废物时更显其优越性。

许多危险废物是可以通过生物降解来解除毒性的,解除毒性后的废物可以被土壤和水体所接受。目前,生物法有活性污泥法、气化池法、氧化塘法等。

四、有毒废渣回收处理与利用

化学工业生产中排出的许多种废渣具有毒性,须经过资源化处理加以回收和利用。

1.砷渣

砷矿一般与铜、铅、锌、锑、钴、钨、金等有色金属矿共生,随着矿产资源的开采和冶炼转变为含砷废物,如黄渣、铅渣、铜浮渣、砷尘、含砷废触媒等。应用含砷废渣,可以提取白砷和回收有色金属。

2.汞渣

化学工业中的水银法制碱、电解法生产烧碱、定期更换下的含汞触媒等都有大量的含汞废物排出。目前,国内外多采用焙烧法处理并回收废物中的汞。对于含汞污泥和固态含汞废物,一般均需加入碱系药剂处理后才能送去焙烧。对于含汞金属类或玻璃类废物,需先把它们加工破碎,并用药剂洗涤处理,再去焙烧。通过焙烧法处理可获得纯度高的汞。

含汞废物焙烧系统需有尾气和废水处理装置,以确保环境不会受到污染,残渣需作安全填埋处理。

3. 氰渣

氰盐生产中排出的废渣,含有剧毒的氰化物,可以采用高温水解-气化法处理。在高温下,废渣中的氰化物受到氧化解毒,得到二氧化碳和二氧化氮气体。处理后的残渣中,氰含量可以降至 0.05ppm 以下。

4. 电镀污泥

电镀污泥含有多种重金属,目前较难实现回收。比较成熟的处理方法是用水泥固化。一般采用 425 号硅酸盐水泥作固化剂,水泥与废物之比为 0.67~4.00。固化体的强度较高,重金属溶出率很低,远低于浸出毒性鉴别标准。

第四节 城市垃圾的处理

城市垃圾是指城市居民在日常生活中抛弃的固态和液态废弃物。城市垃圾的分类方法较多,具体有源地分类法、可燃性分类法、元素分类法、重量分类法等。在这些分类方法中,源地分类法较为常用,它主要根据各类城市废物产生的场所进行分类,将其分成家庭垃圾、零散垃圾、医院垃圾、市场垃圾、建筑垃圾、街道扫集物和城市粪便等。

一、城市垃圾的处理方法

1. 城市垃圾的压缩处理

对于一些密度小、体积大的城市垃圾,经过加压压缩处理后可以减小体积,便于运输和填埋。有些垃圾经过压缩处理后,可成为高密度的惰性材料和建筑材料。

日本在 20 世纪 60 年代末期设计出垃圾压缩处理法。垃圾被压缩至原体积的 1/4,然后在压缩块体周围围上金属网,再涂上一层沥青。处理后的垃圾块在东京湾暴露 3 年后,经检验未发现任何降解现象。这种惰性垃圾捆,可用作填海造地的材料。

2. 城市垃圾填埋

城市垃圾填埋是废物的一种最终处理方式,它可以利用各地所能提供的基础条件,采用不同的填埋方式,满足作业的要求。垃圾填埋既可以处理城市的混合垃圾,也可以消纳其他废物处理工艺的剩料和不能再回收利用的废物,例如堆肥剩料、焚烧残渣、净化污泥和无法纳入废物资源化循环的各类物质。

目前,城市垃圾多采用卫生填埋方法。在回填场地上先铺一层厚约 60cm 的垃圾,经压实后再铺一层松土、砂或粉煤灰的覆盖层,以免鼠、蝇滋生,并可使产生的气体逸出。然后依此将垃圾分隔在夹层结构中。已回填完毕的场地,可以留作公园、绿化地、游乐场等。

3. 城市垃圾焚烧

在大城市附近,若缺乏垃圾填埋场时,可用焚烧法处理,达到无害化和减量化的目的。

据统计,2006 年全世界共有生活垃圾焚烧厂近 2 100 座;总焚烧处理能力约为 62.1 万吨/

日,年生活垃圾焚烧量约为 1.65 亿吨,城市生活垃圾焚烧设施绝大部分分布于发达国家和地区。按年处理量分析,其中欧盟 19 个国家年焚烧处理量占 38%,日本占 24%,美国占 19%,东亚部分地区占 15%,其他地区占 4%。

城市生活垃圾焚烧处理具有占地面积小、处理时间短、减量化显著(减重一般达 70%,减容一般达 90%)、无害化较彻底以及资源可再生利用等优点。垃圾焚烧后产生的热能,可用来生产蒸汽或电能,也可用于供暖或生产的需要。根据计算,每 5t 的垃圾,可节省 1t 标准燃料。在目前能源日渐紧缺的情况下,利用焚烧垃圾产生的热能作为热源,有着现实意义。

垃圾焚烧的主要问题是"二次污染"。垃圾焚烧后虽然可以把炉渣和灰分中的有害物质降低到最低程度,但却向大气排放了有害物质并在城市散布灰尘。因此,垃圾焚烧工厂必须配备消烟除尘装置以降低向大气排放的污染物质。

4.城市垃圾堆肥

堆肥处理是利用微生物分解垃圾有机成分的生物化学过程。在此过程中,有机物、氧气和细菌相互作用,析出二氧化碳、水和热,同时生成腐殖质。为了使有机物和微生物接触良好,应对堆肥进行充分搅拌。

垃圾堆肥处理的基本目的是,通过它自行升温到 60~70℃,消灭病原体而使其无害化,同时使其转化为有机肥料(生堆肥)。在覆盖土上种植蔬菜时可用生堆肥作肥料;生堆肥经处理变为熟堆肥,可在非覆盖土作物种植业中作为肥料。

堆肥的方法有露天式和机械化式两种。露天堆肥法经济,但易受气候条件影响,臭味难以控制,历时长,用地多,适合中小城市。机械化堆肥利用容器使堆肥在罐内进行氧化,并且有分离装置将塑料、玻璃、金属等惰性粗粒成分分离出去,有通风搅拌装置加快有机物的分解速度。采用现代化的堆肥处理方法,可在两天内制成堆肥。

二、城市垃圾的分类回收

随着人口的增长,生活水平的提高,城市垃圾产量也在明显增多。据估算,目前全世界的垃圾年增长率不低于 3%,有些国家达到 10%。面对如此大的垃圾"包袱",仅靠简单的填埋和焚烧处理显然已不合适,应该对城市垃圾进行综合处理,以保护自然环境,恢复再生原料资源。

城市生活垃圾的分类回收实现了垃圾资源化策略,其带来的经济效益和环境效益均是十分可观的。1t 废纸,可造 0.85t 好纸,可节省木材 3m³,可少砍 17 棵大树,节约碱 300kg,比生产等量纸减少污染 74%;废塑料占生活垃圾的 3%～7%,1t 废塑料可回炼 600kg 无铅汽油和柴油;1t 易拉罐熔化后能结成 1t 很好的铝块,可少采 20t 铝矿;厨房垃圾经生物技术就地处理堆肥,每吨可生产 0.3t 有机肥料。

垃圾分类回收后,有用的垃圾被分离出来,重新进入到物质的循环过程当中。有些垃圾经过回收处理后,最终垃圾量能减少到 50% 左右,甚至有些资源成分较高的垃圾,垃圾量能减少到 70% 以上。垃圾中可再生资源被重新利用,剩下那些无利用价值的残渣,再对其进行最终处置,大大减少了垃圾处理量。

垃圾分类回收是垃圾无害化处理的前提条件。混合堆放垃圾的方式,会加大垃圾处理的难度,甚至会发生激烈的化学反应,增加反应物的毒性,或有发生爆炸的危险;而有害垃圾的任意堆放,加剧了环境污染问题。如常用的电池,含有许多汞、镉、铅等重金属,一粒纽扣电池能污染 600 000m³ 的水,1 节一号电池会使 1m³ 左右的土壤无法利用。我国有些城市建立了专门回收干电池的垃圾分类箱,不但避免这些危险性的垃圾进入普通生活垃圾中,同时也降低了垃圾无害化处理成本。

我国虽然早就提出了垃圾分类回收的思路,但真正实行垃圾分类回收的城市并不多。近年来,世界上许多工业发达国家都大力开展了从垃圾中回收有用成分的研究工作,大量的垃圾综合处理技术方案取得了专利权。

垃圾分类回收是一项系统工程,应按照"政府推动、市场运作、公众参与、科技支撑"来进行,积极完善城市生活垃圾分类回收系统和提高垃圾综合治理技术,提高垃圾资源化的效率,并有效开展生活垃圾回收和资源再利用将成为垃圾收集方式的一种必然趋势。

第五节　固体废物污染的综合防治

一、基本原则

我国在 2004 年 12 月 29 日通过并公布了《中华人民共和国固体废物污染环境防治法》。该法提出,国家对固体废物污染环境的防治,实行减少固体废物的产生、充分合理利用固体废物和无害化处置固体废物的原则;国家鼓励、支持开展清洁生产,减少固体废物的产生量;国家鼓励、支持综合利用资源,对固体废物实行充分回收和合理利用,并采取有利于固体废物综合利用活动的经济、技术政策和措施。

我国的固体废物污染环境防治法的颁布,对固体废物污染的综合防治提出了指导性的原则,同时标志着我国结束了防治固体废物污染及监督管理长期无法可依的状况,使我国的防治固体废物污染进入一个新的里程。

二、综合防治对策

根据我国国情,我国制定出近期以"无害化""减量化""资源化"作为控制固体废物污染的技术政策,并确定今后较长一段时间内应以"无害化"为主,以"无害化"向"资源化"过渡,"无害化"和"减量化"应以"资源化"为条件。

固体废物"无害化"处理的基本任务是将固体废物通过工程处理,达到不损害人体健康,不污染周围的自然环境。比如:垃圾的焚烧、卫生填埋、堆肥、粪便的厌氧发酵,有害废物的热处理和解毒处理等。

固体废物"减量化"处理的基本任务是通过适宜的手段,减少和减小固体废物的数量和容积。这一任务的实现,需从两个方面着手,一是对固体废物进行处理利用,二是减少固体废物的产生,做到清洁生产。例如,将城市生活垃圾采用焚烧法处理后,体积可减小 80%～90%,余烬则便于运输和处置。

固体废物"资源化"的基本任务是采取工艺措施从固体废物中回收有用的物质和能源。固体废物"资源化"是固体废物的主要归宿。相对于自然资源来说,固体废物属于"二次资源"或"再生资源"范畴,虽然它一般不再具有原使用价值,但是通过回收、加工等途径可以获得新的使用价值。例如,具有高位发热量的煤矸石,可以通过燃烧回收热能或转换为电能,也可以用来代土节煤生产内燃砖。

三、固体废物管理

(一)固体废物管理现状及发展趋势

固体废物的管理包括固体废物的产生、收集、运输、储存、处理和最终处置等全过程的管理。固体废物的污染控制与管理作为当今世界面临的一个重要环境问题,已引起各国政府的广泛重视。从国外的固体废物管理情况来看,随着经济实力的增强与科技的进步,管理水平亦在不断地提高。美国的《资源保护和回收法》(RCRA)(1984)和《全面环境责任承担赔偿和义务法》(CERCLA)(1986)是迄今世界各国比较全面的关于固体废物管理的法规。前者强调设计和运行必须确保有害废物得到妥善管理,对于非有害废物的资源化也做出了较全面的规定;后者强调处置有害废物的责任和义务。英国的《污染控制法》有专门的固体废物条款。日本的《废物处理和清扫法》规定了全体国民的义务和废物处理的主体(据宪法第 25 条),不仅企业有适当处理其产生的固体废物的义务,公民也有保持生活环境清洁的义务。

我国固体废物管理工作起步较晚,《中华人民共和国固体废物污染环境防治法》是我国第一部关于固体废物污染管理的法规。它对固体废物防治能监督管理、固体废物特别是危险废物的防治、固体废物污染环境责任者应负的法律责任等都做出了明确的规定。该法的颁布与实施标志着我国对固体废物污染的管理从此走上法制化的轨道。今后对固体废物的管理应严格按此法规来执行,结合我国多年来对固体废物的管理实践,并借鉴国外有益的经验,做好我国固体废物管理工作。

综观国内外固体废物管理的发展过程,可以看出大致经历了 3 个阶段:①未加控制的土地处理阶段;②卫生填埋与简单的资源回收并存阶段;③固体废物的综合管理阶段。

固体废物的综合管理模式如图 4-3 所示。这一模式是许多发达国家在多年实践的基础上逐步形成的。其主要目标是通过促进资源回收、节约原材料和减少废物处理量,从而降低固体废物对环境的影响,即达到减量化、资源化和无害化等"三化"的目的。综合管理将成为今后废物处理和处置的方向。

(二) 固体废物管理的内容

由于固体废物本身往往是污染的"源头",故需对其产生-收集-运输-综合利用-处理-储存-处置实行全过程管理,即在每一环节都将其当作污染源进行严格的控制。划定有害废物与非有害废物的种类和范围,建立健全固体废物管理法规是固体废物管理的关键所在。下面按固体废物管理程序简略说明管理内容。

1.产生者

对于固体废物产生者,要求其按照有关规定,将所产生的废物分类,并用符合法定标准的容器包装,做好标记,登记记录,建立废物清单,待收集运输者运出。

2.容器

对不同的固体废物要求采用不同容器包装。为了防止暂存过程中产生污染,容器的质量、材质、形状应能满足所装废物的标准要求。

3.储存

储存管理是指对固体废物进行处理处置前的储存过程实行严格控制。

4.收集运输

收集管理是指对各厂家的收集实行管理。运输管理是指收集过程中的运输和收集后运送到中间储存处或处理处置厂(场)的过程所需实行的污染控制。

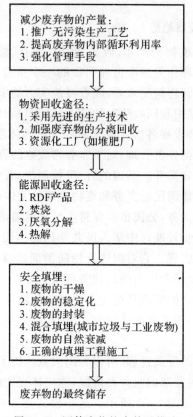

图 4-3　固体废物综合管理模式

5. 综合利用

综合利用管理包括农业、建材工业、回收资源和能源过程中对于废物污染的控制。

6. 处理处置

处理处置管理包括有控堆放、卫生填埋、安全填埋、深地层处置、深海投弃、焚烧、生化解毒和物化解毒等。

(三)危险废物的越境转移及对策

1. 危险废物的越境转移

随着工业的发展,工业生产过程排放的危险废物日益增多。据估计,全世界每年的危险废物产生量为 3.3 亿吨。由于危险废物带来的严重污染和潜在的严重影响,在工业发达国家危险废物已成为"政治废物",公众对危险废物问题十分敏感,反对在自己居住的地区设立危险废物处置场,加上危险废物的处置费用高昂,为了摆脱危险废物污染的困扰,许多工业国家采取了一种最简单的处理方式,就是将危险废物向工业不发达国家和地区转移。危险废物的这种越境转移量有多少尚难统计,但显然是正在增长。据绿色和平组织的调查报告,发达国家正在以每年 5 000 万吨的规模向发展中国家转运危险废物,从 1986 年到 1992 年,发达国家已向发展中国家和东欧国家转移总量为 1.63 亿吨的危险废物。

危险废物的越境转移对发展中国家乃至全球环境都具有不可忽视的危害。首先,由于废物的输入国基本上都缺乏处理和处置危险废物的技术手段和经济能力,危险废物的输入必然会导致对当地生态环境和人群健康的损害。其次,危险废物向不发达地区的扩散实际上是逃避本国规定的处置责任,使危险废物没有得到应有的处理和处置而扩散到环境之中,长期积累的结果必然会对全球环境产生危害。危险废物的越境转移的危害还在于,这些废物是在贸易的名义掩盖下进入的,进口者是为了捞取经济利益,根本不顾其对环境和人体健康可能产生的影响,所以都得不到应有的处理和处置。

危险废物的越境转移已成为严重的全球环境问题之一,如不采取措施加以控制,势必对全球环境造成严重危害。1989年3月在联合国环境规划署(UNEP)主持下,在瑞士的巴塞尔通过了《控制危险废物越境转移及其处置的巴塞尔公约》。该公约于1992年5月生效。我国是该条约的签约国。

2.控制危险废物越境转移的对策

危险废物越境转移,属全球性环境问题,只有通过世界各国的共同行动才能得到解决。

(1)加强宣传,提高世界各国的环境意识。发展中国家的国民意识不强,只顾眼前利益也是一个值得重视的问题。

(2)加强国际间的广泛交流和合作。推广无废少废,回收利用或处理,从实际环境无害出发的可持续发展。

(3)各国建立完善的法制制度。

(4)建立并完善统一的国际公约及公约的维护机构。

复习思考题

1.土壤施肥的利与弊是什么?

2.农药污染的危害有哪些?

3.怎样合理进行污水灌溉?

4.土壤污染的特点有哪些?

5.说明土壤的组成及其物理化学性质。

6.土壤的自净途径有哪些?

7.如何利用生物降解土壤中的有害物质?

8.土壤污染的治理方法有哪些?

9.危险固体废物的处理方法有哪些?

10.城市垃圾的处理方法有哪些?

11.说明塑料废弃物的利用方法和处理途径。

12.固体废弃物管理的内容有哪些?

13.固体废弃物对环境的危害有哪些方面?

第五章　环境噪声及其控制

随着工业生产、交通运输和城市建设的高速发展,环境噪声污染已经成为当今世界公认的环境问题之一。在城市化的今天,城市快速道路、高架复合道路、轨道交通、大型娱乐场所、空调系统等的相继运行,产生的大量环境噪声已严重地干扰人们的生活,甚至影响身体健康。据统计,环保部门收到的污染投诉,很大一部分与噪声有关。环境噪声的控制不仅成为了环保部门的紧迫任务,而且也是落实科学发展观,构建和谐社会的重要内容。

第一节　环境噪声概述

环境噪声是声波的一种,它具有声波的一切特性。本节仅就其特征、现状、危害等作一简单介绍。

一、环境噪声的特征

噪声是什么？从物理学观点来看,它是指声强和频率的变化都无规律、杂乱无章的声音;从生物学观点来看,凡是使人烦躁的、对人类生活和生产有妨碍的声音都归之于噪声。对噪声的判断与个人所处的环境和主观感觉有关。如优美的音乐声,在它影响人们的工作和休息并使人感到厌烦时,也认为是噪声。

环境噪声的主要特征表现在以下几点:①它是感觉公害,即它没有污染物,它在空中传播时并未给周围环境留下什么毒害性的物质。②它是局限性、分散性和暂时性的公害。局限性是指环境噪声影响范围的局限性,分散性是指环境噪声源分布的分散性,暂时性是指噪声污染的暂时性。噪声源停止发声,危害即消除,不像其他污染源排放的污染物,即使停止排放,污染物在长时间内还是残留着,污染是持久性的。③与其他污染相比,噪声的再利用问题很难解决。目前能做到的只是利用机械噪声进行故障诊断。如对各种运动机械产生的噪声水平和频谱进行测量和分析,将其作为评价机械结构完整程度和制造质量的指标之一。

二、城市环境噪声

环境噪声源有许多种分类方法,但从城市环境噪声的角度看,它一般可分为四类,即交通噪声、工业噪声、建筑施工噪声和社会生活噪声。

1. 交通噪声

造成交通噪声的原因有以下几点:①交通规划和市政建设不合理,比如道路规划设计过程中居民区与道路之间的距离过近,市政建设(如井盖)设计安装不合理;②由于重型、中型、轻型载重车辆、摩托车、拖拉机和农用车的行驶噪声是小轿车的数倍甚至数十倍,道路两侧交通噪声污染更加严重;③非机动车、行人交通组织不合理,影响机动车正常通行,产生不必要的交通噪声。

2.工业噪声

工业噪声是指工厂在生产过程中由于机械振动、摩擦撞击及气流扰动而产生的噪声。例如化工厂的空气压缩机、鼓风机和锅炉排气放空时产生的噪声,都是由于空气振动而产生的气流噪声。球磨机、粉碎机和织布机等产生的噪声,都是由于固体零件机械振动或摩擦撞击而产生的机械噪声。工业噪声主要包括空气动力性噪声、机械性噪声和电磁性噪声。

3.建筑施工噪声

建筑施工噪声主要是指建筑施工现场产生的噪声。在施工中要大量使用各种动力机械,要进行挖掘、打洞、搅拌,要频繁地运输材料和构件,从而产生大量噪声。不同的施工阶段噪声来源不同,如土石方施工阶段是推土机、挖掘机、装载机等,打桩施工阶段是各种打桩机等,结构施工阶段是混凝土搅拌机、振动棒、电锯等,装修施工阶段是吊车、升降机等。

4.社会生活噪声

社会生活噪声是指街道和建筑物内部各种生活设施、人群活动等产生的噪声。如家庭娱乐所发出的噪声、户外或街道人声喧哗所发出的噪声、商店开高音喇叭招揽顾客发出的噪声和在广场开喇叭进行文娱活动所发出的噪声等。这些噪声又可以分为居室噪声和公共场所噪声两类。

三、当前我国声环境概述

2011年,全国77.9%的城市区域噪声总体水平为一级和二级,环境保护重点城市区域噪声总体水平为一级和二级的占76.1%。全国98.1%的城市道路交通噪声总体水平为一级和二级,环境保护重点城市道路交通噪声总体水平为一级和二级的占99.1%。全国城市各类功能区噪声昼间达标率为89.4%,夜间达标率为66.4%,4类功能区夜间噪声超标较严重。

道路交通噪声监测的316个城市中,75.0%的城市道路交通噪声总体水平为一级,23.1%的城市为二级,1.3%的城市为三级,0.6%的城市为五级(见图5-1)。环境保护重点城市区域噪声平均等效声级(A)范围在46.8~58.0 dB之间。区域噪声总体水平为一级和二级的城市占76.1%,三级占23.9%。

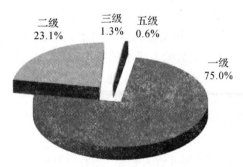

图 5-1　全国城市区域噪声总体水平

全国253个城市开展功能区噪声监测,共监测14 350点次,昼间、夜间各7 175点次。各类功能区监测点位全年昼间达标6 416点次,占昼间监测点次的89.4%;夜间达标4 765点次,占夜间监测点次的66.4%。环境保护重点城市各类功能区昼间达标率为89.2%,夜间达标率为61.8%。2011年全国城市功能区监测点位达标情况见表5-1。

表 5 - 1   2011 年全国城市功能区监测点位达标情况

功能区类别	0 类		1 类		2 类		3 类		4 类	
	昼	夜	昼	夜	昼	夜	昼	夜	昼	夜
达标/点次	73	58	1 448	1 143	1 944	1 649	1 357	1 212	1 594	703
监测/点次	124	124	1 694	1 694	2 172	2 172	1 404	1 404	1 781	1 781
达标率/(%)	58.9	46.8	85.5	67.5	89.5	75.9	96.7	86.3	89.5	39.5

四、噪声的危害

1. 损伤听力

研究表明,听觉系统是最直接受到噪声损害的对象。这是噪声危害的最明显指标,也是最早为人们所认识的危害。人们在进入强噪声环境时,暴露一段时间,会感到双耳难受,甚至会出现头痛等感觉。离开噪声环境到安静的场所休息一段时间,听力就会逐渐恢复正常。这种现象叫作暂时性听阈偏移,又称听觉疲劳。但是,如果人们长期在强噪声环境下工作,听觉疲劳不能得到及时恢复,且内耳器官会发生器质性病变,即形成永久性听阈偏移,又称噪声性耳聋。若人突然暴露于极其强烈的噪声环境中,听觉器官会发生急剧外伤,引起鼓膜破裂出血,螺旋器从基底膜急性剥离,可能使人耳完全失去听力,即出现爆震性耳聋。有研究表明,噪声污染是引起老年性耳聋的一个重要原因。

2. 干扰睡眠

噪声可以干扰人的睡眠,连续不断的噪声能使人多梦,从沉睡变轻睡,沉睡的时间减少,突发的噪声甚至能使人惊醒。有数据显示,噪声达到 60dB 时,多于 2/3 的人能惊醒。由于噪声人体没有得到很好的休息,工作效率和身体健康都会受到影响,特别是老年人和病人,在这方面的表现更加明显。

3. 对人体的生理影响

许多证据表明,大量心脏病的发展和恶化与噪声有着密切的联系。实验证明,噪声会引起人体紧张的反应,使肾上腺素增加,因而引起心率改变和血压升高。一些工业噪声调查的结果指出,在高噪声环境下,劳动的工人比安静条件下的工人的循环系统的发病率要高,患高血压的病人也多。目前不少人认为,20 世纪生活中的噪声,是造成心脏病的一个重要原因。

噪声还能引起消化系统方面的疾病。如易患胃溃疡和十二指肠溃疡。一些研究者指出,某些吵闹的工业行业里,溃疡症的发病率比安静环境的高 5 倍。

在神经系统方面,神经衰弱症候群是最明显的,噪声能够引起失眠、疲劳、头晕、头痛、记忆力衰退等症状。

此外,强噪声会刺激耳腔的前庭,使人眩晕、恶心、呕吐。超过 140dB 的噪声会引起眼球的振动,视觉模糊,呼吸、脉搏、血压都会发生波动,甚至会使全身血管收缩,供血减少,说话能力受到影响。

4. 对心理的影响

噪声引起的心理影响主要是烦恼,使人激动、易怒,甚至失去理智。因噪声干扰发生民间纠纷的事件是常见的。

噪声也容易使人疲劳,因此往往会影响精力集中和工作效率,尤其是对一些做非重复性动作的劳动者,影响更为明显。

另外,由于噪声的掩蔽效应,往往使人不易察觉一些危害信号,从而容易造成工伤事故。

5.对建筑结构的影响

飞机飞行的轰鸣声虽然是一种脉冲声,但由于它的能量可观,就具有一定的破坏力。如英法合作研制的协和式飞机在试航过程中,航道下面的一些古老建筑,如教堂等,由于轰鸣声的影响受到了破坏,出现了墙体裂缝。

150dB以上的强噪声,由于声波振动,会使金属结构疲劳,并遭到破坏。据实验,一块0.6mm厚的铝板,在168dB的无规则噪声作用下,只要15min就会断裂。

除上述一些影响外,噪声还会引起社会矛盾,造成经济上的损失。据世界卫生组织估计,仅工业噪声,美国每年由于低效率、不上工、工伤事故和听力损失赔偿等,损失近40亿美元。

五、噪声的评价及概念

1.噪声的评价量

噪声评价量的建立必须考虑噪声对人的影响特点。频率特性不同的噪声对人的影响是不同的,如相同强度的中、高频噪声比低频噪声对人的影响更大;时间特性不同的噪声对人的影响也是不同的,噪声涨落对人的影响存在差异,涨落大的噪声及脉冲噪声比稳态噪声更能使人烦恼;噪声出现时间的不同对人的影响也不一样,同样的噪声出现在夜间比出现在白天对人的影响更明显;不同心理和生理特征的人群对相同的声音反应不同,一些人认为优美的音乐,而另一些人听起来却是噪声,休闲时的动听歌曲在需要休息时会成为烦人的噪声。噪声的评价量就是在研究了人对噪声反应的方方面面的不同特征后提出的。

2.A,B,C,D计权网络和计权声级

人耳对于不同频率的声音反应的敏感程度是不一样的。为了使声音的客观量度和人耳听觉的主观感受近似取得一致,通常对不同频率声音的声压级经某一特定的加权修正后,再叠加计算得到总的声压级,此声压级称为计权声级。

计权声级通过声学仪器来测量时,为使仪器测得的声级接近人们主观上的响度感觉,需要在仪器上安装一个"频率计权网络","频率计权网络"参考人耳对纯音响度的频率特性设计。针对不同的应用场合,常见的有四种不同的"频率计权网络",分别称为A,B,C,D计权网络。它们测得的声级分别为A计权声级、B计权声级、C计权声级、D计权声级,简称A声级、B声级、C声级、D声级。

B,C计权网络现在已很少被采用了,D计权网络常用于航空噪声的测量。A计权网络的频率响应与人耳对宽频带声音的灵敏度相当,目前A计权网络已被大多数管理机构和工业部门的管理条例普遍采用。

3.声环境功能区的分类

按区域的使用功能特点和环境质量要求,声环境功能区分为以下5种类型。

0类声环境功能区:指康复疗养区等特别需要安静的区域。

1类声环境功能区:指以居民住宅、医疗卫生、文化教育、科研设计、行政办公为主要功能,需要保持安静的区域。

2类声环境功能区:指以商业金融、集市贸易为主要功能,或居住、商业、工业混杂,需要维护住宅安静的区域。

3类声环境功能区:指以工业生产、仓储物流为主要功能,需要防止工业噪声对周围环境产生严重影响的区域。

4类声环境功能区:指交通干线两侧一定距离之内,需要防止交通噪声对周围环境产生严重影响的区域,包括4a类和4b类两种类型。4a类为高速公路、一级公路、二级公路、城市快速路、城市主干路、城市次干路、城市轨道交通、内河航道两侧区域;4b类为铁路干线两侧区域。

4.声环境质量标准

(1)《声环境质量标准》(GB 3096—2008)。本标准规定了5类声环境功能区的环境噪声限值及测量方法,是对《城市区域环境噪声标准》(GB3096—93)和《城市区域环境噪声测量方法》(GB/T 14623—93)的修订。

各类功能区的环境噪声限值见表5-2,推荐的各种工作场所背景噪声级见表5-3。

表5-2　环境噪声限值

时　段 声环境功能区类别		昼间(A)/dB	夜间(A)/dB
0类		50	40
1类		55	45
2类		60	50
3类		65	55
4类	4a类	70	55
	4b类	70	60

表5-3　推荐的各种工作场所背景噪声级

房间类型	L_A(A)/dB	备　注
会议室	30～35	背景噪声是指室内技术设备(如通风系统)引起的噪声或者是由室外传进来的噪声,此时对工业性工作场所而言生产用机器设备没有开动
教室	30～40	
个人办公室	30～40	
多人办公室	35～45	
工业实验室	35～50	
工业控制室	35～55	
工业性工作场所	65～70	

一些噪声专用术语:

1)A声级:用A计权网络测得的声压级,用L_A(A)表示,单位dB。

2)等效声级:等效连续A声级的简称,指在规定测量时间T内A声级的能量平均值,用$L_{Aeq,T}$(A)表示(简写为L_{eq}),单位dB。

3)昼间等效声级、夜间等效声级:在昼间时间段内测得的等效连续A声级称为昼间等效声级,用L_d(A)表示,单位dB。在夜间时间段内测得的等效连续A声级称为昼间等效声级,用L_n(A)表示,单位dB。

4)昼间、夜间:根据《中华人民共和国环境噪声污染防治法》,"昼间"是指 6:00 至 22:00 之间的时段,"夜间"是指 22:00 至次日 6:00 之间的时段。

5)最大声级:在规定的测量时间段内或对某一独立噪声事件,测得的 A 声级最大值,用 $L_{max}(A)$ 表示,单位 dB。

(2)《声学 低噪声工作场所设计指南 噪声控制规划》(GB/T 17249.1—1998)。本标准推荐的各种工作场所房间声学特性见表 5-4。

表 5-4 推荐的各种工作场所房间声学特性

房间容积/m³	混响时间/s	距离每增加一倍的声衰减率 DL₂/dB	备 注
<200	0.5~0.8		1. 如果房间的平均吸声系数大于 0.3 或等效吸声面积大于 0.6~0.9 倍的占地面积,一般就能满足上述要求
200~1000	0.8~1.3	—	2. 若房间是扁平状的(即房间不具有扩散声场条件),则优先采用等效吸声面积及空间衰减率
>1 000	—	3~4	

(3)《工业企业噪声控制设计规范》(GBJ87—1985)。工业企业厂区内各类地点噪声标准见表 5-5。

表 5-5 工业企业厂区内各类地点噪声标准

序 号	地点类别		噪声限值/dB	备 注
1	生产车间及作业场所(工人每天连续接触噪声 8h)		90	1.本表所列噪声限值,均应按现行国家标准测量确定
2	高噪声车间设置的值班室、观察室、休息室(室内背景噪声级)	无电话通信要求时	75	2. 对于工人每天接触噪声不足 8h 的场合,可根据实际接触噪声的时间,按接触时间减半噪声限值增加 3dB 的原则,确定其噪声限制值
		有电话通信要求时	70	3. 本表所列的室内背景噪声级,指在室内无声源发生的条件下,从室外经由墙、门、窗(门窗启闭状况为常规状况)传入室内的室内平均噪声级
3	精密装配线、精密加工车间的工作地点、计算机房(正常工作状态)		70	
4	车间所属办公室、实验室、设计室(室内背景噪声级)		70	
5	主控制室、集中控制室、通信室、电话总机室、消防值班室(室内背景噪声级)		60	
6	厂部所属办公室、会议室、设计室、中心实验室(包括实验、化验、计量室)(室内背景噪声级)		60	
7	医务室、教室、哺乳室、托儿所、工人值班室(室内背景噪声级)		55	

(4)《噪声作业分级》(LD 80—1995)。对于每天接触噪声不到 8h 的工种,根据企业种类和条件,噪声标准可按表 5-6 相应放宽;按接触时间减半噪声限值增加 3dB 的原则,确定其噪声限值,但最高不得超过 115dB。

表 5-6　新建、扩建、改建企业/老企业噪声标准参照

每个工作日接触噪声时间/h	允许噪声(A)/dB	
	新企业	老企业
8	85	90
4	88	93
2	91	96
1	94	99

我国劳动安全卫生行业标准《噪声作业分级》(LD 80—1995)将噪声作业危害分为五级(见表 5-7)。在《噪声作业分级》中规定,根据噪声作业实测工作日等效连续 A 声级和接触噪声时间对应的卫生标准,来计算噪声危害指数,进行综合评价。计算公式为

$$I = (L_A(A) - L_s(A))/6$$

式中,I 为噪声危害指数;$L_A(A)$ 为噪声作业实测工作日等效连续 A 声级,dB;$L_s(A)$ 为接触时间对应的卫生标准,dB。

表 5-7　噪声作业分级

噪声危害指数	指数范围	级　　别
安全作业	$I < 0$	0
轻度危害	$0 < I < 1$	I
中度危害	$1 < I < 2$	II
重度危害	$2 < I < 3$	III
极度危害	$I > 3$	IV

5.噪声排放标准

噪声排放标准通常是指排放噪声污染的单位,在其边界上允许的噪声限值或需要控制的范围。

(1)《工业企业厂界环境噪声排放标准》(GB 12348—2008)。本标准规定了工业企业和固定设备厂界环境噪声排放限值及其测量方法。

本标准是对《工业企业厂界噪声标准》(GB 12348—90)和《工业企业厂界噪声测量方法》(GB 12349—90)的第一次修订。

1)相关术语与定义。

(a)工业企业厂界环境噪声:指在工业生产活动中使用固定设备等产生的、在厂界处进行测量和控制的干扰周围生活环境的声音。

(b)厂界:由法律文书(如土地使用证、房产证、租赁合同等)中确定的业主所拥有的使用

权(或所有权)的场所或建筑物边界。各种产生噪声的固定设备的厂界为其实际占地的边界。

(c)倍频带声压级:采用符合 GB/T 3241 规定的倍频程滤波器所测量的频带声压级,其测量带宽和中心频率成正比。本标准采用的室内噪声频谱分析倍频带中心频率为 31.5Hz,63Hz,125Hz,250Hz,500Hz,其覆盖频率范围为 22～707Hz。

2)工业企业厂界环境噪声排放限值。新标准规定工业企业厂界环境噪声标准不得超过表5-8 规定的排放限值。

表 5-8 工业企业厂界环境噪声排放限值

时 段 厂界外声环境功能区类别	昼间(A)/dB	夜间(A)/dB
0	50	40
1	55	45
2	60	50
3	65	55
4	70	55

注:①本表适用于工业企业噪声排放的管理、评价及控制。机关、事业单位、团体等对外环境排放噪声的单位也按本表执行。

②夜间频发噪声的最大声级(A)超过限值的幅度不得高于 10dB。

③夜间偶发噪声的最大声级(A)超过限值的幅度不得高于 15dB。

④当厂界与噪声敏感建筑物距离小于 1m 时,厂界环境噪声应在噪声敏感建筑的室内测量,并将表中相应的限值(A)减 10dB 作为评价依据。

⑤一般情况下,测点选在工业企业厂界外 1m、高度 1.2m 以上(有围墙时,高于围墙 0.5m 以上)、距任意反射面距离不小于 1m 的位置。

该标准还规定了结构传播固定设备室内噪声排放限值的等效声级和倍频带声压级。

(2)《建筑施工场界环境噪声排放标准》(GB12523—2011)。本标准规定了建筑施工场界环境噪声排放限值及测量方法。本标准适用于周围有噪声敏感建筑物的建筑施工噪声排放的管理、评价及控制。市政、通信、交通、水利等其他类型的施工噪声排放可参照本标准执行。本标准不适用于抢修、抢险施工过程中产生噪声的排放监管。

本标准是对《建筑施工场界噪声限值》(GB12523—90)和《建筑施工场界噪声测量方法》(GB12524—90)的第一次修订。与原标准相比,主要修改内容如下:①将《建筑施工场界噪声限值》(GB12523—90)和《建筑施工场界噪声测量方法》(GB12524—90)合并为一个标准,名称改为《建筑施工场界环境噪声排放标准》;②修改了适用范围、排放限值及测量时间;③补充了测量条件、测点位置和测量记录;④增加了部分术语和定义、背景噪声测量、测量结果评价和标准实施等内容;⑤删除了测量记录表。

1)相关术语与定义。

(a)建筑施工:指工程建设实施阶段的生产活动,是各类建筑物的建造过程,包括基础工程施工、主体结构施工、屋面工程施工、装饰工程施工(已竣工交付使用的住宅楼进行室内装修活动除外)等。

(b)建筑施工噪声:建筑施工过程中产生的干扰周围生活环境的声音。

(c)建筑施工场界:由有关主管部门批准的建筑施工场地边界或建筑施工过程中实际使用的施工场地边界。

(d)噪声敏感建筑物:指医院、学校、机关、科研单位、住宅等需要保持安静的建筑物。

2)建筑施工场界环境噪声排放限值(见表5-9)。

表5-9 建筑施工场界环境噪声排放限值

昼间(A)/dB	夜间(A)/dB
70	55

注:①夜间噪声最大声级超过限值(A)的幅度不得高于15dB。

②当场界距噪声敏感建筑物较近,其室外不满足测量条件时,可在噪声敏感建筑物室内测量,并将表中相应的限值(A)减10 dB作为评价依据。

(3)《社会生活环境噪声排放标准》(GB 22337—2008)。本标准对营业性文化娱乐场所和商业经营活动中可能产生环境噪声污染的设备、设施规定了边界噪声排放限值和测量方法。

1)相关术语与定义。

(a)社会生活噪声:指营业性文化娱乐场所和商业经营活动中使用的设备、设施产生的噪声。

(b)边界:由法律文书(如土地使用证、房产证、租赁合同等)中确定的业主所拥有使用权(或所有权)的场所或建筑物边界。各种产生噪声的固定设备、设施的边界为其实际占地的边界。

(c)倍频带声压级:采用符合GB/T 3241规定的倍频程滤波器所测量的频带声压级,其测量带宽和中心频率成正比。本标准采用的室内噪声频谱分析倍频带中心频率为31.5Hz,63Hz,125Hz,250Hz,500Hz,其覆盖频率范围为22~707Hz。

2)社会生活噪声排放源边界噪声排放限值(见表5-10)。

表5-10 社会生活噪声排放源边界噪声排放限值

时段 边界外声环境功能区类别	昼间(A)/dB	夜间(A)/dB
0	50	40
1	55	45
2	60	50
3	65	55
4	70	55

注:①在社会生活噪声排放源边界处无法进行噪声测量或测量的结果不能如实反映其对噪声敏感建筑物的影响程度的情况下,噪声测量应在可能受影响的敏感建筑物窗外1m处进行。

②当社会生活噪声排放源边界与噪声敏感建筑物距离小于1m时,应在噪声敏感建筑物的室内测量,并将表中相应的限值(A)减10dB作为评价依据。

该标准还规定了结构传播固定设备室内噪声排放限值的等效声级和倍频带声压级。

(4)《城市港口及江河两岸区域环境噪声标准》(GB11339—1989)。本标准规定了城市港口及江河两岸区域环境噪声的标准值、适用区域的划分及监测方法。

本标准适用于城市海港和内河港港区范围和江河两岸邻近地带受港口设施或交通工具辐射噪声影响的住宅、办公室、文教、医院等室外环境。

城市港口及江河两岸区域环境噪声排放限值见表 5-11。

表 5-11　城市港口及江河两岸区域环境噪声排放限值

适用区域	昼间(A)/dB	夜间(A)/dB
一类区域	60	50
二类区域	70	60

注：①"一类区域"是指港区内住宅、文教、医院、机关所在地区以及船流量在 60 艘/h 以下的江河两岸地区。

②"二类区域"是指船流量在 60 艘/h 以上的江河两岸地区。

③本标准值是指表中规定时间内所测等效声级的极限值。夜间偶然出现的突发噪声(如鸣笛声)，其最大值(A)不得超过标准值 15dB。

(5)《铁路边界噪声限值及其测量方法》(GB12525—90)修改方案(见表 5-12 和表 5-13)。本标准适用于城市铁路边界距铁路外侧轨道中心线 30m 处的噪声的评价。

表 5-12　既有铁路边界铁路噪声限值

时　段	噪声限值(A)/dB
昼间	70
夜间	70

注：既有铁路是指 2010 年 12 月 31 日前已建成运营的铁路或环境影响评价文件已通过审批的铁路建设项目。

表 5-13　新建铁路边界铁路噪声限值

时　段	噪声限值(A)/dB
昼间	70
夜间	60

注：新建铁路是指自 2011 年 1 月 1 日起环境影响评价文件通过审批的铁路建设项目(不包括改、扩建既有铁路建设项目)。

第二节　环境噪声控制的基本途径

随着我国铁路道路建设迅速，机动车保有量和民用机场、民用飞机数量的激增，城市人口高密度化，第三产业、工业企业及建筑业发展迅猛，给环境噪声污染防治增大了压力。国家制定了一系列的法规和标准来控制环境噪声。对于环境噪声的控制，虽然行政管理措施和合理的规划都是非常重要的，但控制技术也是不可忽视的基本手段。

一、噪声控制的基本原理

在环境声学中，噪声控制是一门研究如何获得能为人体容忍的适当而和谐的声学环境的技术科学。噪声控制要求采取技术措施、投资需要，因此最终只能达到适当的声学环境及技术上、经济上和要求上合理的声学环境和标准。所以不是把噪声降得越低越好,这不仅是因为在经济上非常地浪费和不合理,技术上也有难度,实际环境中也无此必要。从控制污染保护人体健康的角度出发,在不同情况、不同场合下,噪声的标准也是不同的。在工作场所噪声控制的重点是保护听力,而在生活居民区,重点则是防止噪声扰民。

噪声的传播一般分为三个阶段:噪声源、传播途径、接受者。传播途径包括反射、衍射等形式的声波行进过程。噪声控制的基本原理就是在噪声到达耳膜之前,采取阻尼、隔振、吸声、隔声、消声、个人防护等措施,尽力减弱或降低声源的振动;或将传播中的声能吸收掉;或设障碍,使声音全部或部分反射出去,减弱噪声对耳膜的作用。这样即可达到控制噪声的目的。

二、噪声控制技术

1.吸声

吸声主要是利用吸声材料或吸声结构来吸收声能,它是噪声控制中常用的措施之一。按吸声机理的不同,吸声体可分为多孔性吸声材料和共振吸声结构。其中多孔性材料在工程中应用最为广泛。多孔材料包括纤维类、泡沫类和颗粒类。以纤维类材料为例,最常见的材料有超细玻璃棉、矿渣棉、化纤棉、木丝板;泡沫类材料以泡沫塑料、海绵乳胶、泡沫橡胶居多;颗粒类材料则以膨胀珍珠岩、多孔陶土砖、蛭石混凝土居多。从材料和共振结构的吸声性能来讲,多孔材料以吸收中高频噪声声能为主,共振吸声结构则对低频噪声有控制吸声峰值的作用。

(1)多孔材料的吸声机理。当声波入射到多孔材料表面,并顺着材料孔隙进入内部时,会引起孔隙中的空气和材料细小纤维的振动,因摩擦和黏滞阻力的作用,使相当一部分声能转化为热能而被消耗掉。要使材料有良好的吸声性能,则要求材料有良好的"透气性",即材料内部的孔隙相互贯通。多孔材料吸声特性与材料的空气流阻、孔隙率、结构因子、厚度,声波的频率和入射条件,材料背后的条件(是否有空气层)等都有关系。在实际使用中,通常都用材料的厚度、密度、纤维粗细等来控制吸声特性。

(2)共振吸声结构。一般可分为薄板共振吸声结构、空腔共振吸声结构和穿孔薄板共振吸声结构等。

1)薄板共振吸声结构:通常是将薄板的周边固定在墙或顶棚的框架上,并在背后留有空气层。常使用的薄板材料有胶合板、硬质纤维板、石膏板、石棉水泥板或金属板等,其特点是具有低频的吸声特性。其吸声机理是:当声波作用于板上时,能引起板的振动,板因产生弯曲变形而出现内摩擦,使机械能转变为热能而损耗掉,这样声能就减小了。当入射声波的频率接近于振动系统的固有频率时,将发生共振,吸收的声能达到最大值。

2)空腔共振吸声结构:它的最简单型是亥姆霍兹共振器,由一个空腔通过一个开口与外部空间相连而构成。它的吸声机理是:当孔颈的直径和空腔的大小比声波波长小得多时,孔颈中的空气可看成一块不可压缩、具有质量的空气柱,孔颈中的空气柱,在外来声压力作用下(无显著压缩)而成为运动着的整体,类似于力学中受力作用的物体的惯性质量。空腔内的气体富有弹性,外声压力作用时具有反抗作用,类似于力学中的弹簧,从而形成一个质量-弹簧系统,当外界声波的频率与它的固有频率相同时,就会发生共振,孔颈的空气柱就会激烈振动,结果由于摩擦损失而使声能变为热能。

3)穿孔薄板共振吸声结构:它实际上是由许多单个亥姆霍兹共振器并联而组成的,但由于它的吸收频带很窄,因此,通常总是在其后面的空气层内加多孔性吸声材料,使其变为宽频带的吸声结构。

4)微穿孔板共振吸声结构:微穿孔板是在板厚小于1mm的薄金属板上钻以孔径为0.8~1mm的微孔。微孔的声阻很大,能代替吸声材料耗损声能。当板后留有一定厚度的空气层时,则能起到共振薄板的作用,因而是一种良好的宽频带吸声结构,特别适用于高速气流等特殊环境。但它有很大的吸声峰值,为了适应吸收宽频带声能的要求,应做成双层或多层组合微孔板结构。

微穿孔板吸声结构理论在不断发展,微穿孔板的吸声性能在大幅度改善,而通过对微穿孔板进行不同形式的串联和并联的结构组合,也可设法提升微穿孔板的吸声性能。在微穿孔板应用方面,应用的领域也在不断拓宽,而且近年来也有人在研究微穿孔板在水中的吸声性能,以期将来微穿孔板能在水下得到应用,可以料想,这将有利于在水下需要降噪的作业场合(潜艇游走时的降噪)。

5)薄塑盒式吸声体:薄塑盒式吸声体是采用一种特制塑料薄片制成的新颖吸声元件。它有若干排小盒固定于塑料基板上,每个小盒均为封闭腔室。当声波入射于盒面时,薄片将产生弯曲振动,腔内密闭的空气体积随之发生变化,使四侧薄片也发生弯曲振动,因塑料阻尼较大,从而使声能转化为机械振动而消耗。吸声体的固有振动由薄片的强度以及空腔体积等边界条件所确定。为使盒体的共振频率相互错开,每个小盒通常由两个体积不等的空腔组成,在共振频率附近,吸声最大。由于薄片有较大的阻尼,吸声体在较宽的频带范围内有较好的吸声性能。

(3)聚合物纤维类吸声材料。人类利用纤维作为吸声材料可以追溯到远古时代,当时所使用的纤维主要是动植物纤维及其制品(如棉、麻纤维、木质纤维、羊毛毡等)。这些天然聚合物纤维虽然吸声频带宽,但其耐火、耐潮、耐腐蚀性差,存在一定的使用局限性。后来人们开始采用价格低廉的玻璃棉、岩棉、矿渣棉等无机纤维材料。此类材料很大程度上改善了天然纤维的耐火、耐腐蚀性,但近些年的研究表明,此类材料易造成环境污染,且危害人体健康,因此广受环境和卫生专家的指责。随着材料技术和产业的发展,合成聚合物纤维(如聚丙烯、聚酯纤维等)给吸声材料领域带来了新的曙光,其不易老化腐蚀,吸声性能优异,日益受到学者的关注。除此之外,近年来还出现了聚合物纤维复合吸声材料,这些材料往往兼具吸声和其他功能。与此同时,金属纤维(如铝纤维等)也被成功研制,但此类材料成本相对较高。综上所述,纤维类吸声材料的发展经历了由天然到人工,由组分单一到组分多样化的发展历程,而聚合物纤维在其中占据着至关重要的一席。

近年来,聚合物纤维类吸声材料作为纤维类吸声材料的一个分支,因其优异的性质而日益受到关注,其研究也由最初的单一性质研究逐渐转向装饰化和多功能化研究。具备如既吸声又防水、既吸声又阻燃、既吸声又隔热等特性的聚合物纤维类吸声材料的研制成功,极大地拓宽了其应用范围。在未来很长的一段时间内,聚合物纤维类吸声材料仍将是声阻尼领域一个重要的研究方向。此外,复合纤维的研制将给吸声材料领域带来新的曙光;能够结合共振结构在中低频吸声性能优异的特点,并保持本身高频吸声特性的新型聚合物纤维吸声材料也是未来重要发展方向之一。总而言之,厚度薄、质量轻、结构强、吸声频带宽、综合性能优异的聚合物纤维材料将是未来吸声材料总的发展趋势。

2.隔声

空气传播的声音,经阻挡体如墙体、门、窗、隔声罩、隔声屏等固体物阻挡,大部分被反射而不通过,只有少量声音透射到阻挡体的另一侧空间,这一过程为"隔声"。

声源在室内发声时,声音的传播途径可以是空气,也可以是固体。如机床运转时的振动,一方面直接激起空气振动而发出声波,又以空气声波的形式向四面八方辐射,形成"空气传声";另一方面,一部分声波激发墙板、楼板等构件的振动,同时机床也直接激发结构构件的振动,它们均以弹性波的形式在结构固体中传播,形成"固体传声"。固体传声又能在传播过程中由表面振动而激起空气声波。实际上,任何接受位置上均包含了两种传声的结果。辨明两种传声中哪一种是主要的,将有助于有效地采取隔声措施。对于前者,通常采用重而密实的构件隔离;而对于后者,则常采用隔振措施,这将在后面叙述。

对于隔声要求较高的场合,如用单层墙板往往显得十分笨重,若采用双层隔墙,层间留出足够距离的空气层,则此墙的隔声量比同样重量的单层墙要高出很多。当空气层与声波波长相比足够大,而且两层墙是完全独立的,没有任何声桥作用,其最大隔声量可达两单墙各自的隔声量之和。

现在介绍由几层轻薄的密度不同的材料所组成的隔声构件。这种结构因质轻且隔声性能良好,被广泛应用于工业及交通运输业的噪声控制工程中,如隔声罩、隔声屏以及车、船、飞机等的壳体等。常用的轻质复合板是用金属或非金属的坚实薄板作面层,内侧覆盖阻尼层或夹入吸声材料或空气层等组成的。它的机理:因分层材料的阻抗各不相同,即阻抗不相匹配,故声波在分层界面上将产生反射。阻抗相差越大,反射声能也越多。此外还由于夹层材料的阻尼和吸声作用,板面振动受到抑制,透射声能大为减少,从而达到很好的隔声效果。最简单的复合结构可以用两层坚实薄板和一定厚度的夹心层组成,这种复合结构的弯曲强度随频率而变化。现在介绍一下声屏障、隔声罩。

声屏障是使声波在传播途径中受到阻挡,从而达到某特定位置上的降噪作用的一种装置。它可用于混响声较低,局部噪声、声源噪声较高的车间内,特别是在繁忙的交通干道两侧。噪声在传播途径中遇到障碍物,若障碍物尺寸远大于声波波长,则大部分声能被反射,一部分衍射,于是在障碍物背后一定距离内形成"声影区",其区域的大小与声音频率有关,频率越高,声影区范围越大。

隔声罩是噪声控制设计中常被采用的设备。它将声源封闭在罩内,以减少向周围的声辐射,因此隔声罩被广泛应用于各类设备的噪声控制。研究表明,隔声罩的开口与空腔一起形成亥姆霍兹共振器,特别使低频的隔声量降低。圆柱形或曲面结构的隔声罩比方形的隔声罩效果好,它对低频有较大的隔声量。这是由于圆柱形或曲面形结构隔声罩的刚性高于方形隔声罩。罩壁覆盖阻尼减振材料或增加罩壁厚度,能提高隔声能力。为了提高低频隔声能力,需要覆盖阻尼材料;而对中、高频需要做吸声处理。在设计隔声罩时,不必一味增加罩壁厚度,而应增加阻尼材料或借助筋板等提高罩壁的弯曲刚度。总之,隔声罩是一个复杂的隔声结构,它的隔声能力取决于多种因素:形状和尺寸,结构刚性,开口及缝隙面积,平均吸声系数,隔声材料的隔声量和耗损因素等。

3. 消声

所谓消声,是利用消声器来降低声音在空气中的传播。消声器是一种允许气流通过并能使透过声音得到降低的装置。根据消声器的原理和结构不同,大致上可分为4类,每一类中又有多种形式。

(1)阻性消声器。这种消声器是在管壁内贴上吸声衬里,利用吸声材料的吸声特性,使声波在管中传播时被逐渐吸收。它的效果犹如电路中的电阻要消耗一部分电能一样,要消耗一部分声能,故名为阻性消声器。

(2)抗性消声器。抗性消声器不使用吸声材料,而是在管道上接截面突变的管段或旁接共振腔,使低频率的声波在突变的界面处发生反射或干涉,从而达到消声的目的。它的原理犹如电路中的电感电容,故得此名。从能量角度看,阻性消声器的原理是能量转换,而抗性消声器则主要是声能的转移。常用的抗性消声器主要有扩张室式、共振腔式、微穿孔板式、无源干涉式和有源干涉式。扩张室式消声器是由管和室组成的。它是利用沿管道传播的某些频率的声波在管道截面的突然膨胀或收缩处发生反射,使声波通不过消声器,从而达到消声目的。它可采用外接管双节室、内接管双节室及多节不同长度的膨胀室串联的方法,来提高消声效果。

共振型消声器是由管道壁开孔与外侧密闭空腔相通而构成的,原理与亥姆霍兹共振器相同。它可采用增加共振型消声器的摩擦阻尼或使多节共振器串联的方法来提高消声效果。抗性消声器一般消声频带很窄,适于低频的消声。

(3)阻抗复合式消声器。它是按阻性与抗性两种消声原理通过适当结构复合起来而构成的。由于在工业生产中碰到的噪声多是宽频带的,即高、中、低各频段的噪声都较高,而阻性消声器对高、中频噪声消声效果好,抗性消声器适用于消除低频噪声,所以在实际消声中,为了获得较好的消声效果,常采用阻抗复合式消声器。常用的阻抗复合式消声器有阻性-共振复合式、阻性-扩张复合式、抗性-微穿孔板复合式、喷雾式、引射掺冷式等。

(4)喷注耗散型消声器。排气放空噪声也称为喷注噪声,是工业生产中常遇到的一种噪声源。如火电厂的锅炉排汽,炼铁厂的高炉放风,化工厂的各种工艺气体放空等产生的噪声,都属于流体喷注噪声。大量的高速喷注,产生的噪声是十分强烈的,危害很大。用阻性消声器、抗性消声器以及阻抗复合式消声器就不能满足使用要求,必须采用喷注耗散型消声器。喷注耗散型消声器是从声源上降低噪声的。按消声原理区分,主要有小孔喷注消声器、节流降压消声器、多孔扩散消声器等种类。这里仅介绍一下小孔喷注消声器。小孔喷注消声器是把原来的大排气口变为许多毫米级的小孔来排气,每个小孔的排气噪声的频率都很高,大部分声音能在超声频范围变成人不能听到的声音,这样,人能听到的声音便大大降低了,从而达到减噪效果。

4. 阻尼与隔振

(1)阻尼。若噪声是由于机械振动而引起的,那么降低机械振动就是降低噪声的一种重要手段。阻尼技术是阻尼减振降噪技术的简称,阻尼材料也就是振动衰减材料。通常将材料内部在经受振动变形的过程中把机械振动能量转变为热能、电能、磁能或其他形式能量而消耗掉的能力称为阻尼。一般金属材料,如钢、铜等的固有阻尼都小,所以,常用外加阻尼材料的方法来增大其阻尼。阻尼材料通常都是具有高黏滞性的高分子材料,它具有较高的损耗因子。采用阻尼措施之所以能够降低噪声,主要是由于阻尼能减弱金属板弯曲振动的强度。减噪过程如下:当金属板发生弯曲振动时,其振动能量迅速传给板材上的阻尼材料,由于阻尼材料有很高的损耗因子,在作剪切运动时,内摩擦损耗就大,使一部分振动能量变为热能而消耗掉,从而抑制了板材的振动。因此,各种阻尼技术都是围绕如何把受激振动能转化为其他形式的能(如热能、变形能等)而使系统尽快恢复到受激前的状态。

现代阻尼材料根据材料类型可分为 3 类:黏弹性阻尼材料、高阻尼合金材料和复合阻尼材料。其中黏弹性阻尼材料包括防振橡胶和普通高聚物阻尼,复合阻尼材料包括聚合物基复合材料、金属基复合材料和高阻尼复合结构材料。

阻尼材料的发展必须适应新的需要，从发展角度来看，基于超高速内耗阻尼材料、宽工作温度区间和宽频带范围高阻尼材料及结构功能一体化高阻尼结构将是今后研究和开发的重点。

（2）隔振。

1）隔振原理。隔振就是利用弹性波在物体间的传播规律，在振源和需要防振的设备之间安置隔振装置，使振源产生的大部分振动能量被隔振装置所吸收，减少振源对设备的干扰，从而达到减少振动的目的。

2）隔振材料和元件。隔振的重要措施是在设备下的质量块和基础之间安装隔振器和隔振材料，使设备和基础之间的刚性连接变成弹性支撑。工程中广泛使用的有金属弹簧、橡胶、软木、毛毡、空气弹簧和其他弹性材料。

隔振元件通常分成隔振器和隔振垫两大类。隔振器是经专门设计制造的具有确定形状、稳定性能的弹性元件，使用时可作为机械零件进行装配。最常用的隔振器有金属弹簧隔振器、橡胶隔振器、钢丝绳隔振器、空气弹簧隔振器等。隔振垫是利用弹性材料本身的自然特性，一般没有确定的形状尺寸，可根据实际需要来拼排或裁剪成一定外形尺寸。常见的隔振垫类型包括橡胶、软木、毛毡、玻璃纤维、海绵橡胶、泡沫塑料等。

第三节　石油化工行业的噪声控制

一、石油化工行业的噪声特点

1. 声场的开放性

石化行业产生噪声的设备多数露天布置、低位安装，虽然装置中的建、构筑和其他设备（如塔、罐等）对噪声的传播有一定的阻挡作用，但是声波近似在半自由声场传播。对于高空火炬，高点的蒸汽防空噪声，其声波以自由声场或半自由声场的传播方式向周围空间辐射较远，影响范围较大。

2. 噪声辐射的连续性

在正常情况下，石油化工生产是不分昼夜的、连续的生产过程，设备也是连续运行的。由于生产装置为连续生产过程，因此，其噪声亦呈稳态、连续性，其噪声强度昼夜无明显差别。

3. 声源种类的多样性

石油化工生产装置主要包括采油、炼油化工、化肥、化纤等生产装置。其噪声源是各类风机、管道阀门及各种气体排放等产生的气体动力性噪声；电气设备的电磁噪声；加热炉、火炬等产生的燃烧噪声；纺织、产品定型、包装、物料输送、机械加工及回转设备等产生的机械噪声。噪声源产生的噪声频率范围较宽，既有调节阀、气体放空产生的高频噪声，又有电机、空冷器风机、加热炉、火炬燃烧产生的低频噪声。噪声源的声压级一般在$80\sim95dB$的范围内，但火炬放空燃烧或未加控制的蒸汽放空噪声亦可达到$100\sim115dB$。

4. 噪声强度高

石化行业生产装置多，噪声源多，布置密集，噪声强度高。

二、石油化工行业主要噪声源的治理措施

根据石油化工行业的噪声特点,与生产中实际运用相结合,总结出石油化工行业对噪声的主要处理措施:①选用低噪设备;②对噪声超过标准的设备加装隔声罩或隔声间;③对设备加装减振基座;④对一些管道加装消声器或隔声包扎;⑤对设备进行合理设计和改进以达到降噪的目的。例如:提高机械加工及装配精度,以减少机械振动和摩擦产生的噪声。

复习思考题

1.什么是噪声？城市环境噪声可分为哪几类？

2.环境噪声的主要特征有哪些？

3.简述噪声的危害。

4.噪声控制原理是什么？

5.吸声的定义是什么？按机理不同,它可分为几类？最常用的是哪一种？并简述它吸声的机理。

6.共振吸声结构一般分为哪几种？分别简述它们的吸声机理。

7.举例说出 3 种新型吸声结构,并简述微穿孔板的吸声机理。

8.简述隔声过程及轻质复合结构的机理。

9.消声器的定义是什么？它一般分为哪几类？

10.简述阻性、抗性消声器的机理,为什么工业上常使用阻抗复合式消声器？

11.喷注耗散型消声器用来处理哪类噪声？它有哪几种？简述小孔喷注消声器的机理。

12.简述阻尼减噪过程及隔振原理。

第六章　环境监测与评价

环境监测是环境科学的一个重要分支,是在环境分析的基础上发展起来的一门学科。环境监测是运用各种分析、测试手段对影响环境质量的代表值进行测定,取得反映环境质量或环境污染程度的各种数据的过程。环境监测的目的是运用监测数据表示环境质量受损程度,探讨污染的起因和变化趋势。因此,可以将环境监测比喻为环境保护工作的"耳目"。环境监测在人类防治环境污染,解决现存的或潜在的环境问题,改善生活环境和生态环境,协调人类和环境的关系,最终实现人类的可持续发展的活动中起着举足轻重的作用。

第一节　环境监测的基本方法

环境监测是环保工作中一项十分重要的基本技能,它是研究环境质量变化及其影响和实施环境标准时不可缺少的手段。环境监测是指在调查的基础上,监视、检测代表环境质量的各种数据的全过程。环境监测的目的有以下四方面。

(1)评价环境质量,预测环境质量发展趋势。

(2)为制定环境法规、环境标准、环境规划、环境污染综合防治对策提供科学依据,并全面监视环境管理的效果。

(3)积累环境本底值资料,为确切掌握环境容量提供数据。

(4)揭示可能产生的环境污染问题,确定新的污染物质,探明其污染原因和运动过程等,为环境科学研究提供方向。

由此可见,环境监测对环保工作具有极其重要的意义,其任务是十分繁重的。

一、大气污染监测

大气污染是指在一定范围的大气中,存在一种或数种污染物,其浓度和持续时间足以对人类、动植物以及气候、物品和材料等产生不利的影响或危害。当然,在考虑污染的危害时,应以对人类的影响为主,因其他方面的危害最终都将对人类产生不利的影响。还应注意的是,污染物的浓度即使很低,持续的时间很短,也可能产生急性的危害。

1.污染源监测

大气污染源调查,首先须考虑属于什么工业体系,对不同工业所用的调查方法不完全相同。例如热电厂,废气几乎全部由烟囱排出,可以当作高架源来考虑。石油化工工业,特别是炼油厂,大量废气除由烟囱排出外,生产中原料、半成品、成品几乎全为液体和气体,许多是挥发性物质,依靠各种管道输送。由于管道接头密封不严,漏气严重,可把整个工业区作为一个污染源处理,当作面源来调查。

调查时,要掌握废气的组成,特别要弄清楚对当地大气影响较大、较严重的物质;了解或计算各种污染物的排放量、排放浓度。

对工厂的基本操作流程、原料、燃料和产品情况以及工厂开工状况、烟囱高度、烟囱口直径、排气速度、排气温度和排出污染物的浓度等均应了解。此外,对工厂的位置,城市布局和四周地形地物均应实地调查,收集整理当地及其附近气象台站两年气象资料。

根据这些资料,初步估计废气排入大气中可能发生什么物理和化学变化,引起什么类型污染,污染严重程度如何。再根据一些经验和半经验公式加以计算,确定污染物浓度的分布及其影响范围。在此基础上进行大气布点采样,这样才会做到心中有数。

2.环境污染监测

监测对象不是污染源而是整个大气。目的是了解和拿捏环境污染的情况,进行大气污染质量评价,并提出警戒限度;研究有害物质在大气中的变化规律,二次污染物的形成条件;通过长期监测,为修订或制定国家卫生标准及其他环境保护法规积累资料,为预测预报创造条件。

3.布点与采样

(1)布点。为了正确测出大气污染物的含量、扩散和分布情况,必须重视观测点网布局。

布设采样点的原则和要求:①采样点应设在整个监测区域的高、中、低3种不同污染物浓度的地方。②在污染源比较集中、主导风向比较明显的情况下,应将污染源的下风向作为主要监测范围,布设较多的采样点,上风向布设少量点作为对照。③工业较密集的城区和工矿区,人口密度及污染物超标地区,要适当增设采样点,城市郊区和农村,人口密度小及污染物浓度低的地区,可酌情少设采样点。④采样点的周围应开阔,采样口水平线与周围建筑物高度的夹角应不大于30°。监测点周围无局部污染源,并应避开树木及吸附能力较强的建筑物。交通密集区的采样点应设在距人行道边缘至少1.5m远处。⑤各采样点的设置条件要尽可能一致或标准化,使获得的监测数据具有可比性。⑥采样高度根据监测目的而定,研究大气污染对人体的危害,应将采样器或测定仪器设置于常人呼吸带高度,即采样口应在离地面1.5～2m处;研究大气污染对植物或器物的影响,采样口高度应与植物或器物高度相近。连续采样例行监测采样口高度应距地面3～15m;若置于屋顶采样,采样口应与基础面有1.5m以上的相对高度,以减小扬尘的影响。特殊地形地区可视实际情况选择采样高度。

观测点网布局通常采用网格布点法、同心圆布点法、扇形布点法和功能分区布点法等4种方法。

1)网格布点法。采用方格坐标平均布设采样点(见图6-1),各点之间的距离根据评价范围大小而定。

一般可采用500m×500m或1 000m×1 000m,在其节点布置观测点。观测点均匀分布能全面掌握大气污染物运行情况。此方法适用于污染源分散的区域,即监测面源。如在多个污染源的城市或工厂进行大气调查,常采用网格法。

2)同心圆布点法。又称放射式布点法,以污染源为中心,沿放射线方向向外扩散,采样点布在同心圆上,见图6-2。这种布点方法一定要注意采样的主导风向,采样点布在下风向主轴与主导风向一致,射线的夹角不要太大,可更小一些,为防止主导风向的波动,射线要多些,至少要5条。最近点和最远点的距离要根据排放源高度来确定。

一般来说,相当于排放源高度的10～20倍距离的地点为宜。在上风向可布一个背景采样点,此方法适用于多个固定源集中地区的大气污染监测,即监测点源。如在较单一污染源的城市或工厂,可以最主要污染源为中心进行同心圆布点,圆周间距视具体情况而定。

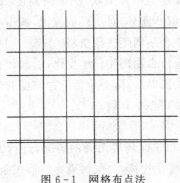

图 6-1　网格布点法

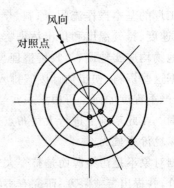

图 6-2　同心圆布点法

3)扇形布点法。在有风时以源为中心,主导风向下风向,按扇形布置多条采样线(可参考图 6-2),其主线应与浓度轴线(即平均风向)相一致。一般扇形布点张角取 45°,60°和 90°为宜。各条采样线间的角度一般为 10°～20°,每条线上至少有 3 个采样点,在上风向设置一些对照点。此法适用于孤立点源的大气污染监测。

4)功能分区布点法。此法适用于了解污染源排放物对不同功能区的影响,常与上述方法因地制宜结合采用。大气环境影响评价中本底监测点的布置可参考以下几方面的功能和需要。

(a)新建企业的生产区和生活区是监测的重点。

(b)拟建厂区周围非本厂所属的较稠密的居民区或村庄,以及主要农作物生长区或经济作物区设置的监测点,其监测结果可作为将来解决可能发生的环境纠纷的依据。

(c)不受附近大气污染源影响的盛行风上风方向设置的监测点可作为将来的"清洁"对照点,其结果可作为背景值和对照值。

(d)其他因特殊需要而设置的监测点。如评价区及其邻近地区有可能被影响到的名胜古迹、国家重点保护文物或风景游览区、疗养地等。

在选用布点方法时,还要考虑人力、物力和监测条件,在能满足基本要求的情况下,确定适当数量的采样点。一般在源密集地区及下风侧,可适当多设监测点,在源少地区或评价区边缘可少设监测点。

(2)采样。大气中气态污染物的采样方法有直接采样和浓缩采样两种。

1)直接采样法。当大气中污染物浓度较高,或测定方法的灵敏度较好时,可直接取少量空气样品以供分析。例如,用具有氢火焰离子化鉴定器的色谱仪测定大气中的一氧化碳时,将直接采得的气样数毫升注入仪器,即可测出大气中 0.5ppm 的一氧化碳。直接采样的容器可以用塑料袋、注射器、采气管和真空瓶。这些采样器在使用前均要进行检漏试验。当气量很小时,注射器是最方便的采样器,其容量有 10mL,50mL,100mL 等,可根据需要进行选择。采样后将进气口用橡皮帽封闭,以免气体流出或进入,影响被测物的浓度。

采气管可用玻璃或惰性金属制成,一般容量为 100～1 000mL,是一种使用置换法采样的容器。

利用真空泵采样时,先用真空泵将采样瓶内抽成"真空"。在抽真空的同时,要用压力计测量出瓶内的压力,使瓶中绝对压力保持在 666.61～1 333.22Pa,关闭活塞,带到采样点后打开瓶口上的活塞,借瓶内的负压,使气进入瓶内,然后关闭活塞,带回实验室分析。

以塑料袋、球胆作为采样器时,应选择不与被测组分发生化学作用和没有渗透性的塑料制品,例如厚膜聚四氟乙烯或聚乙烯等。

2)浓缩采样法。如果污染物在大气中的浓度较低($10^{-6} \sim 10^{-9}$ 数量级)和毒性较大,而目前又无足够灵敏的测定方法,则需采用浓缩取样法,将大量空气中的污染物加以浓集。浓缩采样的方法有溶液吸收法、固体阻留法和低温浓缩法等。

(a)溶液吸收法:用吸收液吸收气态和蒸气态物质,当空气样品呈气泡状通过吸收液时,气泡与吸收液界面上的被测物质分子由于溶解作用或化学反应,很快进入吸收液中;同时气泡中间的有害物质分子因本身运动速度极大而扩散到界面上,故能迅速被液体吸收。采样结束后,取出吸收液,分析吸收液中校测组分含量。根据采样体积和测定结果计算大气污染物质的浓度。常用的吸收液有水、水溶液、有机溶剂等。

(b)填充柱阻留法:此法主要是通过固体吸收剂的吸附作用或阻留作用,以达到浓缩有害物质的目的。采样时,让气样以一定流速通过填充柱,欲测组分因吸附、溶解或化学反应等作用被阻留在填充剂上,从而达到浓缩采样的目的。采样后,通过解吸或溶剂洗脱,使被测组分从填充剂上释放出来进行测定。根据填充剂阻留作用原理,填充柱可分为吸附型、分配型和反应型三种类型。

(c)低温浓缩法:低沸点的气态物质,常温下用固体吸附剂采样效率不高。将采样管内装入吸附剂,放在致冷剂中将其冷凝、浓缩则效果较好。

浓缩采样使用的主要仪器为吸收管和采样夹(适于采集粉尘、烟等)。

常用的吸收管有大型气泡吸收管、小型气泡吸收管、多孔玻板吸收管和冲击式吸收管。

(d)自然积集法:这种方法是利用物质的自然重力、空气动力和浓差扩散作用采集大气中的被测物质,如自然降尘量、硫酸盐化速率、氟化物等大气样品的采集。这种方法不需要动力设备,简单易行,且采样时间长,测定结果能较好地反映大气污染情况。

4. 大气污染物检测

(1)二氧化硫的测定。二氧化硫为无色、有很强刺激性的气体。它是一种还原剂,能被氧化生成三氧化硫或硫酸。二氧化硫的主要来源是煤和石油的燃烧,其次是生产硫酸和金属冶炼时的黄铁矿的燃烧、硫酸盐和亚硫酸盐的制造、橡胶硫化、冷冻、漂白纸浆和羊毛、丝等,熏蒸杀虫、消毒等过程的排放。二氧化硫是目前最主要的大气污染物。在大气中二氧化硫可与水分和尘粒结合形成气溶胶,并逐渐氧化成硫酸或硫酸盐。二氧化硫是构成酸雨的主要成分。二氧化硫是对植物危害最大的有毒气体之一,主要通过气孔进入植物体内阻碍植物的正常生长。二氧化硫通过呼吸进入气管,刺激呼吸道,诱发支气管炎大量吸入可引起肺水肿、喉水肿、声带痉挛乃至窒息。

二氧化硫的分析方法有分光光度法、紫外荧光法、电导法、恒电流库仑滴定法、火焰光度法等。现颁布的大气质量分析方法标准,共规定了两个大气中二氧化硫含量的测定方法,四氯汞盐-盐酸副玫瑰苯胺比色法(GB/T8970—1988)和甲醛吸收-副玫瑰苯胺比色法(GB/T15262—1994)。

(2)氮氧化物的检测。氮的氧化物种类很多,但在大气中有害的只有一氧化氮和二氧化氮,以 NO_x 代表大气中这两种成分,称为总氮氧化合物。

空气中的氧和氮只有在 1 200℃时才能结合生成一氧化氮,温度越高生成得越多,因此,凡属高温燃烧场所均为一氧化氮的发生源。另外,氨氧化法制硝酸、炸药及其他硝化工业,汽车尾气中都含有氮的氧化物。

我国卫生标准规定居民区大气中 NO_x（以 NO_2 计）一次最大浓度不得超过 0.075ppm。大气中氮氧化物和二氧化氮的检测方法有分光光度法、化学发光法及恒电流库仑滴定法。环境空气质量标准(GB3095—1996)指定环境空气中二氧化氮和氮氧化物检测的方法标准为二氧化氮的测定 Saltzman 法(GB/T15435)和氮氧化物的测定 Saltzman 法(GB/T15436)。二者均为分光光度法。

二、水体污染监测

水体的污染,主要是由工业排出的废物引起的,尤其是人口密集的工业城镇,水体污染特别严重。

1. 水体污染物调查

调查一个工厂或一个工业区排出的废水,首先要了解工业生产流程,废水从哪些车间排出? 排出量是多少? 主要组成物质是些什么? 掌握了这些基本情况以后,然后布点、采样、检测。各车间排污口、废水、汇流处和总排污口均需布点、采样。

(1)测定项目。废水测定项目很多,有的多达 400 种,可大致列为四类。

1)污染指标项目。色度、混浊度、pH 值、氧化还原电位、导电率、溶解氧、化学需氧量、生化需氧量、有机碳总量、急需氧量、悬浮物质总量等。

2)有害有机物质。油、酚、稠环芳香烃、甲醛、硝基苯、苯胺、丙烯腈、甲基汞、农药等。

3)有害金属。汞、镉、铅、锌、铁、锰、锡、镍、硒、砷、六价铬、总铬等。

4)其他。氮化物、氯化物、氟化物、硫化氢、硫酸盐等。

重点测定哪些项目,视不同工业而异。

(2)测定废水流量。为了掌握废水的污染物质负荷,即废水中含有各种污染物的数量,必须知道废水在单位时间内排出的流量,有

$$负荷(g/s)=浓度(g/m^3)\times流量(m^3/s)$$

测流量有以下两种方法。

1) 容器法。在水流出口处或水流有适当落差的地方,用容器测流量 $Q(m^3/s)$,有

$$Q=V/T$$

式中　V—— 容器的容量,m^3;

　　　T—— 时间,s。

2)流速计法。用流速计测流量是比较好的方法。选用适当流速计,可测到最低水深 5cm,最低流速 0.05m/s。

如果水面太宽,在水横断面分成若干小区间。求出每小区间流速和流量,然后加起来即为流水总流量。

2. 布点与采样

(1)布点。进行水域调查,首先遇到的一个问题是布点问题。不同水域布点方法不一样,同一水域,布点也不完全相同,必须因地制宜。以河流为例,布点要注意到不同的地点、深度和断面,分别选定基本点、污染点和净化点。基本点设在河流入口或大城市、工业区的下游河段;污染点一般设在特定的河段,以控制某几个城市的污染;对照点是用来与污染点相对比,故应设在河流的发源地或城市与工厂的上游;净化点是设在污染点的下游,以检验河水的自净情

况。此外,还要考虑河面的宽窄和河水的深浅、河流表层和底层的水质,以及底泥的污染程度等。具体的布设方法有以下 3 种,即双点、三点和三断面布设法。

1)双点布设法。此种方法适用于较窄小的、流量不大和河床无沙滩的河流。在工业城市偏上游和偏下游处的河中心取样。

2)三点布设法。当下游河面有河心滩时,应在河心滩上游及左、右两侧处布点取样。

3)三断面布设法。用于较大的河流。此时,应在河的左、右岸和河心各取等量水样,加以混合。

在工业城市或工业区上游、中游和下游分设三个断面,作为对照、检测和结果等断面,以表明排入的污染物在河流中由于稀释和净化而迁移变化的情况。如在近处有高流汇入时,在高流入口处,还应设检测断面。

上述的布点方法,在实际应用中要全面考虑各种复杂情况,灵活掌握,使水样能够具有代表性。

(2)采样。

1)采集方法。在一个采样断面上,水面上和垂直方向上采多少个样,视具体条件和分析能力而定。一般水深不到 3m,不取垂直样,大于 3m 需取垂直样。水面宽未达 30m,可分左、中、右三点分别采样,合并为 1 个代表样。水宽大于 30m,在左、中、右分别各采 3 个样共 9 个样,分别合并成 3 个代表样。

分析用水样的体积,取决于分析项目及要求的精密度。大多数供物理化学检验的水样为 2L 左右,某些特殊测定用的水样可以多取一些。盛水样的容器应使用无色硬质玻璃瓶或聚乙烯塑料瓶。玻璃瓶可用洗液浸泡,再用自来水和蒸馏水洗净。也可用碱性高锰酸钾溶液洗,再用草酸水溶液洗。聚乙烯容器可用 10% 盐酸或硝酸浸泡,再用自来水洗去酸。所用容器最后都用蒸馏水冲洗干净。

要想取得具有代表性的水样,就必须有合理的采集和保存方法。采取自来水或有抽水机设备的水样时,应先放水数分钟,把积留在水管中的杂质及陈旧水冲洗掉,然后再取。

采取井水、河、湖、水库等水样时,可用专用采样瓶。也可用一根绳子系着一个取样瓶,下系重物(金属块或砖石),另用一根绳子系住瓶塞,将取样瓶降落到预定深度后,拉绳子打开瓶塞,水即入瓶。

工业废水应在工厂或车间排污口取样。为了取得一个生产周期为 24h 的混合水样,要注意取样的时间间隔,有时需 5min 或 10min 采样一次,最长的可以是 1h 到数小时。水样可用大玻璃瓶或塑料桶(视分析对象而定)盛装。

采取水样前先用水样洗瓶及塞二、三次。某些项目的分析水样要注意其特殊的取样要求,如溶解氧水样要杜绝气泡,测油水样不能注满取样瓶等。

采样和分析的时间间隔越短,分析结果越可靠。某些分析项目,特别是水质物理常数的测定,要在现场即刻进行,以免在样品运送过程中发生变化。

不可能统一规定从取样到分析的时间间隔到底为多少,未经过任何处理的做物理化学检验用的水样,最大存放时间可大致定为:

清洁的水　　　　72h

轻度污染的水　　48h

严重污染的水　　12h

2)保存方法。水样保存的目的是尽量减少存放期间因水样变化而造成的损失。实际上，至今还没有任何一个保存方法能够完全制止水样物理化学性质的变化。

水样保存方法有下述几种。

(a)冷藏法：水样应在 4℃ 左右保存，最好放在暗处或冰箱中。这样可以抑制生物活动，减缓物理作用和化学作用的速率。这种保存方法对以后的分析项目没有影响。但样品从采样点到实验室的运输过程中，由于条件所限，难于将样品低温保存。

(b)化学试剂加入法：根据待测水样的测定项目，向水样中加入某种试剂以避免待测组分在运输和贮放过程中发生变化。这种试剂也称固定剂。由所加化学试剂的作用机理，可分为以下 3 种保存方法。

(c)细菌抑制剂法：向水样中加入某一试剂，以阻止细菌的生长或杀死细菌，减缓生物作用。常用的试剂有 $HgCl_2$，H_2SO_4 等。

(d)酸化法：为了防止金属元素沉淀或被容器壁吸附，可加酸至 pH<2，使水样中的金属元素呈溶解状态。一般工业废水可保存数天。

(e)加碱法：对在酸性条件下容易生成挥发性物质的待测项目（如氰化物等），可加入 NaOH 将水样的 pH 值调节到 12 以上，使其生成稳定的盐类。

3.污染物检测

(1)化学耗氧量的测定。化学耗氧量简称 COD，为水中有机物和无机还原性物质在一定条件下，被强化学氧化剂氧化时所消耗氧化剂的量。以氧的 mg 表示。它可以条件性地说明水体被污染的程度。

测定化学耗氧量常用的方法有重铬酸钾法和高锰酸钾法。高锰酸钾法比较简便、快速，一般适用于较清洁水中的化学耗氧量的测定。重铬酸钾法测定的化学耗氧量，是控制工业排水水质的主要指标之一。重铬酸钾可将大部分有机物氧化，但对直链烃、芳烃及一些杂环化合物则不能氧化。加入硫酸银作为催化剂，直链化合物可有 85%～95% 被氧化，但对芳烃及一些杂环化合物效果并不大，因此，测定的不是全部有机物。

(2)挥发酚的测定。苯酚(或甲酚、二甲酚)能随水蒸气一起挥发而和其他酚类分离，分出的低级单元酚类，称为挥发酚。它是目前水体受到污染的主要有害物质之一。煤气站、焦化厂、化工厂等工厂排出的废水中都含有大量的酚类化合物。

测定挥发酚的方法有溴量法、气相色谱法和光度法。最常用的被列为标准分析法的是 4-氨基安替比林-氯仿萃取比色法，该法具有灵敏、选择性高和结果稳定等优点。

(3)总铬测定。电镀厂、皮革厂、化工厂等排出的废水中都含有铬化合物。铬在废水中的存在形式有三价和六价两种。两种存在形式的铬具有不同程度的毒性，但六价铬的毒性更强(约为三价铬的 100 倍)。六价铬对人体组织有腐蚀性，为此六价铬可以说是污染调查中的必测项目。

根据我国"三废"排放标准，工业废水中六价铬最高容许排放浓度不得超过 0.5mg/L，生活饮用水中六价铬含量不得超过 0.05mg/L。

废水中铬含量测定方法有硫酸亚铁铵滴定法、原子吸收法和比色法。目前我国许多水质监测部门多采用二苯碳酰二肼比色法测定铬含量，此法具有设备简单、操作方便、测定灵敏度高、重现性好等优点。

三、土壤污染监测

土壤是一个复杂的物质体系,含有无生命的无机矿物和有生命的有机体,而且包括气、固、液三相。人类活动产生的污染物进入土壤后,积累到一定程度,就造成土壤污染。

1. 土壤污染调查

土壤中的污染物质与大气和水体中的污染物质很多是相同的,其污染物主要种类有:①有机物质,其中数量较大而又比较重要的是化学农药。化学农药的种类繁多,主要分为有机氯和有机磷两大类。②氮素和磷素化学肥料。②重金属,如砷、镉、汞、铬、铜、锌、铅等。④有害微生物类。此外,土壤中有机物分解产生 CO_2,CH_4,H_2S,H_2,NH_3 和 N_2 等气体(其中 CO_2 和 CH_4 是主要的),在某些条件下,这些气态物质也可能成为土壤的污染物。

由于土壤是一个极复杂的综合体,对其中污染物含量的测定又是属于微量或超微量的分析,因此测定时应特别注意结果数据的准确度和代表性。与大气和水体相比,污染物进入土壤后的混合分布,不如在大气和水体中那样易于均匀,因此,监测点的布设和采样不易做到准确性和有代表性,分析结果数值相差 $10\% \sim 20\%$。

2. 布点

土壤布点取样是土壤调查的首要工作,它关系到分析结果和由此得出的结论是否正确。采样地点的选择应具有代表性。因为土壤本身在空间分布上具有一定的不均匀性,故应多点采样、均匀混合,以使所采样品具有代表性。采样地如果面积不大,在 2～3 亩以内,可在不同方位选择 5～10 个有代表性的采样点。如果面积较大,采样点可酌情增加。采样点的布设应尽量照顾土壤的全面情况,不可太集中。现在介绍几种常用采样布点方法(见图 6-3,图中记号"×"表示采样点)。

(1)对角线布点法:如图 6-3(a)所示,该法适用于面积小、地势平坦的受污水灌溉的田块。布点方法是由田块进水口向对角线引一斜线,将此对角线三等分,每等分中央点作为采样点。但由于地形等其他情况,也可适当增加采样点。

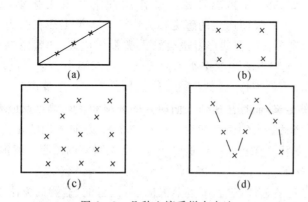

图 6-3　几种土壤采样布点法

(a)对角线布点法;　(b)梅花形布点法;　(c)棋盘式布点法;　(d)蛇形布点法

(2)梅花形布点法:如图 6-3(b)所示,该法适用于面积较小、地势平坦、土壤较均匀的田块,中心点设在两对角线相交处,一般设 5—10 个采样点。

(3)棋盘式布点法:如图 6-3(c)所示,该法适宜于中等面积、地势平坦、地形开阔但土壤较不均匀的田块,一般设 10 个以上采样点。此法也适用于受固体废物污染的土壤,因为固体废物分布不均匀,应设 20 个以上采样点。

(4)蛇形布点法:如图 6-3(d)所示,这种布点方法适用于面积较大、地势不很平坦、土壤不够均匀的田块,布设采样点数目较多。

3.采样

土壤样品采集地点、层次、方法、数目、时间等,是由分析目的决定的。

(1)采样深度。如果只是一般了解土壤污染情况,采样深度只需取 20cm 的耕层土壤和耕层以下的土层(20～40cm)土样。如果了解土壤污染深度,则应按土壤剖面层次分层取样。采样时应由下层向上层逐层采集。首先挖一个 1m×1.5m 左右的长方形土坑,深度达潜水区(2m 左右)或视情况而定。然后根据土壤剖面的颜色、结构、质地等情况划分土层。在各层内分别用小铲切取一片土壤,根据监测目的,可取分层试样或混合体。用于重金属项目分析的样品,需将接触金属采样器的土壤弃去。

(2)采样时间。采样时间随测定项目而定。如果只了解土壤污染情况,随时采集土壤测定。有时需要了解土壤上生长的植物受污染的情况,则可依季节变化或作物收获期采集土壤和植物样品。一年中在同一地点采集两次进行对照。

(3)采样量。具体需要多少土壤数量视分析测定项目而定,一般只要 1～2kg 即可。对多点均量混合的样品可反复按四分法弃取,最后留下所需的土量,装入塑料袋或布袋中。

(4)采样注意事项。

1)采样点不能设在田边、沟边、路边或肥堆边。

2)将现场采样点的具体情况,如土壤剖面形态特征等做详细记录。

土壤中污染物的分析,最常用的方法有重量分析法、滴定分析法、光学分析法、电化学分析法和气相色谱法等。

四、噪声污染监测

声音是充满自然界的一种物理现象。受作用的空气发生振动,当振动频率在 20～2 000Hz 时,作用于人的耳鼓膜而产生的感觉称为声音。人类生活在一个声音的环境中,通过声音交流感情、传递信息等。但有些声音也会给人类带来危害,如紧急制动的刹车声、震耳欲聋的机器声等。这些为人们生活和工作所不需要的声音叫噪声。它不仅包括杂乱无章不协调的声音,而且也包括影响人们工作、休息、睡眠、谈话和思考的音乐等声音。因此,对噪声判断不仅仅是根据物理学上的定义,而且往往与人们所处的环境和主观感觉反应有关。噪声污染是物理性污染,其影响可以渗透到人们生产和生活的每一个领域,对人们的正常生活造成严重干扰。因此,消除和控制噪声是环境保护的一项重要任务。各类噪声的监测一般包括下述几个步骤。

1.正确选择监测仪器

进行噪声监测,先正确选择仪器,了解监测的项目、目的、监测的方法以及噪声的评价量。

在现场进行监测时,应选用便于携带的仪器——声级计或频谱分析仪。对稳态环境噪声常用普通声级计,对非稳态环境噪声常用积分式声级计或数字式声级计。

2.正确选择监测点

城市交通噪声监测,在每两个交通路口之间的交通线上选择一个测点。测点在马路边人行道上离马路 20cm,这样的点可代表两个路口之间的该段道路的交通噪声。

测量时每隔 5s 记一个瞬时 A 声级（慢响应），连续记录 200 个数据。测量的同时记录交通流量。将 200 个数据从小到大排列，第 20 个数为 L_{90}，第 100 个数为 L_{50}，第 180 个数为 L_{10}。因为交通噪声基本符合正态分布，故可用下式计算声级 L_{eq}：

$$L_{eq} \approx L_{50} + \frac{d^2}{60}, \quad d = L_{10} - L_{90}$$

根据全市测量结果可得出全市交通干线 L_{10}，L_{50}，L_{eq} 的平均值 L 和最大值标准偏差，以便于城市间进行比较。

$$L = \frac{1}{l} \sum_{k=1}^{n} L_k l_k$$

式中　　l——全市干线总长度，km；

　　　　L_k——所测第 k 段干线的声级 L_{eq} 或 L_{10}；

　　　　l_k——所测第 k 段干线的长度，km。

以 L_{eq} 或 L_{10} 作为评价量，将每个测点按 5dB 一挡分级（如 $56 \sim 60$，$61 \sim 65$，…），以不同颜色或不同阴影线画出每段马路的噪声值，即可得到城市交通噪声污染分布图。

工业企业噪声监测，测点选择的原则是：各车间内各处 A 声级波动小于 3dB，则只需在车间内选择 $1 \sim 3$ 个测点；若车间内各处声级波动大于 3dB，则应按声级大小，将车间分成若干区域，任意两区域的声级应大于或等于 3dB，而每个区域内的声级波动必须小于 3dB，每个区域取 $1 \sim 3$ 个测点。这些区域必须包括所有工人为观察或管理生产过程而经常工作、活动的地点和范围。如为稳态噪声则测量 A 声级，记为 dB；如为不稳态噪声，则测量等效连续 A 声级。测量时使用慢挡，取平均读数。测量时要注意减少环境因素如气流、电磁场、温度和湿度等因素对测量结果的影响。

第二节　环境质量评价

环境质量是指环境素质优劣的定量描述。这种优劣的程度是以人类健康地生存和美好地生活为基准而提出来的。环境质量评价就是从人类生活、生存和发展出发，对人类活动产生的环境影响进行定量的判定、解释和预测。

一、环境质量评价的目的

环境质量评价是环境规划、环境管理工作的重要手段之一，可为环境规划与管理工作提供依据。通过质量评价，弄清环境质量变化的规律，进而制定区域环境综合治理方案。在环境质量评价的基础上，搞好环境区域规划工作，如工农业的合理布局，污染源的控制，保持生态平衡的措施等。

二、环境质量评价的类型

环境质量评价按时间因素可分成回顾评价、现状评价和影响评价 3 种类型。

1. 环境质量回顾评价

它是指根据以往积累的环境资料，对某区域过去一定历史时期的环境质量进行评价。通过回顾评价可以揭示该区域环境质量的变化过程，总结出经验教训。

2．环境质量现状评价

环境质量现状评价是我国目前正在开展的评价形式,它一般是根据近两三年的环境监测资料进行的。通过这种形式的评价,可以阐明环境污染的现状,可为进行区域环境污染综合防治,提供科学依据。此类评价需大量的现场监测数据,要花一定的人力和物力。

3．环境质量影响评价

环境质量影响评价(又称预断评价或环境预先评价),是指对区域的开发活动,由于土地利用方式的改变,将会使某一区域环境质量发生变化。因此,在此项开发活动进行之前,必须提出对环境影响评价的报告。

三、环境质量现状评价

1．环境质量现状评价程序

在环境质量现状评价中,环境污染的调查与评价是较关键的部分,按以下基本程序进行。

(1)确定污染参数:包括确定调查项目、采样点的布局、采样频率、分析测量方法、数据处理等。

(2)确定评价标准:这是评价的依据,要根据国家的有关规定和地方政府的要求而定。

(3)确定评价模式:就是选择适当的计算模式。通过模式计算要得到两个结果:一是算出有关的污染参数值;二是估计出由于模式的近似性所造成的计算值的离散程度。

(4)污染评价:根据得到的数据进行综合分析评价,得出明确而全面的结论。

2．环境质量现状评价的内容和方法

环境质量现状评价包括单个环境要素质量的评价和整体环境质量的综合评价。

(1)大气质量评价。大气质量评价,一般用"大气质量指数"来表示大气污染的程度。所谓大气质量指数即表达多种大气污染物的综合污染状况的计算数值。在进行计算时,先要选定对评价地区大气质量发生变化具有主要影响的污染物作为评价参数,即那些浓度高、毒性强、环境自净能力差、易进入或作用于人体的污染物。常选定的有二氧化硫、氮氧化物、一氧化碳、飘尘或总悬浮物微粒等。

大气质量指数计算有多种指数模型(如叠加型、算术均值型、加权均值型等),叠加型综合指数模型是一种常用的计算式:

$$E_{气} = \sum_{i}^{n} (C_i / C_{is})$$

式中　$E_{气}$——大气质量指数;

C_i——第i种污染物实测浓度;

C_{is}——第i种污染物的评价标准(允许浓度);

n——污染物种类数。

评价标准C_{is}可根据大气质量的评价目的而定。一般选用国家卫生标准。

按照算得的综合指数($E_{气}$)值的大小,可将大气质量分为若干级别以示其优劣程度。由于选择的指数模型不同,分级对应的数值标准也不一样。如我国某地区的大气质量评价,选择大气的主要污染物二氧化硫和飘尘为计算参数,以叠加型计算质量指数,将大气质量分为6级,见表6—1。

表 6－1 某地区大气质量分级

$E_{气}$	$0\sim0.01$	$0.01\sim0.1$	$0.1\sim1.0$	$1.0\sim4.5$	$4.5\sim10$	>10
级别	清洁	微污染	轻污染	中度污染	较重污染	严重污染

注：计算时标准值：$C_{飘尘s}=0.15\text{mg/m}^3$；$C_{so_2s}=0.15\text{mg/m}^3$。

（2）水质量评价。对水质量指数值，仍用大气质量评价公式进行计算。

现以我国某城郊地下水质量评价为例，选用酚、氰、砷、汞、铬 5 种毒物为计算参数。根据地下水各部位算得的水质量指数（$E_{水}$）值的大小，将水质量分为 5 级，见表 6－2。

表 6－2 某城郊地下水质量分级

$E_{水}$	0	$0\sim0.5$	$0.5\sim1.0$	$1.0\sim5.0$	$5.0\sim10.0$
级别	清洁	微污染	轻污染	中度污染	较重污染

注：计算中采用的饮水卫生标准：$C_{酚s}=0.002\text{mg/L}$，$C_{氰s}=0.01\text{mg/L}$，$C_{砷s}=0.05\text{mg/L}$，$C_{汞s}=0.005\text{mg/L}$，$C_{铬s}=0.05\text{mg/L}$。

四、环境影响评价

环境影响评价是指某项目建设之前的环境影响评价。要对拟建工程的自然环境和社会环境作详尽的调查和预测，进行各种模拟试验和模式计算。分析建设计划完成后，可能对该地区的自然景观、自然环境、社会环境和经济发展带来的影响。根据影响的范围和程度，确定保护、协调和改善环境质量的措施。最后以环境影响报告书的形式论证该地区能否建厂、行业种类、工厂性质和规模、最佳工业区和厂区的布局等。由环保部门和有关单位审批后生效。

环境影响评价是谋取全面地防止环境污染于未然的积极预防措施。在已往的经济建设中，由于环境问题认识不足，致使环境遭到污染，导致自然资源和生态平衡的破坏，既影响了人民生活和健康，又妨碍了经济建设。这个教训必须牢牢记住。

一般环境影响评价可分为以下 3 个阶段。

1. 现象分析阶段

了解评价对象计划的生产规模、工艺流程、排放污染物的种类和数量、将采取的环保对策等。

2. 评价分析阶段

进行环境预测，评价环境污染的未来趋势及其影响。

3. 政策分析阶段

根据所测环境质量指数或环境影响程度，参照有关规定或标准，提出环境质量影响的评价意见。

我国环境影响评价的内容一般包括以下几方面。

（1）建设项目的工程分析。工程分析的目的是在全面分析建设项目的基础上，找出影响来源和污染来源，并进一步确定主要影响来源、影响途径和主要污染来源、主要污染物、主要污染途径等。建设项目一般包括：建设项目名称、性质、地点、规模、产品方案及工艺方法；主要原料、燃料、水的用量和来源、三废、粉尘及放射性废物的种类、排放量和排放方式；职工人数及生活区布置、占地面积和土地利用情况、发展规划等。

（2）建设项目周围地区的环境现状。环境现状调查资料，是评价建设项目环境影响的基础,首先要收集分析已有的资料。环境现状包括:建设项目的地理位置、周围地区地貌、地质、水文、气象等情况;周围地区矿产、森林、草原、水质和野生动物、植物及自然资源情况;周围的文化古迹、风景、游览区情况;周围现有工矿企业的分布情况;生活居住分布、人口密度、地方病情况及周围大气、水的环境质量等。

(3)建设项目环境影响的预测。环境影响预测是评价工作的核心,预测方法一般有数学模式法、物理模型法、类比调查法和专业判断法等。预测的内容有:周围的地质、水文、气象可能产生的影响,防范措施及最终不可避免的影响;对周围自然资源的影响、对周围自然保护区的影响;主要污染物、最终排放量对周围大气、水、土壤的环境质量的影响;噪声、振动对周围生活区的影响;绿化措施、专项环境保护措施的估算。

(4)建设项目环境影响的评价。评价可分为单个项目的评价和对全部项目的综合评价两种。对全部项目的综合评价在建设项目的方案已决定时,由评价单位通过综合分析和专业判断得出。如建设项目需在评价工作中进行多方案比较时,则应采用综合评价方法。

环境影响评价的方法较多,如重叠法、网状法和矩阵法等。可根据实际情况选用某种方法。

1)图形叠置法:把一套表示环境特征(物理、化学、生态、美学)的地图叠置起来,做出一个复合图以表示地区的特征;用以在开发行为影响所涉及的范围内指明被影响的环境特性及影响程度。

2)矩阵法:矩阵法就是把开发行为和受影响的环境特性组成一个矩阵,在开发行为和环境影响之间建立起因果关系,以说明哪些行为影响到环境特性,并指出环境影响程度。

复习思考题

1.环境监测的目的是什么? 监测内容包括哪些?

2.大气观测网点的布局有哪些方法? 各用于何种场合?

3.气样采集有哪两种方法? 为什么采用浓缩采样法? 其具体方法有哪些?

4.哪些大气污染物需要检测? 为什么?

5.进行水体污染物监测时,如何布点和采样?

6.水样保存的目的是什么? 保存方法有哪几种?

7.水体污染物主要检测哪些项目? 为什么?

8.土壤污染物主要有哪些种类?

9.怎样选择噪声监测区?

10.环境质量评价的目的是什么? 其类型有哪几种?

11.说明环境质量现状评价的基本程序。

12.怎样进行对大气质量评价和水质量评价?

第七章 环境管理

环境管理是运用经济、法律、技术、行政、教育等手段,限制人类损害环境质量的行为,通过全面规划使经济发展和环境相协调,达到既要发展经济满足人类的基本需求,又不超出环境的允许极限。环境管理既是环境科学的一个重要内容,也是环保工作的重要组成部分。环境法规和环境标准是环境管理的基础和依据。正确认识环境与经济的关系,了解环境保护经济效益的特点和估算方法,才能在市场经济的支配下,建立正确的环保观念。

第一节 环境保护法

一、概述

(一)环境保护法的产生与发展

同其他法律部门一样,环境保护法也有其产生和发展的过程。环境保护法的产生和发展与环境问题的产生和发展密切相关。这里所说的环境问题是指由于人类活动不当而引起环境污染和破坏的问题。环境问题不是人类的新课题,而是古老的问题。只是在不同的社会历史时期,环境问题有着不同的性质和特点,因而决定了人们在不同社会历史时期对环境问题的不同认识,这种认识反映到法律形式上,形成了不同时期、不同形式和性质的环境保护法律。随着人们对环境问题认识的不断深化,环境保护法律得到不断的发展和完善。总结人类对环境问题的认识过程,环境保护法的发展大体可分为以下 3 个阶段。

1. 第一阶段——古典环境法阶段

在人类发展历史的初期,"人类差不多完全受着陌生的、对立的、不可理解的外部大自然的支配",人类对环境基本上是无能为力的。但随着生产力的不断发展,人类对自然的改造和支配能力不断增强。由于当时生产力水平较低,这时人类对环境的影响程度较低。这种影响主要表现在利用某些自然资源和改变某些对人们有显著影响的环境方面。反映在法律上,表现为制定了一些零散的、个别的保护环境的法律条文。例如《韩非子·内储说上》记载:"殷之法,弃灰于公道者断其手。"这是所见到人类最早的不准往大道上抛弃垃圾的法令。其后秦朝沿用了这项规定,并对保护森林、水道、动植物等做了明确的规定。在《唐律》《明律》和《清律》中也有许多保护环境的规定。这些都是古代中国关于保护自然环境的法律规定。

在国外,古巴比伦王国于公元前 18 世纪制定的汉谟拉比法典中,规定了对牧场、林木的保护。中古时期英国的伦敦,曾把有恶臭的集市贸易驱逐到城镇外面。公元 1306 年英国国会发布文告,禁止伦敦工匠和制造商在国会开会期间用煤。

以上这些古代的具有保护环境作用的法律条文,一般都夹杂在其他法律里,并没有形成独立的环境保护法律。而且这些具有保护环境作用的条文,仅仅包含着保护局部环境的意思,远没有现代的环境保护概念及环境科学的理论,这是环境保护法发展的第一阶段。

2.第二阶段——近代环境法阶段

工业革命以后,随着资本主义大工业的出现,科学技术不断发展,生产力水平不断提高,人口数量不断快速增长,人类的活动对环境的影响也就越来越大。这时环境问题已发展到主要是以工业生产对环境的污染为主的阶段。反映到环境保护法律上,这个时期出现了一些单项的专门的环境保护法规。如1863年英国颁布了《碱业法》,1876年又颁布了《河流防污法》,日本大阪府1877年颁布了《工厂管理条例》等。进入20世纪以来,这类法律逐渐增多。如法国关于大气、水的1917年12月19日法令,关于防治大气污染的48-400号法令,关于水的1937年5月4日法令,关于放射性物质的1937年11月9日法令。日本1947年的《食品卫生法》,1948年的《农药取缔法》。其他国家,如俄国、法国、奥地利等国也颁布了有关环境保护的法令。

我国在国民党统治时期,也曾颁布过一些环境保护法规,如1928年的《农产物检查条例》,1929年的《渔业法》,1932年的《森林法》和《狩猎法》等。在解放区内,人民政府一直很重视环境保护工作,并曾颁布过一些法令和条例。如1930年的《闽西苏区山林令》,1931年的《中华苏维埃共和国土地法》,1939年的《晋察冀边区保护公私林木办法》和1941年的《陕甘宁边区森林保护条例》等。

以上这些关于保护环境的单行法规,是被分散在行政法、民法、劳动法、刑法等各个法律部门之中。与第一阶段相比,这些关于保护环境的法律不再是夹在其他法律里面的零星条文,而是已经出现了许多单独的专门的环境保护法规。由这点来看,在环境保护法的发展过程中前进了一大步,具有重大意义。但也要看到,这些单行法规还没有上升为独立的法律体系。

3.第三阶段——现代环境法阶段

20世纪50年代以后,由于现代大工业生产突飞猛进,生产力、科学技术急速发展,人口急剧增加,人类的生产和生活活动向环境中排放大量废弃物,环境污染问题日趋严重。再加上人类的大规模开发活动,消耗大量的资源和能源,对环境造成很大的破坏,严重地威胁到生态系统的平衡和人类自身的健康与安全。环境问题已成为当今突出的社会问题。为了解决这些问题,环境科学及环境保护事业应运而生。反映到法律上,不但大量出现了各种保护环境的单行法规,而且还出现了综合性的基本法,即所谓"环境保护基本法"。这是环境保护法发展过程中的又一新特点。如1967年日本颁布了《公害对策基本法》,1969年美国颁布了《国家环境政策法》,1973年罗马尼亚颁布了《罗马尼亚环境保护法》等。在国际环保法领域中,产生了1954年的《防止海洋石油污染的国际公约》,1973年的《国际防止船舶造成污染公约》,1982年的《海洋法公约》等。在国家之间,也出现了一些地区范围的国家间合作的环境保护法律文件。

新中国成立后,党和人民政府对环境保护工作非常重视。反映到环境保护法律上,这一时期法制建设有了一个大发展。其发展过程大体上可分为3个阶段:第一阶段由新中国成立至1973年全国第一次环境保护会议;第二阶段由1973年至1978年党的十一届三中全会;第三阶段由1978年起至今。

20世纪50年代和60年代,为迅速发展工农业生产,摆脱贫穷落后的状态,全国掀起了轰轰烈烈的社会主义建设高潮。当时,我国还是一个落后的农业国,工业薄弱,人口远不如现在这样多。因此,当时主要的环境问题是对环境的破坏,而对环境的污染尚不太严重。反应在环境立法上,这一时期以防治自然环境破坏,保护生物资源及土地资源为主要目标。这一时期颁布的环境法主要有《中华人民共和国土地改革法》《政务院关于发动群众开展造林、育林、护林工作的指示》《国家建设征用土地办法》《矿产资源保护试行条例》《工业企业设计暂行卫生标准》《中华人民共和国水土保持暂行纲要》等。

1973年我国召开了全国第一次环境保护会议。会议在总结正反两方面经验的基础上,转发了《关于保护和改善环境的若干规定》,制定了保护和改善环境的初步纲领,制定了环境保护工作的"全面规划,合理布局,综合利用,化害为利,依靠群众,大家动手,保护环境,造福人民"的32字方针,并于1974年颁布了《中华人民共和国工业"三废"排放试行标准》《中华人民共和国防止沿海水域污染暂行规定》《放射防护规定》,1976年颁布了《生活饮用水卫生标准》,1978年颁布了《原粮卫生标准》等。

1978年以后,我国经济建设和法制建设进入了一个蓬勃发展的时期,我国的环境立法进入了一个蓬勃发展的新时期。在这阶段主要立法有《中华人民共和国环境保护法》《环境保护工作汇报要点》《国务院关于国民经济调整时期加强环境保护工作的决定》《国务院关于结合技术改造防治工业污染的几项规定》《中华人民共和国海洋环境保护法》《中华人民共和国森林法》《中华人民共和国食品卫生法(试行)》《中华人民共和国水污染防治法》《水土工作条例》《基本建设项目环境保护管理办法》《中华人民共和国大气污染防治法》《中华人民共和国环境噪声污染防治条例》《中国人民解放军环境保护条例》等。由此可见,在这一阶段,我国环境立法飞速发展,确定了我国环境保护的基本对策,在环境管理中采用的基本制度以及保护环境的各项基本要求,我国的环境立法体系已基本形成。

(二)环境保护法的基本概念

1.环境保护法的定义

环境保护法是国家为了协调人类与环境的关系,保护和改善环境,以保护人民健康和保障经济社会的持续、稳定发展而制定的,它是调整人们在开发利用、保护改善环境的活动中所产生的各种社会关系的法律规范的总和。这个定义的主要含义如下:

(1)环境保护法是一部分法律规范的总称,是以国家意志出现的、以国家强制力保证其实施的、以规定环境法律关系主体的权利和义务为任务的;

(2)环境保护法所要调整的是人们在开发利用、保护改善环境有关的那部分社会关系,凡不属此类的社会关系,均不是环境保护法调整的对象;

(3)环境保护法的产生是由于人类与环境之间的关系不协调,从而影响乃至威胁着人类的生存与发展。

环境保护法的目的在于通过协调人类与环境的关系,保护和改善环境,保护人民健康和保障经济社会的持续、稳定发展。

环境保护法所要保护和改善的是作为一个整体的环境,而不仅仅是一个或数个环境要素,更不是某种特定的自然资源。

2.环境保护法的目的任务

每一种法律的制定和实施都是为了达到一定的目的。立法的目的性,决定法律调整的对象,以及采用何种政策措施和制度。研究法律的目的性,有助于正确理解和执行法律。

《中华人民共和国环境保护法》第一条规定:"为保护和改善生活环境与生态环境,防治污染和其他公害,保障人体健康,促进社会主义现代化建设的发展,制定本法。"这一条就明确规定了环保法的目的和任务,它包括两个内容:一是直接目的,或称直接目标,是协调人类与环境之间的关系,保护和改善生活环境和生态环境,防止污染和其他公害;二是最终目的,即保护人民健康和保障经济社会持续发展,该点是立法的出发点和归宿。

3.环境保护法的作用

(1)环境保护法是保证环境保护工作顺利开展的法律武器。进行现代化建设,必须搞好环境建设,发展经济的同时必须兼顾环境保护。但是,并非所有的人都认识和承认这个道理,知道此道理的人也并非全能照此办理,这就需要在采取科学技术、行政、经济等措施的同时,采取强有力的法律手段,把环境保护纳入法治的轨道。1979 年国家颁布了《中华人民共和国环境保护法(试行)》,1989 年国家又颁布了《中华人民共和国环境保护法》。它的颁布施行,使环境保护工作制度化、法律化,使国家机关、企业、事业单位、各级环境保护机构和公民个人,都明确了各自在环境保护方面的职责、权利和义务。对保护环境有显著成绩和贡献的,依法给予表扬和奖励;对污染和破坏环境、危害人民健康的,则依法分别追究行政责任、民事责任,情节严重的还要追究刑事责任。有了环境保护法,在环境保护工作中就有法可依,有章可循。只要大家认真执行环境保护法,就一定能促进环境保护工作的顺利开展,使环境问题得到切实的解决;达到保护和改善生活环境与生态环境,防治污染和其他公害,保障人体健康,促进现代化建设的发展这一根本目的。

(2)环境保护法是推动环境保护领域中法制建设的动力。《中华人民共和国环境保护法(试行)》及《中华人民共和国环境保护法》的颁布施行,不但使我国的环境管理有了很大的发展,而且是推动我国环境保护领域中法制建设的强大动力。

环境保护法是我国环境保护的基本法,它明确规定了我国环境保护的任务、方针、政策、基本原则、制度、工作范围和机构设置、法律责任等问题。这些都是我国环境保护工作中根本性的问题,为制定各种环境保护单行法规及地方环境保护条例等提供了直接的法律依据,促进了我国环境保护的法制建设。许多环境保护单行法律、条例、政令、标准等都是依据环境保护法的有关条文制定的。如根据环境保护法我们先后制定并颁布了《中华人民共和国海洋环境保护法》《中华人民共和国水污染防治法》《中华人民共和国大气污染防治法》等法律,及《中华人民共和国水污染防治法实施细则》《中华人民共和国大气污染防治法实施细则》《中华人民共和国环境噪声污染防治条例》等行政法规、法规性文件。此外,各省、自治区、直辖市也根据环境保护法制定了许多地方性的环境保护条例、规定、办法等。可见,环境保护法的颁布施行,起着推动我国环境保护领域中法制建设的重大作用。经过十几年的努力,我国已基本形成比较完整的环境保护法体系。

(3)环境保护法增强了公民的法制观念。环境保护法的颁布施行,从法律高度向全国人民提出了要求,所有的企业事业单位,人民团体和每个公民,都要加强法制观念,大力宣传环境保护法,严格执行环境保护法。首先是各级领导要提高认识,重视环境保护,摆正发展生产与保护环境之间的关系,统筹兼顾,协调前进。决不能一面生产,为人民造福;一面污染破坏环境,贻害人民。其次要带头执法,做到"有法必依,执法必严"。对违反环境保护法,污染和破坏环境的行为,要依法办事。不管是谁,谁违反了环境保护法,就要坚决依法追究法律责任,以维护社会主义法制的严肃性。

保护环境不只是环保部门的事,而是大家的事。只要大家积极行动起来,增强法制观念,以法律为武器,我国的环境保护工作就定会取得很大成绩,我们的环境保护与经济建设就会得到协调发展。

(4)环境保护法是维护我国环境权益的重要工具。环境是一个内容非常丰富的概念,宏观来讲,环境是没有国界之分的。某一个人的行为既可造成我国的环境污染和破坏,也可造成他国的环境污染和破坏。特别是对一些领域面积小的国家,这个问题就显得特别突出。例如,造成环境污染的污染源种类繁多、分布很广,污染物种类不一,有些污染源的污染物在环境中可以扩散到超越国界的范围。又如有些严重影响作物生长的病虫,严重影响人体健康的疾病,可以通过人员往来、物资交流等方式,由一国传播到另一国。这样,对环境的污染和破坏这一现象就有可能由发生国影响到他国。这就涉及国家之间环境权益的维护和环境保护的协作问题。

依据我国所颁布的一系列环境保护法律、法规,就可以保护我国的环境权益,依法使我国领域内的环境不受来自他国的污染和破坏,这不仅维护了我国的环境权益,也维护了全球环境。例如《中华人民共和国环境保护法》第四十六条规定:"中华人民共和国缔结或者参加的与环境保护有关的国际条约,同中华人民共和国的法律有不同规定的,适用国际条约的规定,但中华人民共和国声明保留的条款除外。"《中华人民共和国海洋环境保护法》第二条第三款规定:"在中华人民共和国管辖海域以外,排放有害物质,倾倒废弃物,造成中华人民共和国管辖海域污染损害的,也适用本法。"《农药登记规定》第七条规定:"外国厂商向我国销售农药必须进行登记,未经批准登记的商品不准进口。"《中华人民共和国食品卫生法(试行)》第二十八条规定:"进口的食品、食品添加剂、食品容器、包装材料和食品用工具及设备,必须符合国家卫生标准和卫生管理办法的规定。"通过以上列举的一些法律和法规,我们就可依法对源于境外的,对我国境内环境造成污染和破坏的行为进行处置。这一方面维护了我国的环境权益不受侵犯,同时也维护了全球环境不受污染和破坏。

(三)环境保护法的特点

我国的环境保护法是代表广大人民根本利益的,是环境建设和保护的重要工具。鉴于环境保护法的任务和内容与其他法律有所不同,环境保护法有其自身的特点。

1. 科学性

因为环境保护法将自然界的客观规律,特别是生态学的一些基本规律及环境要素的演变规律作为自己的立法基础,因而环境保护法中包含大量的反映这些客观规律的科学技术性规范。对这些客观规律不能随意地、主观地加以解释,这就决定了学习、执行环境保护法必须首先学习这些客观规律,这是环境保护法的第一个特点。

2. 综合性

由于环境包括围绕在人群周围的一切自然要素和社会要素,所以保护环境涉及整个自然环境和社会环境,涉及全社会的各个领域以及社会生活的各个方面。而环境保护法所要保护的是由各种要素组成的统一的整体,因此,必须有一个将环境作为一个整体来加以保护的综合性法律。又由于环境质量的改善有待于各个环境要素质量的改善,因此,环境保护法又必须有一系列为保护某一个环境要素而制定的法律。此外,环境保护法具有复杂的立法基础以及保护、改善环境的需要,而不得不采用多种管理手段和法律措施。因此,环境保护法必然是一个十分庞杂但又综合的体系。

3. 共同性

环境问题是世界各国人民所面临的一个共同的问题。它产生的原因,不论在何国都大同小异。因此,解决环境问题的理论根据、途径和办法也有不少相似之处。因此,世界各国环境保护法有共同的立法基础、共同的目的,从而也就决定了有许多共同的规定。这一切使得一些国家在解决环境问题时所采用的对策、措施、手段等可为另一些国家所吸收、参考、借鉴和采用。这些共同性的存在也使得世界各国在解决本国和全球环境问题时有许多共同的语言。

二、我国环境保护法体系

环境保护法体系是指为调整因保护和改善环境，防治污染和其他公害而产生的各种法律规范，以及由此所形成的有机联系的统一整体。我国现已基本形成了一套完整的法律体系。

（一）宪法

宪法是我国的根本法。它是我国环境保护法的立法依据，是我国环境保护法体系的基石。在宪法中有一系列关于环境保护的规定，如规定："国家保护和改善生活环境和生态环境，防治污染和其他公害""国家保障自然资源的合理利用，保护珍贵的动物和植物。禁止任何组织或者个人用任何手段侵占或者破坏自然资源"等等。宪法确认了环境保护是国家的基本政策，是国家的基本职责，并为环境保护法提供了立法根据、指导思想和基本原则。

（二）环境保护基本法

环境保护基本法是我国环境保护法的主干。它依据宪法的规定，确定环境保护在国家生活中的地位，规定国家在环境保护方面总的方针、政策、原则、制度，规定环境保护的对象，确定环境管理的机构、组织、权力、职责，以及违法者应承担的法律责任。

《中华人民共和国环境保护法》是我国环境保护的基本法。它于1989年12月26日第七届全国人民代表大会常务委员会第十一次会议通过，并于当日起生效。

（三）单行的环境保护法规

单行的环境保护法规是我国环境保护法的枝干。其以宪法和环境保护法为基础，为保护某一个或几个环境要素或为了调整某方面社会关系而制定，是宪法及环境保护基本法的具体化。按其所调整的社会关系可分为以下几种。

1. 土地利用规划法规

该类法规是为了调整人们在土地利用中产生的环境社会关系而制定的。对土地利用的控制，也就控制了人们某些开发利用环境的活动。这类法规包括国土整治法、农业区划法、城市规划法、乡镇规划法等。

2. 防治环境污染法规

防治环境污染的法规是指为防止某一种环境要素被污染及治理、改善已被污染的环境要素的法律，它是环境法的核心组成部分。属于这一类的法规主要有大气污染防治法、水污染防治法、噪声控制法、海洋污染防治法等。

3. 防治环境破坏法规

环境中有些环境要素易被破坏，有的易于枯竭，有的在开发利用时易造成别的环境要素的污染，这类法规是为保护这些环境要素而制定的。该类最主要的法律是土地法、森林法、草原法、渔业法和矿产资源法等。

4. 有毒有害物质控制法规

有毒有害物质是指那些对人类现实的和长远的生存与发展构成危险的物质。世界各国一般都把其视为控制的重点。这部分法规主要有农药法、食品卫生法、危险废弃物法、固体废弃物法等。

5.物种保护法规

物种的多样性是生态系统稳定的前提条件,地球上物种的消失将对人类产生巨大的影响。因此,保护物种是环境保护的一项重要任务。这方面的法规主要有野生动物保护法、野生植物保护法等。

6.特殊环境地区保护的法律

特殊环境地区是指那些生态系统特别脆弱或具有特殊的经济、文化、科研价值的地区。对这类地区加以特殊保护的法律有自然保护区法、风景名胜区法等。

7.环境标准

环境标准在环境保护法体系中占有重要地位,它是环境保护法实施的工具和依据。没有环境标准,环境保护法就难以实施。环境标准主要包括环境质量标准、污染物排放标准等。

8.环境行政法规

环境行政法规是国家为了加强环境管理而颁布的有关环境保护机构的建立、权力、义务等法规的总称。

9.环境纠纷处理法规

环境纠纷处理法规是为及时、公正地解决因环境问题引起的纠纷而制定的,它包括关于环境破坏、环境污染赔偿法律及环境犯罪惩治法律等。

(四)环境保护国际公约、条约

凡我国已参加的国际环境保护公约及与外国缔结的关于环境保护的双边、多边条约,都是我国环境保护法体系的有机组成部分。这类国际公约、条约主要有:关于防治全球环境污染的公约;关于越界污染防治的条约;关于人类共享资源开发利用的公约等。

以上是我国环境保护法体系的主要组成部分。此外,在我国的民法、刑法、经济法、劳动法、行政法等法律部门的法规中,也含有不少关于环境保护的法律规定,这些也是我国环境保护法体系的组成部分。

三、环境保护法的基本原则

环境保护法的基本原则是指调整环境保护关系的方针、原理和思想,它们是互相联系的,是环境保护法本质的反映。

(一)经济建设和环境保护协调发展的原则

经济发展和环境保护相协调发展的原则是指发展经济和保护环境二者之间的相互关系,是自然生态规律和社会主义社会经济规律在法律上的反映。经济发展和保护环境是对立统一的关系。过去,人们只看到对立的一面,结果在经济发展的同时,环境遭到污染和破坏,环境遭到污染和破坏之后反过来又抑制了经济发展,二者陷入恶性循环。事实上,发展经济和保护环境还存在统一的一面。良好的环境是经济发展的必要基础,经济发展了,又为保护环境创造了经济和技术条件。因此,经济建设和保护环境之间的协调关系,既是发展经济的需要,又是保护和改善环境的需要。

(二)防治结合、以防为主、综合治理的原则

防治结合、以防为主、综合治理的原则,就是如何正确处理防和治的相互关系。对于当前的环境问题,采取既积极治理又积极预防的原则,在治理和预防工作中,以预防为主。因为环境一旦遭到污染和破坏,要想恢复到原来状况往往需要很长的时间和许多资金,有些环境问题短期内还无法恢复。因此对待环境问题重点放在预防上,做到防患于未然。因为造成环境问题的原因是多方面的,仅仅采取单一的治理措施往往解决不了问题,必须同时采取经济、行政、法律、教育等手段,进行综合治理才能奏效。

(三)谁开发谁保护的原则

谁开发谁保护的原则是指开发利用自然资源的单位不仅有利用自然资源的权利,同时也有保护自然环境和自然资源的责任。自然资源的开发和保护是相互联系、相互制约、相互促进的。开发资源的目的是为了利用,而保护好自然资源,则为资源的持续利用创造了有利条件。自然资源的保护涉及面广,不可能由环境保护部门全包下来,只能采取谁开发利用谁保护的原则。

(四)谁污染谁治理的原则

环境污染主要是由于工矿企业及有关事业单位排放污染物造成的,所以排污单位必须承担治理污染的责任。贯彻执行这一原则,一是可以促使企业加强环境管理,防止跑、冒、滴、漏,把防治污染纳入企业管理计划。二是可以促使企业积极进行治理,企业通过技术改造,实行综合利用,提高资源、能源利用率,防止和减轻对环境的污染。实行谁污染谁治理的原则,并不排除污染单位的上级主管部门和环境保护部门治理环境污染的责任。污染单位的上级主管部门和环保部门必须支持和帮助下属企业对已经造成的环境污染进行治理。

(五)奖励和惩罚相结合的原则

奖励和惩罚相结合的原则就是通过赏罚分明来加强环境保护工作。对于保护和改善环境有成绩和贡献的单位及个人,给予精神和物质方面的奖励,对于违反法律污染和破坏环境的单位和个人要依法追究法律责任。

四、环境保护法的法律责任

环境保护法同其他的法律一样具有国家强制性。环境法中关于违法或者造成环境破坏、环境污染者应承担的法律责任的规定是它的重要组成部分。为了保证环境法的实施,应当依法追究各种违法者的法律责任。违法者所造成的社会危害的程度不同,违法者所应承担的法律责任也不同。对违法者追究法律责任,可以由行政主管机关进行,也可由司法机关依法进行。由国家行政机关追究的称为行政制裁,由司法机关追究的称为司法制裁。对违法者所应承担的法律责任可分为四种,即行政处分、行政处罚、民事责任和刑事责任。

(一)行政处分

行政处分又称为纪律处分、纪律责任,是诸多责任中最轻的一种责任。行政处分是由国家机关或单位,对其属下人员依据法律或内部规章的规定施加的处分,包括警告、记过、记大过、降级、降职、留用察看、开除7种。

(二)行政处罚

行政处罚又称为行政责任,是对犯有轻微的违法行为者所施加的一种较轻的处罚,是行政强制的具体表现。关于行政处罚的种类,各种法律规定有所不同。就环境法来说主要是警告,罚款,没收财物,取消某种权利,责令支付整治费用和消除污染费用,消除侵害恢复原状,责令赔偿损失,停止及关、停、并、封,剥夺荣誉称号,拘留等。

(三)民事责任

环境法中的民事责任是指违反环境法规定或造成环境破坏、环境污染者由于侵犯了他人的民事权利,对他人造成损害后应当承担的民事责任。环境法中民事责任的承担者为:从事了违反环境法规的行为或者虽然未从事违法行为,但造成了环境破坏和污染,因而使他人蒙受损失,包括财产损失和人身伤害的自然人、法人及国家。环境法中民事责任的种类主要有:排除侵害,消除危险,恢复原状,返还原物,赔偿损失,收缴、没收非法所得及进行非法活动的器具,罚款,停业及关、停、并、转等。

(四)刑事责任

对于故意或者过失违反环境法,造成严重的环境污染和环境破坏,使人民健康和财产受到严重损害者应当依法追究刑事责任。我国刑法中规定了对以下九种与环境有关的犯罪活动要追究刑事责任,它们是:用危险方法破坏河流、森林、水源罪;用危险方法致人伤亡及使公私财产遭受重大损失罪;违反爆炸性、易燃性、放射性、毒害性、腐蚀性物品管理规定罪;滥伐、乱伐森林罪;滥捕、破坏水产资源罪;滥捕、盗捕野生动物罪;破坏文物、古迹罪;重大责任事故罪;渎职罪等。

第二节　环境标准

环境标准是有关控制污染、保护环境的各种标准的总称。它是国家为了保护人民的健康,促进生态良性循环,根据环境政策和法规,在综合分析自然环境特征、生物和人体的耐受力、控制污染的经济能力和技术可行的基础上,对环境中污染物的允许含量及污染源排放污染物的数量、浓度、时间和速率所作的规定。环境标准既是进行环境保护工作的技术规则,又是进行环境监督、环境监测、评价环境质量、实施环境管理的重要依据。

一、环境标准的产生和发展

(一)国外环境标准的发展概况

环境标准的建立和发展在一定程度上反映一个国家的自然保护的法制建设状况和科技发展水平。从世界范围看,法规和标准的建立一般都是从污染严重的地区开始。19世纪中期英国产业革命发展较快,环境污染较严重,1847年英国爱尔兰首先颁布了《河道条令》,1863年为防止大气污染而制定了《碱业法》,这是世界上第一个附有排放限制的法律。20世纪以来,由于近代工业的发展,环境污染更加厉害,一些工业发达国家先后出现了震惊世界的公害事件,各国都感到需要采用立法手段来控制污染,环境标准也随着环境立法而发展。例如,1949年起日本的东京、大阪等市先后制定了公害防治条例和规定,美国、德国、瑞典等工业发达国家都相继制定了各种立法和相应的环境标准。但真正把环境标准作为控制污染的有力手段还是20世纪50年代以后的事。日本在1967年制定《公害对策基本法》时,提出要综合解决环境问题,并规定要制定水、大气、土壤、噪声等环境标准。

从各国环境标准的产生和发展来看,一般由中央政府或联邦政府负责环境标准的制定,地方政府负责执行。地方政府也可以根据本地的实际情况制定地方标准,地方标准多为国家标准的补充或强化,规定的项目更多,指标更严。各国在制定量大面广的污染物排放标准时,主要基于最佳可行或合理可行的治理技术。如美国新污染源实施标准(NSPS),即强调以最佳治理技术为基准。国际标准化组织(ISO)于1972年开始制定基础标准和方法标准,以统一各国环境保护工作中的名词、术语、单位计量、取样方法和监测方法等。

(二)我国环境标准的发展概况

我国的环境标准是伴随社会经济发展及环保事业的进程而开展的。在20世纪五六十年代,国务院有关部委就颁布过一些以保护人群健康为目的的有关环境标准。如1956年由卫生部和国家建委联合颁布了《工业企业设计暂行卫生标准》;1959年由建工部和卫生部颁布了《生活饮用水卫生规程》;1962年由国家计委、卫生部修订颁布了《放射性工作卫生防护暂行规定》;1963年由建工部、农业部、卫生部联合颁布了《污水灌溉农田卫生管理试行办法》等。这些标准均属专业质量标准范畴,在当时对与环境保护有关的城市规划、工业企业设计及卫生监督工作都起到了指导和促进作用。

1973年全国第一次环境保护会议以后,国家进一步重视环境保护工作,加强了环境立法和环境标准的建设。当年就制定并颁布了我国第一个环境标准——《工业三废排放试行标准》,当时世界上制定这种排放标准的国家为数不多,美国是1971年才开始制定废气排放标准的。因此,《工业三废排放试行标准》颁布后引起各方面的重视,对有效地控制污染源、防止环境污染起到很好的作用。在此期间还对已有的标准进行充实和修订,如将《生活饮用水卫生规程》修订为《生活饮用水卫生标准》;将《工业企业设计暂行卫生标准》修订成《工业企业设计卫生标准》;将《放射性工作卫生防护暂行规定》修订成《放射防护规定》;将《污水灌溉农田卫生管理试行办法》修订成《农田灌溉水质标准》等。1979年9月通过了《中华人民共和国环境保护法(试行)》后,在环保领域内法制建设和标准建设进入新的阶段,在80年代制定了大气、水质、噪声、海洋等一系列环境保护法规及相应标准。1981年成立国家环保局以后,更是有组织、有系统地开展环境标准的研究、制定和颁布工作,从此我国的环境标准化工作走上了法制轨道,逐步形成了我国的环境标准体系。1990年国家环保局对已颁布的标准进行清理整顿。在此基础上,1992年全国环保厅局长会议上提出要"加强环境标准工作",于当年在全国范围组织标准化调研工作。在当前加快改革的同时,为适应环境和经济持续发展的需要,必须进一步开拓标准化工作,使环境标准更加规范化、统一化、科学化。

自1990年以来,我国初步形成了时限制污染物排放标准的制定和组织实施体系,发布了钢铁、纺织染整、合成氨、肉类加工、造纸、锅炉等6个行业污染物排放时限制标准。根据同一行业不同时期的生产工艺、技术条件和污染物控制技术水平,制定出不同的新老污染源污染物排放标准。制定时限制标准已纳入我国环境与发展十大对策之中。

二、我国的环境标准体系

(一)环境标准的种类

目前世界上对环境标准没有统一的分类方法,可以按适用范围划分,按环境要素划分,也可以按标准的用途划分。

按标准的适用范围可分为国家标准、地方标准和行业标准。

按环境要素划分,有大气控制标准、水质控制标准、噪声控制标准、废渣控制标准和土壤控制标准等。其中对单项环境要素又可按不同的用途再细分,如水质控制标准又可分为饮用水水质标准、渔业水水质标准、农田灌溉水质标准、海水水质标准、地面水环境质量标准等。

各国家应用最多的是按标准的用途划分,一般可分为环境质量标准、污染物排放标准、污染物控制技术标准、污染警报标准和基础方法标准等。

(二)我国的环境标准体系

我国根据环境标准的适用范围、性质、内容和作用,实行三级五类标准体系。三级是国家标准、地方标准和行业标准;五类是环境质量标准、污染物排放标准、方法标准、样品标准和基础标准。

1.环境标准的分级

国家环境标准由国务院环境保护行政主管部门制定,针对全国范围内的一般环境问题。其控制指标的确定是按全国的平均水平和要求提出的,适用于全国的环境保护工作。

地方环境标准由地方省、自治区、直辖市人民政府制定,适用于本地区的环境保护工作。由于国家标准在环境管理方面起宏观指导作用,不可能充分兼顾各地的环境状况和经济技术条件,因此各地应酌情制定严于国家标准的地方标准,对国家标准中的原则性规定进一步细化和落实。例如,近年来内蒙古自治区人民政府针对包头市氟化物污染严重的问题,制定了《包头地区氟化物大气质量标准》和《包头地区大气氟化物排放标准》;福建省人民政府制定发布了《制鞋工业大气污染物排放标准》等。这些标准的制定,不仅为地方控制污染物排放直接提供了依据,也为制定国家标准奠定了基础。

国家环保局从1993年开始制定环境保护行业标准,以便使环境管理工作进一步规范化、标准化。环境保护行业标准主要包括:环境管理工作中执行环保法律、法规和管理制度的技术规定、规范;环境污染治理设施、工程设施的技术性规定;环保监测仪器、设备的质量管理以及环境信息分类与编码等,适用于环境保护行业的管理。目前已发布的环境保护行业标准如《环境影响评价技术导则》和《环境保护档案管理规范》等。

2.环境标准的分类

(1)环境质量标准。环境质量是各类环境标准的核心,环境质量标准是制定各类环境标准的依据,它为环境管理部门提供工作指南和监督依据。环境质量标准对环境中有害物质和因素做出限制性规定,它既规定了环境中各污染因子的容许含量,又规定了自然因素应该具有的不能再下降的指标。

我国的环境质量标准按环境要素和污染因素分成大气、水质、土壤、噪声、放射性等各类环境质量标准和污染因素控制标准。国家对环境质量提出了分级、分区和分期实现的目标值。

日本、美国等国家现有的污染警报标准也是环境质量标准的一种,它是为保护环境不致严重恶化或预防发生事故而规定的极限值,超过这个极限就向公众发出警报,以便采取必要措施。

(2)污染物排放标准。污染物排放标准是根据环境质量标准及污染治理技术、经济条件而对排入环境的有害物质和产生危害的各种因素所作的限制性规定,是对污染源排放进行控制的标准。通常认为,只要严格执行排放标准,环境质量就应该达标,事实上由于各地区污染源的数量、种类不同,污染物降解程度及环境自净能力不同,即使排放满足了要求,环境质量也不一定达到要求。为解决此矛盾还制定了污染物的总量指标,将一个地区的污染物排放与环境质量的要求联系起来。

污染控制技术标准是生产、设计和管理人员执法的具体技术措施,是污染物排放标准的一种辅助规定。它根据排放标准的要求,对燃料、原料、生产工艺、治理技术及排污设施等做出具体的技术规定。

(3)方法标准。方法标准是指为统一环境保护工作中的各项试验、检验、分析、采样、统计、计算和测定方法所作的技术规定。它与环境质量标准和排放标准紧密联系,每一种污染物的测定均需有配套的方法标准,而且必须全国统一才能得出正确的标准数据和测量数量,只有大家处在同一水平上,在进行环境质量评价时才有可比性和实用价值。

(4)环境标准样品。环境标准样品是指用以标定仪器、验证测量方法、进行量值传递或质量控制的材料或物质。它可用来评价分析方法,也可评价分析仪器、鉴别灵敏度和应用范围,还可评价分析者的水平,使操作技术规范化。在环境监测站的分析质量控制中,标准样品是分析质量考核中评价实验室各方面水平、进行技术仲裁的依据。

我国标准样品的种类有水质标准样品、大气标准样品、生物标准样品、土壤标准样品、固体标准样品、放射性物质标准样品、有机物标准样品等。

(5)环境基础标准。环境基础标准是对环境质量标准和污染物排放标准所涉及的技术术语、符号、代号(含代码)、制图方法及其他通用技术要求所作的技术规定。

目前我国的环境基础标准主要包括以下几种。

1)管理标准:如环境影响评价与"三同时"验收技术规定,大气、水污染物排放总量控制技术规范,排污申报登记技术规范等。

2)环境保护名词术语标准:如我国环境保护部颁布的 HJ492—2009《空气质量词汇》,HJ596—2010《水质词汇》。

3)环境保护图形符号标准:为提高公众环境意识和加强环境管理而制定的"水污染排放口"和"工业固体废弃物堆放场"的图形标志。

4)环境信息分类和编码标准:环境保护是一门新兴的综合性科学,其信息量极为丰富,计算机的应用带来了管理技术的革命,而随着环境信息的积累和环境数据库的建立,信息分类编码的标准化已成为十分迫切的任务。

3.环境标准体系

环境标准体系是各个具体的环境标准按其内在联系组成的科学的整体系统。

环境标准包括多种内容、多种形式、多种用途的标准,充分反映了环境问题的复杂性和多样性。标准的种类、形式虽多,但都是为了保护环境质量而制定的技术规范,可以形成一个有机的整体。建立科学的环境标准体系,对于更好地发挥各类标准的作用,做好标准的制定和管理工作有着十分重要的意义。

截至 1994 年底,我国已颁布各类环境标准 325 项,详见表 7-1。

表 7-1 我国的环境标准数量统计　　　　　　　　　　　　单位:项

分　类	质　量	排　放	方　法	标　样	基　础	合　计
国　标	10	59	183	29	29	310
行　标			15			
合　计			325			

三、制定环境标准的基本原则和方法

(一)制定环境标准的基本原则

尽管各类环境标准的内容不同,但制定标准的出发点和目的是相同的。为了使每个标准制定得既有科学依据,又符合我国经济发展的技术水平,因而要遵循下述基本原则。

(1)有利于保障安全和人体健康,有利于保护环境并维护消费者的利益。环境标准制定得是否准确、有效,就看它能否真正起到防止环境受污染、防止社会出现公害、防止人和生物受到毒害的作用,这是制定标准的出发点和归宿。

(2)有利于合理利用国家资源和持续发展,推广科学技术成果,提高经济效益,做到技术上先进、经济上合理,并有利于产品的通用互换。

(3)从实际出发,做到切实可行,制定新标准必须与有关标准协调配套。

(4)有利于促进我国经济的发展,促进对外经济合作和对外贸易。

(5)积极采用国外先进标准和国际标准,以利于国际间接轨。

(二)环境标准的制定方法

每个国家都根据本国的具体情况制定环境标准,各类标准因其特殊性而有不同的制定方法,如根据环境基准值制定环境质量标准,按照污染物扩散规律或最佳技术方法制定污染物排放标准等。下面以大气环境质量标准和大气污染物排放标准为例,具体说明制定方法。

1. 大气环境质量标准的制定

目前世界上已有 80 多个国家颁布了大气环境质量标准。1963 年世界卫生组织(WHO)和世界气象组织(WMO)提出飘尘、二氧化硫、氮氧化物、氧化剂和一氧化碳 5 种主要大气污染物的环境标准。随后我国颁布的《工业企业设计卫生标准》对居住区大气中 34 种有害物质规定了最高允许浓度,1996 年我国颁布了《大气环境质量标准》(GB3095—1996),这些标准具有以下特点。

(1)科学性。为了保护公众的健康,改善大气环境质量,首先对环境中各种污染物浓度对人体、生物及对建筑物的危害影响进行综合分析研究,必要时进行工业毒理学实验和流行病学调查。分析污染物剂量与环境效应之间的相关性,通常人们把这种相关性的系统资料称为环境基准,环境基准随研究对象不同可分为卫生基准和生物基准等。世界卫生组织在总结各国资料的基础上不断提供一系列污染物的卫生基准,这是各国制定环境质量标准的重要依据。有关大气中 SO_2 和烟尘的卫生基准见表 7-2。

表 7-2 大气中 SO_2 和烟尘在不同浓度时产生的后果　　　　　单位:$\mu g/m^2$

污染物	病人人院和死亡增多	肺病疾患者恶化	呼吸道症状出现	可见度受影响人群厌恶反应
SO_2	500(日平均)	500~250(日平均)	100(年数学平均)	80(年几何平均)
烟尘	500(日平均)	250(日平均)	100(年数学平均)	80(年几何平均)

注:表中所列情况是两种污染物同时作用的结果。

基准和标准在概念上是不相同的,基准是科学实验和社会调查的研究结果,是环境污染物与特定对象之间"剂量-反应"关系的科学总结,不考虑社会、经济、技术等人为因素,不具有法

律效力。而标准则是以基准为依据,考虑社会、经济、技术等人为因素,经综合分析而制定的并由政府颁布具有法律效力的法规。环境质量标准规定的污染物允许剂量和浓度原则上应小于或等于相应的基准值。

(2)可行性。制定环境质量标准应考虑本国的经济、技术条件和国情。大气环境质量标准是要求在规定期限内达到的大气环境质量,不是一般性参考目标。制定时应充分估计在规定期限内实现这一质量要求所具备的经济、技术条件,在满足环境基准要求的前提下,考虑技术经济的合理性和可行性。

我国在制定大气质量标准时,还充分考虑到我国的能源结构和大气污染特点。我国的能源结构以煤为主,在 20 世纪至 21 世纪初这种结构都不会有大的变化,因而决定我国大气污染属煤烟型污染。标准中主要污染物确定为总悬浮微粒(T.S.P)、飘尘、二氧化硫(SO_2)、氮氧化物(NO_x)、一氧化碳(CO)和光化学氧化剂(O_3)等 6 项,这将有助于我国大气环境质量的改善。

(3)区域的差异性。我国幅员辽阔,地理、气象、水文情况差异很大。根据我国的地理、气候、生态、政治和经济的情况以及大气污染的程度,把标准的适用范围分为三类地区,把大气环境质量标准也分为三级,相应类区执行相应等级。三类地区的划分如下:

1)一类地区为国家规定的自然保护区、风景游览区、名胜古迹、疗养地等。

2)二类地区为城市规划的居民区、商业交通居民混合区、文化区、广大农村地区。

3)三类地区为大气污染严重的城镇和工业区、城市交通枢纽、干线等。

大气环境质量标准分为以下三级:

1)一级标准为保护自然生态和人群健康,在长期接触情况下,不发生任何危害影响的空气质量要求。

2)二级标准为保护人群健康和城市、乡村的动、植物,在长期和短期接触情况下,不发生伤害的空气质量要求。

3)三级标准为保护人群不发生急、慢性中毒和城市一般动、植物(敏感者除外)正常生长的空气质量要求。

2.大气污染物排放标准的制定

保护人体健康、维持生态平衡、满足大气环境质量标准的要求是制定大气污染物排放标准的主要依据。此外还必须考虑所规定的允许排放量在治理技术上的可行性和经济上的合理性,考虑污染源所在地的自然环境特点(如环境的自净能力等),考虑当地污染源的分布、数量和特点等。可以按污染物扩散规律或按最佳技术法来制定排放标准,前者应用较少,后者又可分为最佳实用技术法(BPT 法)和最佳可行技术法(BAT 法)。BPT 法是以国内能普及的工艺和技术为基础制定排放指标;BAT 法是以国内已证明在技术和经济上可行、代表工艺改革和防治技术的方向,但尚未普及的工艺、技术为基础制定排放指标。由此看出 BAT 法比 BPT 法要求更严格。

用"最佳技术法"制定排放标准,建立在现有污染防治技术可能达到的最高水平上,而且经济上是可行的,也就是说这种技术在现阶段实际应用中属于效果最佳,又有可能在同类企业中推广。这种方法不与环境质量标准直接发生联系,但它具有客观示范作用,起到积极的推动作用。应用"最佳技术法"的步骤如下:

(1)做好调查研究工作。调查研究生产工艺技术水平、企业管理状况、综合利用、回收资源和能源的能力。了解能有效减少或控制污染物排放的先进工艺技术和净化设备情况,了解监测技术、排放去向、经济状况等情况。

(2)计算最佳技术的投资和运转费用,估计在较大范围内推广的可能性。

(3)推算最佳技术普遍使用后的环境质量状况,为进一步修订标准做好准备。

(4)按环境总量控制法制定污染物排放标准。一个地区污染物允许的排放总量是根据本地区的环境自净能力,本地区的气象、水文、地形,污染物的迁移转化规律及环境质量的要求而规定的。

我国制定的第一个大气污染物排放标准就是1973年颁布的《工业三废排放试行标准》,对13类有害气体的排放做出规定。

排放标准对污染者具有法律约束力。在大气污染防治法中明确规定,向大气排放污染物的单位,超过规定的排放标准应采取有效措施进行治理,并按照国家规定缴纳超标准排污费。征收的超标准排污费必须用于污染防治。

四、环境标准的实施

环境标准是环境法的一个组成部分,如果不赋予环境标准以法律效力,没有与实施标准相适应的规则和管理条例,标准就会成为一纸空文。近年来我国在管理法规和实施细则方面做了大量工作,初步建立起实用的环境标准体系。今后随着环保法规的逐步完善,环境标准也需逐步完善。在标准的实施过程中需加强以下几方面的工作。

(一)进一步健全和完善标准的内容,制定相应的管理条例

早期的环境标准虽有一般规定,但因不够具体而难以执行。近年来修订的标准,对实现的期限、应用范围、污染源的类型等均作了具体的规定,以便于实施。例如1993年修订的《汽车排气污染物排放标准》,从原来(GB11641—89)发展成现在(GB14761.1—93至GB14761.7—93)的7个标准;1991年修订的《锅炉烟尘排放标准》对新、旧锅炉提出不同的要求,2001年对其进行了再次修订。

(二)建立健全管理机构和专业队伍

标准的实施需要一支思想素质和业务素质都比较强的队伍,他们必须严格执法、秉公办事。为此,国家和各地有关部门要对环境管理机构给予必要的支持,并对管理人员给予系统的专业培训。

(三)加强环境标准的宣传教育

环境标准的制定和实施是与人民利益及发展生产的要求相一致的。只有把实施标准的意义和内容向群众宣传和解释清楚,才能发动和依靠群众,群策群力共同做好环境保护工作。

例如让公众了解环境标准的代号,以便发挥公众的监督作用:GB表示强制性国家标准;HJ表示强制性环保行业标准;GB/T表示推荐性国家标准;HJ/T表示推荐性环保行业标准。公众可以根据GB的要求,对环境污染的肇事者提出控告或要求赔偿。

五、几种常用的环境标准

(一)水质标准

(1)生活饮用水水源水质标准(CJ3020—1993)。

(2)城市供水水质标准(CJ/T206—2005)。

(3)地表水环境质量标准(GB3838—2002)。

(4)农田灌溉水质标准(GB5084—2005)。

(5)皂素工业水污染物排放标准(GB20425—2006)。

(6)海水水质标准(GB3097—1997)。

(7)渔业水质标准(GB11607—1989)。

(二)大气质量标准

(1)环境空气质量标准(GB3095—1996)。

(2)煤炭工业污染物排放标准(GB20426—2006)。

(3)居住区大气中有害物质的最高允许浓度(TJ36—79)。

(4)车间空气中有害物质的最高允许浓度(TJ36—79)。

(5)锅炉大气污染物排放标准(GB13271—2001)。

(6)恶臭污染物排放标准(GB14554—1993)。

(7)轻型汽车污染物排放限值及测量方法(GB18352.3—2005)。

(8)车用压燃式、气体燃料点燃式发动机与汽车排气染物排放限值及测量方法(GB17691—2005)。

(9)装用点燃式发动机重型汽车燃油蒸发污染物排放限值及测量方法(收集法)(GB14763—2005)。

(10)装用点燃式发动机重型汽车曲轴箱污染物排放限值(GB11340—2005)。

(11)点燃式发动机汽车排气污染物排放限值及测量方法(GB18285—2005)。

(12)用压燃式发动机和压燃式发动机汽车排气烟度排放限值及测量方法(GB3847—2005)。

(13)车用压燃式发动机和压燃式发动机汽车排气烟度排放限值及测量方法(GB3847—2005)。

(三)噪声标准

(1)城市区域环境噪声标准(GB3096—93)。

(2)机动车辆允许噪声标准(GB1495—79)。

(3)机场周围飞机噪声环境标准(GB9660—88)。

(4)工业企业厂界噪声标准(GB12348—90)。

(5)厂界噪声测量方法(GB12349—90)。

(四)其他标准

(1)城镇垃圾农用控制标准(GB8172—87)。

(2)电磁辐射防护规定(GB8702—88)。

(3)辐射防护规定(GB8703—88)。

(4)放射性废物分类标准(GB9133—88)。

(5)城市区域环境振动标准(GB10070—88)。

第三节 环 境 管 理

一、概述

(一)环境管理的含义

环境管理既是环境科学的一个重要分支学科,也是一个工作领域,它是环境保护工作的重要组成部分。何为环境管理目前尚无一致的看法,一般可概括为:运用经济、法律、技术、行政、教育等手段,限制人类损害环境质量的行为,通过全面规划使经济发展与环境相协调,达到既要发展经济满足人类的基本需求,又不超出环境的允许极限。

环境管理在现代化建设中占有重要地位。一般认为科学、技术和管理为现代化的"三大要素"。三者相互制约、相辅相成,而其中管理这一要素又具有更加重要的意义,因为科学和技术的发展是要靠科学的管理实现的。环境问题的解决关键在于管理,只有加强环境管理,才能更有效地利用人力、物力和时间这些要素,多快好省地解决环境问题。

环境管理着力于对损害环境质量的人的活动施加影响,协调发展与环境的关系。但核心问题是遵循生态规律与经济规律,正确处理发展与环境的关系。环境是发展的物质基础,又是发展的制约条件。发展可能为环境带来污染和破坏,但环境质量改善和保护也只有在经济技术发展的基础上才能得以实现。因此,关键在于通过全面规划和合理开发利用自然资源,使经济、技术、社会相结合,发展与环境相协调。

在"人类-环境"系统中,人是主导的一方。在发展与环境的关系中,发展是主要方面。因此,环境管理的实质是影响人类的行为,使人类的行为不致对环境产生污染和破坏,以求维护环境质量。从这种意义上来讲,环境管理主要是管理人类事务的,通过对人类行为的管理,达到保护环境的目的和人类的持续发展。

(二)环境管理的内容

环境管理的内容从管理的范围划分可分为资源管理、区域管理和部门管理,从管理的性质划分可分为计划管理、质量管理和技术管理。

1.从环境管理的范围来划分

(1)资源环境管理。资源环境管理包括可更新资源的恢复和扩大再生产,及不可更新资源的合理利用。资源环境管理当前遇到的危机主要是资源使用不合理和浪费。当资源以已知最佳方式来使用,以求达到社会所要求的目标时,考虑到已知的或预计的社会、经济和环境效果进行优化选择,那么资源的使用就是合理的。资源的不合理使用是由于没有谨慎选择资源使用的方法和目的,浪费是不合理使用资源的一种特殊形式。资源的不合理使用可导致不可更新资源的提早枯竭,及可更新资源的锐减。因此,必须采取一切可能采用的管理措施,保护资源,做到资源的合理开发和利用。这些管理措施主要是确定资源的承载力,资源开发时空条件的优化,建立资源管理的指标体系、规划目标、标准、体制、政策法规和机构等。

(2)区域环境管理。区域包括行政区域,如省、市、自治区以及整个国土,也包括水域、工业开发区、经济协作区等。区域环境管理主要是协调区域的经济发展目标与环境目标,进行环境影响预测,制定区域环境规划,进行环境质量管理与技术管理,按阶段实现环境目标。

(3)部门环境管理。部门环境管理包括能源环境管理、工业环境管理、农业环境管理、交通运输环境管理、商业和医疗等部门的环境管理以及企业环境管理。

2.从环境管理的性质来划分

(1)环境计划管理。环境计划管理是通过计划协调发展与环境的关系,对环境保护加强计划指导是环境管理的重要组成部分。环境计划管理首先是制定好环境规划,使环境规划成为整个经济发展规划的必要组成部分,用规划内容指导环境保护工作,并在实践中根据实际情况不断调整和完善规划。20世纪80年代以来,我国不少城市及经济技术开发区都制定了环境规划,事实证明,环境规划在环境管理工作中起着重要作用。

(2)环境质量管理。环境质量的好坏直接影响到人类的生存和健康,对环境质量进行直接的管理有其特殊的意义。这种管理既包括对环境质量现状进行管理,也包括对未来环境质量进行管理。对环境质量的现状进行监测和评价,对环境质量的未来进行预测和评价。这是环境质量管理的重要手段。

(3)环境技术管理。环境技术管理指以可持续发展为指导思想,通过制定技术发展方向、技术路线、技术政策,通过制定清洁生产工艺和污染防治技术,以及通过制定技术标准、技术规程等以协调技术经济发展与环境保护的关系,使科学技术的发展既能促进经济不断发展,又能保证环境质量不断得到改善。

上述对环境管理内容的划分,只是为了便于研究,事实上各种不同内容的环境管理不是孤立的,它们彼此之间相互关联、相互交叉渗透。

(三)环境管理的基本指导思想和基本理论

1.环境管理的基本指导思想

环境问题的产生并日趋严重,是因为人口的快速增长和社会经济的高速发展,从而引起人们对各种资源和能源的消耗日益增加的结果。但发展与环境是对立的统一体,发展产生了各种环境问题,环境问题要想得到解决又不能离开发展。研究和加强环境管理,如果离开了社会和经济的发展,离开了资金、技术和人才,离开了全社会的环境意识和管理水平的话,几乎是不可能的。因此加强环境管理,必须对环境问题的特点、环境与发展的关系等重大问题进行分析研究。结合我国国情,从实际出发,制定出符合我国国情的环境管理方针政策,环境问题才能得到控制和解决。针对我国具体情况,环境管理工作应树立以下几点基本指导思想。

(1)环境管理要为促进经济持续发展服务。发展经济和保护环境作为既对立又统一的整体,要充分发挥其相互促进的一面,同时还要限制其对立的另一面,做到既保护环境又促进经济发展。在我国政府制定的《中国21世纪议程》中明确指出,我国是发展中国家,持续发展是我们的必要选择。为满足全体人民的基本需求和日益增长的物质文化需要,必须保持较快的经济增长速度,并逐步改善发展的质量,这是满足当前和将来我国人民需要和增强综合国力的一个主要途径。只有当经济增长率达到和保持一定的水平时,才有可能不断消除贫困,人民的生活水平才会逐步提高,并且提供必要的能力和条件,支持可持续发展。在经济快速发展的同时,必须做到自然资源的合理开发利用与保护和环境保护相协调,即逐步走到可持续发展的轨道上来。

目前,我国还沿袭传统的非持续性发展模式,必须迅速地扭转这种被动局面。为此,必须制定可持续发展的环境法律、法规,以引导、调控、推进经济与社会和环境的协调发展。充分运用经济手段,促进保护资源和环境,实现资源可持续利用。推行环境经济综合决策这一环境管理的关键环节,运用法律和必要的行政手段保证可持续发展。大力推广清洁技术和清洁生产,发展环保产业。

总之,环境管理的最终目的不是只为了管理环境,环境管理的最终目的是通过保护好环境促进发展,发展的思想是环境管理的指导思想。

(2)从宏观、整体、规划上研究解决环境问题。从宏观上、从整体上、从规划上研究解决环境问题的思想主要包括以下含义:

1)环境问题是社会整体中的一个有机部分,它既有自己的特殊规律,又与整体社会密切相关。因此,环境保护工作不是某一个环保部门的事,而是地方政府乃至国家的事,是整个社会的事。保护环境是我国的一项基本国策,只有国家及地方政府重视这个问题,环境保护工作才能得以顺利进行。

2)控制和解决环境问题必须把环境作为一个整体来考虑,局部地区、个别环境问题的治理是解决不了整个环境问题的。只有各地方、各部门步调一致,协同作战,才能做好环境保护工作。

3)环境问题比较复杂,必须采取综合的方法才能有效地控制和解决环境问题。如加强区域综合防治,综合研究区域内的人口、资源、经济结构、自然条件、环境质量现状,制定区域的发展规划和环境规划,综合平衡,统筹解决环境问题。综合利用多学科研究成果,采取行政、经济、技术、法律、教育等手段,加强环境管理,解决环境问题。

(3)建立以合理开发利用资源、能源为核心的环境管理战略。从长远考虑,解决环境问题的根本出路是在实现传统发展战略转变的基础上,实现经济发展、社会发展和环境发展同步进行,实现经济效益、社会效益和环境效益的统一,保持经济发展与环境和自然资源、能源承受力的平衡,这实际上就是持续发展的战略。为了做到这一点,就必须建立以合理开发利用自然资源、能源为核心的环境管理指导思想。环境保护从某种意义上讲,就是对人类的总资源、能源进行最佳利用的管理工作。为促进资源、能源的合理开发利用,就要摒弃那种为了维持眼前较高生活水准而不惜耗竭资源和能源,而给后代留下比我们这一代更为贫穷的前景和更大危险的做法。为此,在能源利用上应向生产和使用高效率以及更多地依靠可再生能源的方向转变。在资源使用上应向依靠于自然的“收入”而不耗竭其“资本”的方向转变。要密切注视资源、能源利用过程可能给环境带来的影响,要及时提出环境对策,防患于未然,做到以防为主。

2.环境管理的理论基础——“生态经济”理论

环境管理主要是通过全面规划使人类经济活动与环境系统协调发展,因而需要深入研究人类经济社会活动(主要是经济系统)与环境(生态)系统相互作用的规律与机理,这是“生态经济学”的任务。所以说,生态经济理论是环境管理的理论基础。

生态系统与经济系统都是“生态-经济”系统的子系统。要实现经济与环境协调发展,就要进行“生态-经济”系统,以及“工业-环境”关系环的研究,用新的理论观点来看待“生态-经济”系统和“工业增长与环境污染”的关系环,制定正确的环境政策和发展战略。

生态理论研究主要包括生态规律、生态目标、生态政策问题等方面的研究。环境问题的产生,主要是由于人们违反了生态规律而造成的。

环境管理要根据生态平衡规律的要求,使人类在从事和开发环境的活动中,建立起良性的人工生态系统。环境管理的主要任务之一也就是协调人类同生态环境之间的相互作用、相互制约、相互依存的关系,维持生态系统的总体平衡。

通过环境管理来有效地防止和减少人类在开发和利用环境资源活动中对生态的破坏。根据生态规律的要求,建立与生态结构相适应的生产力结构,使人类在与环境进行物质和能量交换的过程中尽量不损害生态系统的结构和功能,维护生态系统的良性循环,使环境资源能够持续、永久地被人类加以利用。为了做到这一点,我们必须以生态平衡理论来指导环境管理工作。

经济系统研究的主要内容是经济规律、经济目标以及经济政策等问题。

不同的社会制度有各不相同的经济规律,所以不同社会制度的环境管理也各有特点。这对环境管理工作有着重要的制约作用,决定了环境目标必须与经济发展目标统一,环境效益必须与经济效益统一。在制定国民经济长远发展规划的同时,要制定环境规划,并使两者结合起来,统筹兼顾,综合平衡。

在环境管理工作中,要运用市场规律,鼓励既促进经济发展,又对环境影响不大的生产开发活动,限制对环境有恶劣影响的生产开发活动。要重视环境价值,评估人的行为对环境的增值和贬值,讲求经济效益,同时也要讲求环境效益。

自 20 世纪 80 年代以来,国际、国内对生态经济理论、生态经济模型作了大量的研究。在此基础上,通过制定环境政策可以协调两者的关系。政策制定的含义包括规划、决策和管理。所有生态与经济的接口政策都应为"最大满足人类需要"这一总目的服务。政策目标除上述生态目标、经济目标等单项外,还有生态经济目标。如为了以最佳方式利用环境资源,即以最少的生态破坏和最小的劳动消耗,取得矿物、能源及信息资源的利用和环境空间的服务,为达到上述目标所作的尝试就是生态经济政策问题。

(四)环境管理的基本职能及意义

1.环境管理的基本职能

环境管理工作的领域非常广阔,包括自然资源管理、区域环境管理和部门环境管理,涉及各行各业和各个部门。因此,环境管理是个大概念,它的对象是"人类-环境"系统,通过预测和决策、组织和指挥、规划和协调、监督和控制、教育和鼓励,保证在推进经济建设的同时,控制污染、促进生态良性循环,不断改善环境质量。

由以上基本概念,国家环境管理部门主要行使下述职能。

(1)拟定环境保护法律、法令、条例、规定,制定环境管理的规章和办法,监督检查国家环境保护法规的贯彻实施。

(2)制定环境保护的方针政策,协调国务院有关部门与环境保护相关的经济、技术和装备政策。

(3)制定国家环境保护的规划和计划,参与制订国家经济社会发展的中长期规划、国土规划和区域开发规划,参与审批城市总体规划。

(4)颁布国家环境质量、污染物排放等各类环境标准,并监督实施,根据经济社会发展情况及时进行修订。

(5)负责全国陆地、水体、土壤及海洋环境的保护,监督管理废水、废气、固体废弃物、噪声振动、放射性及电磁辐射等污染的防治工作,调查重大的环境污染事故和协调省际污染纠纷。

(6)组织区域环境评价、建设项目环境影响报告书、"三同时"管理、排污收费监理、有毒化学品登记、发放排污许可证、公害病的调查等工作。

(7)归口管理全国自然环境保护工作,统筹规划全国的自然保护区,负责向国务院提出国家级自然保护区的意见。向国务院环境保护委员会提出国家重点保护动、植物名录,监督濒危物种进出口,监督重大经济建设活动引起的生态破坏。

(8)负责全国环境统计和环境监测工作,领导国家级环境监测网,编报全国环境质量报告书,发布环境质量公报和环境统计公报。

(9)制定国家环境科技政策和科技发展规划,组织环境科技攻关,组织环境科技成果的鉴定、评奖、交流和推广工作。

(10)开展和推动多种形式的环境保护宣传和教育活动,普及环境保护知识。

(11)指导全国环境保护队伍建设,组织环境保护干部的岗位培训和继续教育。

(12)开展环境保护的国际合作与交流。

由以上职责可以看出,环境管理的基本职能是规划、协调、指导和监督四方面,其中主要是监督职能。规划是指对一定时期内环境保护目标和措施所做出的规定。它是组织开展环境保护的依据,是一个起指导作用的因素。协调在于减少相互脱节和相互矛盾,避免重复,以便沟通联系,分工合作,统一步调,朝着环境保护的目标共同努力。指导是环境管理的一项服务性职能,行之有效的指导可以促进监督职能的发挥。监督是环境管理的最重要职能。要把一切环境保护的方针、政策、规划等变为人们的实际行动,还必须要有有效的监督。没有这个职能,就谈不上健全的、强有力的环境管理。对环境管理部门来说,只要有了监督权,就有了最重要的一种权力。

2.强化环境监督管理的现实意义

监督是环境管理的最基本职能和最大权力。从根本上讲,环境监督的目的是为了维护和保障公民的环境权,即公民及其子孙后代在良好和适宜的环境里生存和发展的权利。

环境管理的依据主要是国家有关环境保护的各项法规,而各项法规的实施还需要监督。《中华人民共和国环境保护法》为环境保护部门规定的职责当中,突出强调了环境监督管理方面的内容。控制污染源,保护环境,逐步提高环境质量要靠严格的监督管理才能实施和取得成效。在国家颁发的有关法规中,赋予环境保护部门许多监督权。污染综合防治方案,城市或区域环境规划也要靠监督去实施。再好的环境决策、环境规划,在实施过程中若没有监督工作,都只能是一纸空文。通过环境监督工作,也促进了环保部门自身的建设。因为开展环境监督工作需要有方法和手段,这必然促进环保部门开展这方面工作的建设。发达国家环境保护工作也主要靠监督管理,实践证明,强化监督管理很有成效,我们应该引以为鉴。

3.环境监督工作的重点

不同时期环境问题有不同的表现,环境监督的重点也不同。当前环境监督的重点有以下七方面。

(1)工业和城市布局的监督。布局对环境保护来说具有特别重要的意义,历史经验证明,由于布局不合理所造成的环境问题事后是很难纠正的。在《中华人民共和国环境保护法》和有关规定中,国家要求把这个管理权力切实地行使起来。不管是工业区或城市的布局问题,还是一个工业企业的布局问题,都是事关全局的问题。全局问题解决好了,局部问题就好解决。全局问题解决不好,局部问题处理得再好也没有什么意义。为了做好布局工作,开展环境影响评价是非常必要的,也是非常有意义的。

(2)新污染源的控制监督。对于一切新建、改建、扩建工程和一切其他开发建设行为新增的污染源都要严格管理。按照国家规定,都要严格执行环境影响评价制度和"三同时"制度。

特别是对大中型建设项目更要严格管理。

（3）老污染源的控制监督。对老污染源首先是严格要求符合现行的污染物排放标准,其次是在不断的科学技术进步过程中,在生产的全过程,采用清洁生产技术,变末端治理为全过程治理,逐步减少老污染源的污染物排放量。

（4）城市"四害"整治的监督。在大气方面,主要是烟尘控制监督;在水源方面,主要是污染源和污水处理的监督;在噪声方面,主要是流动和固定噪声源的监督;在固体废弃物方面,主要是处理、处置的监督。

（5）乡镇企业污染防治的监督。随着乡镇企业的迅速发展,对乡镇企业的监督作用愈来愈重要。这种监督主要是管好产品结构、合理布局和"三同时"三个关口。

（6）珍稀物种和自然保护区的监督。各地对国家确定的珍稀物种和自然保护区都要认真地严格监督管理。

（7）有毒化学品的监督。主要内容有两方面:一是对有毒的废弃物进行合理、安全的处置;二是对有毒化学品的生产、储运和使用加强管理,不要对环境造成有害的影响。

二、我国环境管理的发展历程

人们对环境问题有一个从不认识到深刻认识的发展过程,人们对环境管理也有一个认识过程。建国初期,我们有些部门做了一些控制环境污染的工作,但并没有提出环境管理的概念。我国的环境管理工作是从 1973 年召开的第一次全国环境保护会议以后开始形成并逐渐发展的。到 1982 年召开第二次全国环境保护会议之前的近 10 年期间,是我国环境管理工作形成和发展的第一阶段。在此期间,我国环境管理工作取得丰硕成果。不仅在工作领域上,而且从学科上逐步成熟并发展起来,为我国环境管理的科学化、现代化创造了条件。

自第二次全国环境保护会议至今是我国环境管理事业发展的第二阶段。在这次会议上制定了我国环境保护事业的方针政策:一是明确了环境保护是我国的一项基本国策;二是确定了经济建设、城乡建设、环境建设同步规划、同步实施、同步发展,实现经济效益、社会效益和环境效益相统一的环境保护战略方针;三是把强化环境管理作为环境保护工作的中心环节。这次会议的召开,标志着我国环境管理工作经过摸索阶段而走上新的台阶。

第三阶段以 1989 年 5 月的第三次全国环境保护会议为起点。这次会议正式推出了"环境保护目标责任制、城市环境综合整治定量考核制、排放污染物许可证制、污染集中控制和限期治理"新的五项环境管理制度和措施。这五项管理制度适应了强化环境管理的新形势、新需要,进一步解决了按照基本国策的总要求"怎么管"环境的问题。

现在我国已在实践中初步形成了符合我国现阶段实际的,以基本国策为主体的环境管理战略总体构想。在它的指导下,创立了一整套中国式的环境保护具体方针政策、法规和标准,并为贯彻执行这些方针政策、法规和标准找到了相应的配套运行机制。

（一）环境管理思想的转变和提高

我国对环境管理工作经历了从认识模糊到逐渐有所认识、从知之不多到知之较多的发展过程。从 20 世纪 70 年代初起,我国的环境管理思想随着环保事业的起步而萌芽,又随着环保事业的发展而不断深化。环境管理思想完成了由"以污染治理为中心"向"以强化环境监督管理为中心"的转变,环境管理进入了较为成熟的发展阶段。

从 20 世纪 70 年代末期开始,人们对严重的环境问题进行了深刻的反思,逐渐认识到把环境保护工作的重心放在单纯组织污染治理上是不可能从根本上解决我国环境问题的。在总结历史经验的基础上，提出了"加强全面环境管理，以管促治"的口号。强调环境管理工作的重要性，指出环境管理应从宏观上、从整体上、从规划上研究解决环境问题。虽然对加强环境管理的具体措施不如现在完善，但人们已逐渐认识到加强环境管理工作的重要性。

在1983年召开的第二次全国环境保护会议上，国务院明确提出了要把加强环境管理作为环保工作的中心环节，指出"我们国家还不富裕，当前还不能拿出更多的钱来进行环境治理。同时，我们国家的许多环境问题确实是由于管理太差造成的，只要加强管理，许多问题可以得到解决。"由此，加强环境管理被提到了重要的位置上，并成为我国环境保护工作的中心环节。

自第二次全国环境保护会议以后，我国的环境管理思想异常活跃，新的管理制度逐渐出台，在这一时期我国的环境管理思想有几方面突出的变化和发展。

（1）认识到在我国当时的经济条件下，控制和解决环境污染问题，不可能依靠大量资金和高技术，而可靠的出路只能是强化环境管理，通过管理寻找资金和技术，促进污染的治理和控制，从而明确提出以管促治的思想。

（2）明确提出我国的环境管理有四大领域、15项任务。四大领域是：管理由生产和生活活动引起的环境污染问题；管理由建设和开发活动引起的环境影响和破坏问题；管理由经济活动引起的海洋污染问题；管理有特殊价值的自然环境。15项任务是：组织制定环境保护计划和规划；组织拟定环境保护方针政策；组织草拟环境保护法规；组织制定环境标准；监督检查各地、各部门环境保护工作；审批并监督"三同时"的执行情况；组织推广先进管理经验和治理技术；组织环境监测调查和评价；组织规划自然保护区；组织海洋环境管理；监督管理有毒化学品；组织开展环境科学研究工作；组织开展环境教育工作；组织环境宣传活动；指导和协调各地区、各部门、各单位的环境保护业务活动。这些任务的提出，标志着我国的环境管理思想已经发展到一个理性认识阶段。

（3）确立了环境保护是我国的一项基本国策。国策是为国家的总目标和总任务而制定的，国策与政策虽然同是一个属性，但国策的职能已大大超出了一般政策的范围。国策所涉及的范围必然是制约全国，影响全民，统帅各方，钳制未来的。从这种意义上讲，国策的权威在所有政策中是最高的，国策是制定各项有关政策的前提和依据。我国把环境保护作为一项基本国策，标志着我国已由一般的环境管理思想发展到具有战略思想的高度。

（4）确立了"同步发展"的战略方针，即经济建设、城乡建设和环境建设同步发展，经济效益、社会效益和环境效益相统一的方针。这个方针体现了我国的环境与经济必须坚持协调发展。

（5）形成了以强化管理为主体，预防为主及谁污染谁治理的三大政策体系。这标志着我国的环境管理思想由开始形成发展到有其政策体系。

（6）分清了环境管理和环境建设两个不同的概念，划清了环境管理部门与其他部门的环境保护职责，这是环境管理理论的重大突破。

（7）确立了国家环境保护部门的地位和基本职责，明确了"管什么"的问题。这是我国环境管理思想和体制上的重大突破，为在我国建立切实可行的，集法律、行政、经济、教育和技术于一体的比较完整的环境管理制度打下了思想基础。

随着环境管理思想的不断深化，环境管理工作发生了一系列的转变。在污染源控制上，由末端治理转变为全过程治理。在管理领域上，由以浓度控制为主转变为区域总量控制为主，由定性管理为主转变为以定量管理为主。在管理手段上，由以行政手段为主转变为以法律、法制、依法办事为主。这些深刻的变化，使得我国环境管理工作得到不断加强，环境保护事业出现大好局面。

(二)环境管理工作的发展与深入

随着环境管理思想的不断深化与发展，我国的环境管理工作也得到了不断的发展。到目前为止，我国环境管理工作在组织机构、法制建设、管理职能和管理手段上已自成体系，趋于成熟，在我国的环境保护事业中发挥了巨大作用。

1. 环境管理机构的建立和发展

我国的环境管理机构是从20世纪70年代初始建的。1971年国家基本建设委员会成立了防治污染的"三废"利用管理机构，这是我国环境管理机构的雏形。1974年国务院批准成立了国务院环境保护领导小组，随后全国各省、自治区、直辖市和大、中城市也相继在人民政府设立了环境保护办公室。此时，我国虽从上至下都建立了环境管理机构，但这个时期的管理机构尚未纳入政府的机构序列。

1979年颁布的《中华人民共和国环境保护法(试行)》，对环境保护管理机构做出了明确规定，规定指出国务院设立环境保护机构，各省、自治区、直辖市人民政府设立环境保护局，市、自治州、县、自治县人民政府根据需要设立环境保护机构。环保法为把环境保护管理机构纳入各级人民政府的编制序列提供了法律依据。

1982年在国家机构改革中，国务院成立了城乡建设环境保护部，统管全国的环境保护工作，原国务院环境保护领导小组办公室改为该部的环境保护局。自此，环境保护管理机构纳入了政府序列，但未能形成自上而下的独立机构。

这样的管理体制存在弊端，不利于管理部门行使独立的监督管理职能。1984年，国务院以国发[1984]64号文发出《关于加强环境保护工作的决定》，决定成立国务院环境保护委员会。同年12月批准将城乡建设环境保护部环保局改为国家环境保护局，同时作为国务院环委会的办公室。1988年在机构改革中，国家环保局又升格为国务院直属局，各地方环保局也相继得到加强。自此，我国的环境管理机构走上正常的轨道，为我国环境管理工作的正常运行提供了必要条件。

2. 环境管理机构的职能不断加强

随着我国环境保护事业的不断深入与发展，我国环境管理机构的职能也得到不断的加强。这一职能可概括为"规划、协调、监督"。实践证明，充分发挥这些管理职能，环保工作就能取得明显成效。1985年在"全国城市环境保护会议"上，国务院总理指出："环境保护部门既是一个综合部门，又是一个监督机构。这个机构应该是一个能够代表本级政府行使归口管理、组织协调、监督检查职能的有权威的环境管理机构。"这些指示不但明确了管理职能，而且也使这些职能得到不断加强。

3. 环境法制建设取得很大进展

20世纪70年代以来，我国的环境法制建设取得很大进展。不但建立了较为完整的环境法律体系，而且也建立了较为全面的环境标准体系，从而为环境管理工作的实施提供了强有力的法律依据。

1979年颁布的《中华人民共和国环境保护法(试行)》和1989年颁布的《中华人民共和国环境保护法》，标志着我国的环境保护工作由一般号召推进到法制的阶段。环境保护法对环境保护对象和任务、方针和政策、基本原则和制度、环境保护的机构和职责、环境科学研究和宣传教育、奖励和惩罚等都做出了明确规定。在此基础上,我国又制定和颁布了一系列环境保护法律和法规,逐步形成了一个完整的法律体系。

环境标准是环境管理的重要手段和依据,也是环境保护法律体系的重要组成部分。我国由中央到地方,根据环保法的基本原则,制定了一系列环境标准。环境标准的制定,使环境管理工作得到定量化的依据,从而在实际的管理工作中发挥巨大作用。

4. 环境管理手段不断完善

我国的环境管理手段从弱到强,经历了从一般性管理到具体的、定量化管理的发展过程。

20 世纪 80 年代中期以前,我国的环境管理手段主要是依靠排污收费制度、环境影响评价制度和"三同时"制度。这三个制度的执行,在环境管理工作中发挥了巨大作用,但在实践中也发现了一些问题。在不断总结工作实践经验的基础上,于 1989 年召开的第三次全国环保会议上又提出了强化环境管理的五项制度,即环境保护目标责任制度、城市环境综合整治定量考核制度、排污许可证制度、污染集中控制制度和污染限期治理制度。

这些制度的实行,不断完善和强化了环境管理,也促使管理工作上了新台阶。

三、环境管理的八项制度

按照《中华人民共和国环境保护法》的规定,我们要保护的环境是指:影响人类生存和发展的各种天然和经过人工改造的自然因素的总体,即大气、水、海洋、土地、矿藏、森林、草原、野生生物、自然遗迹、人文遗迹、自然保护区、风景名胜区、城市和乡村等。为了有计划、有步骤、有重点地实施依法保护环境的总目的和总任务,我国在十多年的环境管理实践中,根据我国的国情,先后总结出 8 项环境管理制度。推行这些环境管理制度不是目的,而只是一种手段。推行各项制度是想达到控制环境的污染和生态的破坏,有目标地改善环境质量,实现环境保护的总原则和总目标。同时,这也是环境保护部门依法行使环境管理职能的主要方法和手段。

(一)"三同时"制度

"三同时"制度是指新建、改建、扩建项目和技术改造项目以及区域性开发建设项目的污染治理设施必须与主体工程同时设计、同时施工、同时投产的制度。它与环境影响评价制度相辅相成,是防止新污染和破坏的两大"法宝",是我国环境保护法以预防为主的基本原则的具体化、制度化、规范化,是加强开发建设项目环境管理的重要措施,是防止我国环境质量继续恶化的有效的经济办法和法律手段。

"三同时"制度早在 1973 年第一次全国环境保护会议审查通过的《关于保护和改善环境的若干规定》中就提出来了。该规定指出"一切新建、扩建和改建的企业,防治污染项目必须和主体工程同时设计、同时施工、同时投产""正在建设的企业没有采取防治措施的,必须补上。各级主管部门要会同环境保护和卫生等部门,认真审查设计,做好竣工验收,严格把关"。从此,"三同时"制度成为我国最早的环境管理制度。这是根据我国的实际情况,提出来的符合中国国情并具有中国特色的行之有效的环境管理制度。

1979 年,《中华人民共和国环境保护法(试行)》对"三同时"制度从法律上加以确认,该法第六条规定:"在进行新建、改建和扩建工程时,必须提出对环境影响的报告书,经环境保护部门和其他有关部门审查批准后才能进行设计,其中防止污染和其他公害的设施,必须与主体工程同时设计、同时施工、同时投产;各项有害物质的排放必须遵守国家规定的标准。"为确保"三同时"制度的有效执行,国家又规定了一系列的法令和规章。

"三同时"制度自确立以来,在环境保护工作中发挥了巨大作用。在制度执行过程中,制度的管理程序的规定趋于明确,制度的含义也更加具体,以便于制度的执行。在 1987 年,国家计委和国务院环境保护委员会联合发布的《建设项目环境保护设计规定》中,对"三同时"制度做出如下规定。

(1)在建设项目的设计阶段,应对建设项目建成后可能造成的环境影响进行简要说明。在可行性研究报告中,应有环境保护的论述。内容包括建设项目周围的环境状况,主要污染源和主要污染物,资源开发可能引起的生态变化,控制污染的初步方案,环境保护投资估算,计划采用的环境标准等。在初步设计中必须有环境保护篇章,内容包括:环境保护的设计依据,主要污染源和主要污染物及排放方式,计划采用的环境标准,环境保护设施及工艺流程,对生态变化的防范措施,环境保护投资估算等。在施工图设计中,必须按已批准的初步设计文件及环境保护篇章规定的措施进行。

(2)在施工阶段,环境保护设施必须与主体工程同时施工。施工中应保护施工现场周围的环境,防止对自然环境造成不应有的损害,防止和减轻粉尘、噪声、震动等对周围生活环境的污染和危害。

(3)建设项目在正式投产或使用前,建设单位必须向负责审批的环境保护部门提交《环境保护设施竣工验收报告》,说明环境保护设施运行的情况、治理的效果、达到的标准。

以上就把建设项目在设计、施工和投产 3 个阶段中应做的环境保护工作作了明确规定,只要依此规定严格管理,在环境保护工作中"三同时"制度就定会产生积极的效果。由于执行了"三同时"制度,就使新建项目增加了治理废水、废气和固体废弃物的能力,使污染物排放量的增长率大大低于工业产值的增长率。

(二)环境影响评价制度

环境影响评价又称环境质量预断评价,或环境质量预测评价。环境影响评价制度是环境管理中贯彻预防为主的一项基本原则,也是防止新污染,保护生态环境的一项重要法律制度。

环境影响评价是对可能影响环境的重大工程建设、区域开发建设及区域经济发展规划或其他一切可能影响环境的活动,在事前进行调查研究的基础上,对活动可能引起的环境影响进行预测和评定,为防止和减少这种影响制定最佳行动方案。

我国环境影响评价工作的雏形最初始于 20 世纪 60 年代末期,不过当时的人们对它的认识远不如现在那样深刻。我国正式提出环境影响评价问题是在 1978 年。在 1978 年制定的《关于加强基本建设项目前期工作内容》中规定了环境影响评价成为基本建设项目可行性研究报告中的一项重要篇章。在 1979 年颁布的《中华人民共和国环境保护法(试行)》中将这一制度法律化。该法第六条规定:"一切企业、事业单位的选址、设计、建设和生产,都必须充分注意防止对环境的污染和破坏。在进行新建、改建和扩建工程时,必须提出对环境影响的报告书,经环境保护部门和其他有关部门审查批准后才能进行设计。"第七条还规定:"在老城市改造和新城市建设中,应当根据气象、地理、水文、生态等条件,对工业区、居民区、公用设施、绿化地带等做出环境影响评价。"在以后国家颁布的《基本建设项目环境保护管理办法》和《建设项目环境保护管理办法》中,对环境影响评价的内容和程序作了进一步的规定和完善。在国家和地方颁布的一些其他环境法规中,也都有环境影响评价的规定。1989 年颁布的《中华人民共和国环境保护法》中,更加明确规定:"建设污染环境的项目,必须遵守国家有关建设项目环境保护管理的规定。建设项目的环境影响报告书，必须对建设项目产生的污染和对环境的影响做出评价，规定防治措施，经项目主管部门预审并依照规定的程序报环境保护行政主管部门批准。环境影响报告书经批准后，计划部门方可批准建设项目设计任务书。"

我国自开展了环境影响评价工作以来，评价工作从广度上、深度上都有了不断发展，在环境保护工作中也收到了明显效果。第一，环境影响评价制度和"三同时"制度一样，都是我国贯彻"预防为主"的方针，控制新污染和破坏的主要制度。环境影响评价制度为确保单项建设工程的合理选址，最佳布局，提出防治污染措施和控制新污染等方面发挥了积极作用。在区域开发和制定区域经济发展规划等工作中，通过合理布局，选择最佳产业结构和产品结构，运用总量控制和环境容量等概念，环境影响评价也发挥了积极作用。第二，在执行环境影响评价制度过程中，环境保护作用贯穿在基本建设的各个阶段，从而把建设项目环境管理纳入国民经济计划轨道，在发展经济的同时注意到环境保护，促进环境保护和经济建设协调发展。第三，环境影响评价工作是一件高度综合性的工作，特别是大型工程项目的评价更是如此。这就决定了评价工作绝不是一两个人所能完成的，它需要集中各学科、各专业的技术人才，共同参与才能完成。为保证环境影响评价工作的质量，国家对从事环境影响评价工作的单位和评价工作内容，以及评价报告书的审批都有严格的管理。

国家根据《建设项目环境影响评价证书管理办法》规定，对从事环境影响评价的单位进行资格审查。环境影响评价证书分甲级、乙级两种，可承接不同规模建设项目的环境影响评价工作。国家和地方对持证单位还要进行定期的考核，这样由组织上保证了评价工作的质量。

在 1993 年国家颁布的《环境影响评价技术导则》中，对环境影响报告书的内容做了详细规定。这样以国家标准形式，从工作内容上确保了评价工作的质量。

根据《建设项目环境保护管理办法》的规定，环境影响报告书由建设单位在项目的可行性研究阶段完成，建设项目的行业主管部门负责报告书的预审。大中型建设项目和限额以上的技术改造项目的报告书，经省级环保部门审批，报国家环保局备案。这样严格了报告书的审批手续，从管理角度确保了环境影响评价制度真正起到保护环境的作用。

(三)排污收费制度

排污收费制度是指一切向环境排放污染物的单位和个体生产经营者，应当依照国家的规定和标准，缴纳一定费用的制度。我国的排污收费制度是在 20 世纪 70 年代末期，根据"谁污染谁治理"的原则，借鉴国外经验，结合我国国情开始实行的。我国的排污收费制度规定，在全国范围内，对污水、废气、固体废物、噪声、放射性等各类污染物的各种污染因子，按照一定标准收取一定数额的费用，并规定排污费可以计入生产成本，排污费专款专用，排污费主要用于补助重点排污源治理等。

为什么要实行排污收费制度呢？因为环境是人类赖以生存的最基本条件，也是社会发展经济的物质资源。国家是政权组织，它拥有对环境资源的所有权和管理权。环境一旦遭到污染，必然使环境质量恶化，人体健康受到损害。而为了消除和恢复这一不利的影响，需要花费大量的社会劳动和资金，从而体现出环境资源的固有价值。排污收费制度正是运用价值规律的理论，运用体现经济效益的机制，促进排污单位防治污染的一项独特的制度。在产品的生产环节、流通环节和消费环节上，谁污染了属于全体社会成员共有的环境，谁就把进行治理的负担转嫁给全社会。在这种情况下，国家就可以将企业原本应该支付而尚未支付的污染防治费用，通过排污费的形式加以收缴。

我国实行排污收费制度的根本目的不是为了收费,而是防治污染、改善环境质量的一个经济手段和经济措施。排污收费是为了促进企事业单位加强经营管理,节约和综合利用资源,治理污染,改善环境。排污收费制度只是利用价值规律,通过征收排污费,给排污单位以外在的经济压力,促进污染治理,节约和综合利用资源,减少或消除污染物的排放,实现保护和改善环境的目的。

我国实行排污收费制度是有其法律依据的。早在1979年颁布的《中华人民共和国环境保护法(试行)》第十八条规定:"超过国家规定的标准排放污染物,要按照排放污染物的数量和浓度,根据规定收取排污费",这是首次从法律上正式确立了我国的排污收费制度。1989年颁布的《中华人民共和国环境保护法》再次明确了排污收费制度,该法第二十八条规定:"排放污染物超过国家或者地方规定的污染物排放标准的企业事业单位,依照国家规定缴纳超标准排污费,并负责治理。"除此之外,国家颁布的其他环境保护法律和行政法规,对排污收费制度的目的、排污费的征收、管理和使用等做出了一系列明确、具体的规定。自排污收费制度试行以来,由于我国建立了一套完善的排污收费法规体系,从而保证了排污收费制度在我国全面顺利实施。

排污收费制度的实行,在我国的环境保护事业中取得了明显的效果。排污收费制度加强了企业管理,促进了污染治理。排污收费触动了企业的经济利益,企业对污染的防治工作由消极状态转变为积极状态。企业主动治理污染环境的设施,使企业的污染治理项目不断增加,向环境的排污量有所控制和减少,因而环境效益是明显的。企业由于治理了污染项目,从中也获得不少经济效益。正因为如此,排污收费制度调动了企事业单位治理污染的积极性。另外排污收费制度也促进了环境保护事业的发展。我国从一开始推行排污收费制度就明确规定,排污费的20%可以适当补助用来发展环境保护事业。由于环保部门得到这笔补助资金,不但增加了管理人员,而且也增加了不少仪器设备,从而加强了环境监督管理工作。

(四)环境保护目标责任制

环境保护目标责任制是一种具体落实地方各级政府和有污染的单位对环境质量负责的行政管理制度。这种制度以社会主义初级阶段的基本国情为基础,以现行法律为依据,以责任制为核心,以行政制约为机制,把责任、权力、利益和义务有机地结合在一起,明确了地方行政首长在改善环境质量上的权力、责任和义务。

环境保护目标责任制是在我国环境管理实践中,结合我国国情,总结提炼出来的。它解决了环境保护的总体动力问题,责任问题,定量科学管理问题,宏观指导与微观落实相结合的问题。环境保护是一项十分复杂的综合性很强的系统工程,是一项科学、技术、工程、社会相结合的系统工程,涉及方方面面。这样一项巨大的系统工程必须统一指挥,统一规划,统一实施。那么由谁来担当统一的重任呢?过去一段时间,这个重任落在环境保护部门身上。实践证明,环境保护部门负不起这个责任,这个责任只能由地方行政负责人承担,因为他有权、有职,也有责任承担起这项伟大的工作。第三次全国环境保护会议规定:地方行政领导者对所管地区的环境质量负责。要使各级政府领导人真正对环境负责,就要有制度的保证。环境保护目标责任制就是在这种情况下出台的,这是环境保护工作深入开展的需要,具有重要的意义。

实践证明,环境保护目标责任制在环境保护工作中确实发挥了巨大作用。在各项环境管理制度中,它具有全局性的影响。首先。它明确了保护环境的主要责任者、责任目标和责任范围,解决了谁对环境质量负责这一首要问题。其次,这个制度的容量很大,在确定责任制的指标体系和考核方法时,可以把其他制度的内容包括进去。所以抓住了责任制,就能带动全局,促进其他制度和措施的全面实行。责任制的各项指标可以层层分解,使保护环境的任务落实到方方面面,各行各业,调动全社会参与保护环境的积极性。因此,只要抓住了环境保护目标责任制,就可以收到牵一发而动全身的效果。

环境保护目标责任制的实施是一项复杂的系统工程,涉及面广,政策性和技术性强。它的实施以环境保护目标责任书为纽带,实施过程大体可分为四个阶段,即责任书的制定阶段、下达阶段、实施阶段和考核阶段。

(五)城市环境综合整治定量考核

城市是一种特殊的生态环境。城市不但人口多、密度大,而且工业集中,经济活动强度大。同时城市也是国家和地方的政治、经济、文化教育、科学技术的中心,在现代化建设中,城市起着主导作用。由于城市的这些特点,使得城市的环境污染特别突出。为此,城市着力开展了环境保护工作。城市环境综合整治大体上是由 1984 年开始的。1984 年中共中央《关于经济体制改革的决定》中明确指出:"城市政府应该集中力量做好城市的规划、建设和管理,加强各种公用设施的建设,进行环境的综合整治",把进行城市环境综合整治作为城市政府的一项主要职责。为贯彻这一精神,1985 年国务院召开了全国城市环境保护工作会议,会议原则通过了《关于加强城市环境综合整治的决定》。

什么是城市环境综合整治呢?城市环境综合整治就是在市政府的统一领导下,以城市生态理论为指导,以发挥城市综合功能和整体最佳效益为前提,采用系统分析的方法,从总体上找出制约和影响城市生态系统发展的综合因素,理顺经济建设、城市建设和环境建设既相互依存又相互制约的辩证关系,用综合的对策整治、调控、保护和塑造城市环境,为城市人民群众创建一个适宜的生态环境,使城市生态系统良性发展。

由于推行了城市环境综合整治工作,城市环境保护工作取得了不少成绩。城市的环境污染得到控制和治理,城市的环境建设得到加强。但由于城市工业和人口集中,长期积累下来的环境问题较多,环境综合整治工作进展落后于环境保护发展的需要。在总结实践经验的基础上,1988 年国家发布了《关于城市环境综合整治定量考核的决定》。在第三次全国环境保护会议上把定量考核作为环境保护工作的重要制度并提出了一些具体要求。从此,城市环境综合整治定量考核作为一项制度纳入了市政府的议事日程,在全国普遍展开。

该制度的考核内容包括 5 个方面,21 项指标。5 个方面是:大气环境保护;水环境保护;噪声控制;固体废弃物处置和绿化。21 项指标是:大气总悬浮微粒年日平均值;二氧化硫年日平均值;饮用水源水质达标率;地面水 COD 平均值;区域环境噪声平均值;城市交通干线噪声平均值;城市小区环境噪声达标率;烟尘控制区覆盖率;工业尾气达标率;汽车尾气达标率;万元产值工业废水排放量;工业废水处理率;工业废水处理达标率;工业固体废物综合利用率;工业固体废物处理处置率;城市气化率;城市热化率;民用型煤普及率;城市污水处理率;生活垃圾清运率和城市人均绿地面积。

由 21 项指标来看,大气方面有 8 项,满分值 35 分;水方面 6 项,满分值 30 分;固体废物方面 3 项,满分值 15 分;噪声方面 3 项,满分值 15 分;绿化方面 1 项,满分值 5 分。因此,就城市环境来说,只要解决了大气环境和水环境方面的问题,就解决了大部分的环境问题。

国家直接对 32 个城市进行考核。年终各城市政府要将各项考核指标的完成情况进行认真的汇总分析,并以城市政府的名义将结果上报国务院环委会,国务院环委会再组织专人进行审核,并评定各城市的名次。

(六)污染集中控制

为了改善环境质量,工矿企业排放的污染物必须先行治理,才能排放,以减少对环境的污染。一个时期,我们过分强调了这种单个污染源的治理,追求处理率和达标率。这样做的结果,尽管花了不少资金,费了不少劲,搞了不少污染治理设施,但对改善区域环境质量的效果并不十分明显,总体效益不佳。

在环境管理的实践中,我们认识到污染治理必须以改善环境质量为目的,以提高经济效益为原则。也就是说,治理污染的根本目的不是去追求单个污染源的处理率和达标率,而应当是谋求整体环境质量的改善。同时讲求经济效益,以尽可能小的投入获取尽可能大的效益。

基于以上指导思想,与单个点源分散治理相对,污染物集中控制在环境管理实践中慢慢出现和发展起来。污染集中控制是在一个特定的范围内,为保护环境所建立的集中治理设施和采用的管理措施,是强化环境管理的一种重要手段。污染集中控制,应以改善流域、区域等控制单元的环境质量为目的,依据污染防治规划,按照废水、废气、固体废物等的性质、种类和所处的地理位置,以集中治理为主,用尽可能小的投入获取尽可能大的环境、经济、社会效益。

实践证明,污染集中控制在环境管理上具有方向性的战略意义,特别是在污染防治战略和投资战略上带来重大转变,有助于调动社会各方面治理污染的积极性。这种制度实行的时间虽不长,但已显示出强大生命力。实行污染集中控制有利于集中人力、物力、财力解决重点污染问题;有利于采用新技术,提高污染治理效果;有利于提高资源利用率,加速有害废物资源化;有利于节省防治污染的总投入;有利于改善和提高环境质量。

这种制度在实行过程中,应以规划为先导,划分不同区域的功能,突出重点,分别整治。在组织领导上,应以政府牵头,协调各部门,调动大家积极性。在具体形式上,应根据实际情况,因地制宜,不可千篇一律,以追求最佳经济效益和环境效益为宗旨。

(七)排污申报登记与排污许可证制度

排污申报登记制度是环境行政管理的一项特别制度。凡是排放污染物的单位,须按规定向环境保护管理部门申报登记所拥有的污染物排放设施,污染物处理设施和正常作业条件下排放污染物的种类、数量和浓度。

排污许可证制度以改善环境质量为目标,以污染物总量控制为基础,规定排污单位许可排放什么污染物、许可污染物排放量、许可污染物排放去向等,是一项具有法律含义的行政管理制度。

排污申报登记制度与排污许可证制度是两个不同的制度,这两个制度既有区别,又有联系。排污申报登记是实行排污许可证制度的基础,排污许可证是对排污者排污的定量化。排污申报登记制度的实施具有普遍性,要求每个排污单位均应申报登记。排污许可证制度则不同,只对重点区域、重点污染源单位的主要污染物排放实行定量化管理。

在以往的环境管理中,我们对污染源管理着重于是否达到排放标准。随着经济的不断发展,就某个污染源或某个地区而言,虽然污染源的排放浓度达到排放标准的要求,但污染物的排放总量却有增无减。这样局地或地区的环境质量不但没有得到有效的控制,有些地方环境质量还有恶化的趋势。在这种情况下,只对污染源进行排放浓度的控制是解决不了问题的,必须对一些重点污染源进行排放总量控制。发放排污许可证,才能从总体上有效地控制污染。

所以这种制度是根据环境保护的实践需求提出来的。实行排污许可证制度,力求从污染物总量控制出发,注重于整个区域环境质量的改善。针对不同地区不同的环境质量要求,确定不同污染源削减不同污染物的排放量,将污染治理与环境质量目标的实现紧密地结合起来。这样既有利于节约治理资金,也有利于环境质量目标的实现。

排污申报登记与排污许可证制度之所以出台,一方面是环境管理工作的实践要求,另一方面也有其法律依据。在 1989 年颁布的《中华人民共和国环境保护法》第二十七条中规定:"排放污染物的企业事业单位,必须依照国务院环境保护行政主管部门的规定申报登记。"《水污染防治法实施细则》第九条规定:"企业事业单位向水体排放污染物的,必须向所在地环境保护部门提交《排污申报登记表》,环境保护部门收到《排污申报登记表》后,经调查核实,对不超过国家和地方规定的污染物排放标准及国家规定的企业事业单位污染物排放总量指标的,发给排污许可证。"有法必依是实现法制化的中心环节,既然法律有了规定,我们就应认真地贯彻执行。

这两个制度的实行,深化了环境管理工作,使对污染源的管理更加科学化、定量化。只要采取相应配套管理措施,长期坚持下去,不断总结完善,就一定会取得更大成效。

(八)限期治理污染制度

限期治理污染是强化环境管理的一项重要制度。限期治理是以污染源调查、评价为基础,以环境保护规划为依据,突出重点,分期分批地对污染危害严重,群众反映强烈的污染物、污染源、污染区域采取的限定治理时间、治理内容及治理效果的强制性措施,是人民政府为了保护人民的利益对排污单位采取的法律手段。被限期的企业事业单位必须依法完成限期治理任务。

限期治理不是指随便哪个污染源污染严重就限期治理哪个污染源,限期治理要经过科学的调查评价污染源、污染物的性质、排放地点、排放状况、污染物迁移转化规律、对周围环境的影响等各种因素,并在总体规划的指导下确定。限期治理必须突出重点,分期分批解决污染危害严重,群众反映强烈的污染源与污染区域。同时凡是被确定为限期治理的对象,要具有四大要素,即限定治理时间、限定治理内容、限定治理对象和限定治理效果。限期治理污染是一种法律程序,具有法律效能。

在环境管理实践中执行限期治理污染制度,可以提高各级领导的环境保护意识,推动污染治理工作。可以迫使地方、部门、企业把防治污染列入议事日程,纳入计划,在人、财、物方面做出安排。可以促进企业积极筹集污染治理资金。可以集中有限的资金解决突出的环境污染问题,做到投资少,见效快,有较好的环境与社会效益。可使群众反映强烈,污染危害严重的突出污染问题逐年得到解决,有利于改善厂群关系和社会的安定团结。有助于环境保护规划目标的实现和加快环境综合整治的步伐。

第四节　环 境 经 济

一、概述

(一)环境经济学与环境保护

20 世纪 80 年代中期以后,人们对于环境问题不仅是一个技术问题,也是一个重要的社会经济问题有了比较深刻的认识,懂得了环境保护的着重点不是污染物排出来了再去治理,而是应该在发展过程(经济再生产过程)中消除污染。环境与发展、环境与经济是紧密相连的,既相互依存又相互制约。环境与发展问题,已日益成为世界各国关注的焦点。

1992年6月在巴西里约热内卢召开的联合国环境与发展大会,规模之大、级别之高都是空前的。这表明全世界环境意识的大提高,人们已认识到人类应主动地调整自己的发展战略,使经济与环境相协调,保证经济与社会持续发展。"经济发展必须与环境保护相协调"是中国政府在环境与发展大会上表明的原则立场。1989年颁布的《中华人民共和国环境保护法》第四条对此已有明确的规定,1992年的政府工作报告中又明确提出要坚持环境保护与经济建设协调发展的方针。以经济建设为中心,加快改革开发的步伐,在经济腾飞过程中如何正确处理发展经济与保护环境的关系,促进"环境-经济"系统的良性循环,已成为环境保护工作的重大课题。为此,要努力做到下列两点。

1.加强环境经济学的研究

环境经济学是经济科学与环境科学交叉渗透形成的新兴学科。它的主要任务是运用经济科学及环境科学的理论和方法,研究经济发展与环境保护的关系,建立良性循环的环境经济系统,使经济活动取得最佳的综合的社会经济效益。因此,为了实现经济建设与环境保护协调发展,保证经济快速持续稳定地发展,必须加强环境经济学的研究。

2.将环境经济学作为环境教育的重要内容

"环境保护,教育为本",特别是加强对决策层的环境教育尤为重要。党的十四届五中全会提出:"实现今后15年的奋斗目标,关键是实现两个具有全局意义的根本性转变:一是从传统的计划经济体制向社会主义市场经济体制转变;一是经济增长方式从粗放型向集约型转变。"在当前的新形势下,为了以经济建设为中心,搞好环境保护,就必须把环境经济作为环境教育的重要内容,使决策层和经济工作者、环保工作者,以及国家的后备干部(大专院校相关专业的学生)懂得环境经济的基础知识、基本理论和方法(如:经济与环境协调发展的理论,持续发展的理论,环境的资源观、价值观),推行环境综合决策的理论和方法,以及运用经济手段保护环境的理论和方法等。

(二)环境经济学的特点

环境经济学以"环境-经济"系统为研究对象,研究经济与环境的对立统一关系,探索合理调节经济再生产与自然再生产过程之间的物质交换和能量流动的理论和方法,使经济活动取得最佳的社会经济效益(见图7-1)。图7-1中的虚线框格内是自然再生产过程与经济再生产过程物质交换的结合部,是环境经济学的主要研究领域。由此也可以看出,它是一个综合性的新兴学科。其特点如下所述。

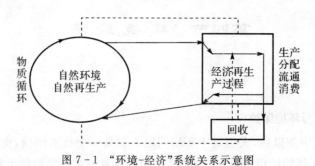

图7-1 "环境-经济"系统关系示意图

1.综合性

环境经济学的研究对象是"环境-经济"系统,它是由环境系统与经济系统组成的复合系统,是一个多层次、多单元的复杂系统,这就决定了环境经济学的综合性。为了使经济与环境协调发展,既要研究从宏观上、战略上如何对"环境-经济"系统进行调控;又要研究如何运用经济政策、环境政策和环境经济政策,对经济与环境进行政策协调;还要具体研究对经济与环境进行技术协调的方法,以及 3 个层次的调控如何结合。因此,环境经济学的综合性是很突出的。

2.地域性

环境系统的特征随空间分布而有很大的差异性,以水资源、生物资源为例,不论就全球范围或是从中国的广大国土来看,资源的承载能力因地域不同而有差异,环境综合承载能力也必然因地而异。经济系统也是如此,国情不同、地域不同,其经济体制、经济结构、经济技术发展水平等也有明显差异。因此,以"环境-经济"系统为研究对象的环境经济学有显著的地域性。

3.协调性

"环境-经济"系统是由环境系统与经济系统组成的复合系统。为使经济快速、高效益地持续发展,就需要环境系统的自然再生产过程持续稳定地发展,环境资源能够持续利用。这就要求经济建设必须与环境保护相协调,只有协调才能持续,经济与环境协调发展是保证经济快速持续健康发展的前提。因此,协调性是环境经济学特点之一。

(三)经济与环境协调发展的理论

1.经济与环境协调发展是历史的必然

环境与经济是对立的统一,既相互依存又相互制约。环境是发展经济的物质基础,但因环境的承载力是有限的,所以环境又是经济发展的制约条件;经济发展战略和增长方式符合生态经济规律,经济发展就会有利于环境保护,可以为改善环境提供资金和技术支持,否则就将造成环境的污染与破坏。

人类社会的历史,就是一个不断开发、利用自然资源,并把自然资源变成财富的历史。工业革命后,人类对大自然的索取能力和数量大增,加深了与自然资源再生的长期性和环境承载能力有限性的矛盾。矛盾结果产生了制约经济发展和影响人类生存的一系列重大环境问题。20 世纪 80 年代中期以后,全球性的环境形势十分严峻。这些严峻问题的产生,实质上也就是经济、社会发展与环境不协调的结果,是人类活动违反自然规律,导致大自然对人类的报复。因此,调整人与自然的关系,保护环境、合理开发利用资源,使经济与环境协调发展,是社会生产力发展进入一个新阶段的历史必然。这是我国振兴经济和社会进步的唯一战略选择,这既是当代人生存与发展的需要,也是子孙后代生存与发展的需要。

2.实现协调发展的原则与条件

(1)实现协调发展的原则。要实现经济与环境协调发展,在经济建设中必须坚持如下的原则。

1)合理开发利用资源,开发强度不能超过环境承载力。即

$$开发强度/环境承载力 \leqslant 1$$

2)建立低消耗高效益的社会经济结构,提高资源的利用率和转化率。建立"环境-经济"系统的总体模型,设计低消耗、高效益的"环境-经济"系统,并把它调控到最佳运行状态,这是环境经济学研究的核心。当前我国正在转变经济增长方式,从以大量消耗资源粗放经营为特征

的传统增长方式(投入多、产出少、排污量大),转变为各生产要素实现最优组合的集约型增长方式(投入少、产出多、排污量小)。结合国家实际,应主要抓住两个方面:一是提高资源的利用率与转化率;二是改善经济结构,特别是能源结构与工业结构。

3)依靠技术进步,正确选择技术发展方向。实现经济与环境协调发展,必须依靠技术进步。要建立对科学技术发展规划进行环境影响预测评价的制度;对技术路线、生产工艺等进行环境经济综合评价;制定技术政策,限制或淘汰对环境危害较大的生产工艺,发展无公害少污染的技术,推行清洁生产。

4)在经济发展过程中,要拿出一定比例的新增资源,用于恢复和改善环境质量。工农业高速发展,为社会创造了新增资源,但同时降低和损害了环境质量,摆在我们面前的问题是,从新增资源中拿出多大比例用于恢复和改善环境质量(即环保投资占 GNP 的百分比应该多大)。如果只顾高速发展现代工业和农业,而不肯拿出投资用于恢复和改善环境质量,实质上就是无偿地使用环境资源,以牺牲环境求发展,不但会严重损害环境,经济也难以持续发展。因此,必须拿出一定比例的新增资源用于恢复和改善环境质量。

(2)实现协调发展的条件。经济与环境能不能协调发展,在我国当前的技术、经济、社会条件下回答是肯定的。我国已具备了经济与环境协调发展的条件。

1)决策层的环境意识已有明显提高。转变发展战略、转变经济增长方式,实现经济与环境协调发展,已逐步成为决策层的共识。

2)我国已经有了一定的技术经济基础。经济实力明显增强,技术投入逐步增大,到 2020 年相当大一批城市的技术贡献率将达到 60%。环境保护投资比(即环保投资占 GNP 的百分比)也将由现在的 0.78% 增长到 1.5%。

3)我国已具备了协调一致的社会条件。人们越来越清楚地认识到,珍惜环境就是珍惜发展经济的物质基础。优质、高产、少投入、多产出、少排废,既是发展经济的要求,也是环境保护的要求。在这样的思想基础上,我国已具备了各地区、各部门协调一致,努力实现经济与环境协调发展的社会条件。

(四)中国主要的环境经济问题

我国需要解决的环境经济问题很多,如:生产布局中的环境经济问题,工业发展中的环境经济问题,工业污染防治中的环境经济问题,城市环境综合整治中的环境经济问题,能源开发利用中的环境经济问题,水土流失的环境经济问题,农业发展中的环境经济问题,乡镇企业发展中的环境经济问题等等。下面着重介绍一些主要的环境经济问题。

1.生产布局的环境经济问题

生产布局是社会经济发展的空间形式,它将各生产要素进行合理的地域组合,以达到促进整个国民经济协调发展,合理利用环境资源的目的。生产布局是人与环境进行物质交换的枢纽,它既反映人类征服自然的态势,又反映人类向环境排污的分布和总体趋势。合理的生产布局是合理利用环境自净能力有效地开发和利用自然资源,保护环境、综合防治环境污染的重要措施。生产布局不合理,是我国环境污染破坏日趋严重的重要原因之一。

2.工业污染防治的环境经济问题

中国的环境污染 70% 是由于工业污染造成的。工业污染治理的欠账达 2 000 亿元,工业污染造成的经济损失达数百亿元。从环境经济整体上做综合分析,正确选择适合国情的工业污染防治途径是十分重要的。

中国人口众多底子薄,技术经济发展水平不高,不可能走高投入、高技术治理污染的道路;而且中国的工业污染主要是因粗放经营,资源、能源浪费大造成的。因此,中国的工业污染防治应立足于转变经济增长方式,推行清洁生产,对新建、扩建技术起点要高,坚持不欠新账,坚持污染者付费的政策,并加强老企业的技术改造,尽快"还清"污染治理的欠账。

3. 能源开发利用的环境经济问题

中国大气污染主要是煤烟型污染,这是由于我国的能源结构以煤为主(占 70%),而且浪费很大造成的。改善能源结构、开发清洁能源,是控制大气污染的重要措施,但不是短期能够解决的,到 2020 年我国能源结构仍是以煤为主(约占 2/3 以上)。因此,经济而有效的措施是大力节能,不但可以减少烟尘、SO_2 和 CO_2 的排放量,降低污染损失,而且也能得到明显的经济效益。

我国的能源利用效率低、浪费大,生产等量产品,我国的耗煤量大约是发达国家先进水平的 3 倍(或更多)。一方面,如果不采取有力的节能措施,我国的煤需求量缺口将很难满足;另一方面,即使能生产这么多煤,增大煤耗以后烟尘、SO_2 和 CO_2 的排放量也随之大增,使大气污染更加严重,必须要多花费治理费用,增大污染的经济损失。CO_2 排放量增大,会加速全球气候变暖的趋势,使全球性环境形势更加严峻。

4. 城市环境综合整治中的环境经济问题

城市环境是经济活动集中、非农业人口大量集聚的地区,是人类改造自然环境而形成的典型人工环境。保护城市环境是保证发挥城市功能,促进经济与环境协调发展,保障居民身体健康的重要课题。

由于城市人口密集、经济活动高度集中,致使大量的物质和能量在城市生态系统中循环和流动。在生产消费和生活消费过程中,每时每刻都有大量的废弃物及对环境产生不良影响的物质排放到环境中,对城市环境造成很大压力。但是,长期以来城市政府只重生产、重产值,不重视市政建设和环境建设,没有因地制宜地根据不同城市的具体条件确定其规模、布局及发展方向。致使城市布局不合理、比例失调、各项基础设施和环境设施薄弱,从而造成 20 世纪 70 年代末我国城市环境质量急剧恶化。城市居民意见很大,环境纠纷日益增多,影响了社会政治稳定性,影响了城市经济的发展,给城市经济造成巨大经济损失。如水资源本来城市就稀缺,再加上严重的水污染,造成许多城市闹水荒,许多工厂被迫停产,造成了巨大经济损失。

多年来,人们对城市污染只注重单项治理。实践告诉人们,这种做法对整个城市环境的改善作用收效甚微。党的十二届三中全会通过的《中共中央关于经济体制改革的决定》,向人们提出了城市环境综合整治的任务,后来又推行定量考核制度,经过试点取得了可喜的成果,但有许多环境经济问题还有待于深入探讨和研究。如:正确处理城市环境和经济的比例关系,确定正确的科学的城市环境目标,进行城市的合理布局,调整城市产业结构、产品结构和技术结构,城市经济发展不超出城市环境的承载能力等。既发展城市经济,又保护城市环境,使得二者协调发展。

5. 农业发展中的环境经济问题

我国为了解决 13.5 亿人口的吃饭问题,迫切需要提高粮食的单位面积产量。但是传统的做法是靠增施化肥农药来增产,出现了明显的环境经济问题。

(1)化肥污染。化肥可以大幅度地增加农作物的单产,但是使用时间一长,加之使用不当,会造成化肥污染,从而给农业和其他方面造成经济损失。近年来,由于大量施用化肥,化肥引起的环境污染已十分突出。施入土壤的各种化肥只有一部分被作物吸收,大量营养物质有的从土壤中流失,有的残留在土壤中,有的则在化学反应过程中挥发到大气中。化肥的利用率很低,尤其是氮肥的损失率更高,这样,造成经济损失,而且会引起环境污染,进而影响人体健康,同时又影响农业生产,造成更大的经济损失。长期施用化肥,还会改变土壤的理化性质,地力下降,影响农业生产。因此,要认真研究和解决化肥污染的环境经济问题。

(2)农药污染。农药对于防治农作物病虫害,保证农作物的稳定高产,具有十分重要的作用。然而,由于长期不合理地使用农药,加之农药中有许多高残留有毒有害的物质,造成了农药污染,使农产品的品质下降,且污染大气、土壤和水体,进而造成巨大的经济损失,对人民群众的身心健康造成威胁。因此,近年来,我们开展了生物防治和综合防治病虫害的研究,取得一些可喜的成果,但是还很不够,有待于深入探讨和研究防治病虫害的途径,以尽早解决农药污染的环境经济问题。

此外,农业能源的环境经济问题、土壤沙化的环境经济问题、推广生态农业的环境经济问题等,都亟待研究解决。

二、环境保护的经济效益

(一)环境保护经济效益的特点

1.环境保护经济效益的含义

经济效益的大小,一般是用人们进行某一社会实践活动所付出的费用和获得的利益的比例关系来表示。可以用减式或除式来表示,即

$$经济效益=利益(收益)-费用$$

或

$$经济效益=利益/费用或经济效益=费用/利益$$

环境保护经济效益是指为实现某一环境目标所做的评价,即为实现这一目标所付出的费用和因环境改善所获得的综合的社会经济效益的比较。环境保护经济效益按照研究范围,可以分为微观环境保护经济效益和宏观环境保护经济效益。微观环境保护经济效益,是指某一环境工程设施的经济效益;宏观环境保护经济效益,是指一个地区、一个城市或者全国的环境保护经济效益。按照效益的性质,又可分为直接经济效益和间接经济效益。直接经济效益表现为因减少污染物排放而节约的活劳动、物化劳动和降低的污染损失;间接效益表现为居民体质的增强、发病率的降低、劳动和休息条件的改善、自然景观的保护、自然资源的增值等。

2.环境保护经济效益的特点

(1)区域性。物质资料生产成果一般是指生产过程中劳动消耗所取得的经济利益,而环境保护的成果除表现在本身的利益上,还表现在其他一系列生产部门和非生产部门所获得的利益上,它涉及环境保护区域内许多生产单位。其效益会在区域内企业中表现出来,使它具有区域性。

(2)难于计量性。物质资料生产的经济效益一般通过计算可以确切地用量来表示出来。而环境保护的效益,除了可以用价值直接计算的经济利益外,像自然保护措施的经济效益就不能用价值表现出来,而是用货币形式对其后果进行经济评价。如水环境中污染物含量下降的效益,它包括对人体健康、工业生产、农业生产、景观等多种方面产生效益,这些效益如果要进行准确的计量一般是不可能的。环境保护经济效益计量的困难性主要是由于其环境效益计量的困难性造成的。

（3）宏观与微观的不一致性。物质资料生产的经济效益,其微观经济效益与宏观经济效益是一致的,可以直接把各个微观的经济效益相加,求得宏观的经济效益。而环境保护的经济效益则不是这样。由于各个污染源(即工矿企业)排放的废弃物,都会在环境中扩散、转移、交换,致使这些污染物相遇后,又在物理、化学和生物作用下,对环境的危害程度发生了相加、拮抗或协同作用等错综复杂的消长关系。因此,对环境保护的经济效益,除了进行单项的、局部的考察外,还必须进行多层次、多结构以至总体性的综合评价。这是因为环境保护的单项(即微观)经济效益同总体(即宏观)经济效益的关系与物质资料生产的微观(即企业)经济效益同宏观(即一个部门、一个地区,甚至全国)经济效益的关系,是不完全相同的。在物质生产中的微观经济效益的基础上计算宏观经济效益时,其"所得"与"所费"在必要时是可以分别相加的,而在环境保护中,却由于上述各微观经济效益与宏观经济效益之间所存在的错综复杂的消长关系,决定了对其"所得"部分不能简单相加,而必须根据其综合的效益进行计算。

（4）效益的综合性。物质资料生产的利益一般表现在物质财富的增加,而环境保护的利益不仅包括物质财富的经济效益,还要包括环境效益和社会效益。如:污染物达标排放,环境质量改善;增进居民健康,有利于文化及体育活动的开展,居民生活的安定等。因此,应对环境效益、经济效益和社会效益进行综合分析。

例如:兰州化学工业公司用选择性催化还原法治理NO_x污染。NO_x加催化剂后和氨反应还原为氮气,消除了污染。每年花费200多万元的治理费用,而没有物质财富的收益(经济效益很差);但是,采取治理措施后NO_x达标排放,化学工业公司所在地不再发生光化学烟雾,环境效益好;环境质量改善后,有利于居民户外活动,增进居民健康,居民不再担心NO_x对水体和农作物的污染,人心安定,社会效益好。三个效益综合分析,这项环境工程措施综合效益较好。

(二)环境保护费用

1.环境保护费用的含义

环境保护费用,是指为防治环境污染和破坏造成的损失而付出的全部费用。它包括两个部分:一是开发利用水、空气、矿产等自然资源或生产过程中排出的污染物对环境的损害费用和防护费用,包括环境受污染后使水处理费用增加、农产品减产损失、医疗费用增加,以及居民为防止污染损害而增加的防护设施费用等;二是控制环境污染和破坏而付出的防治费用和环境保护事业费(科研费、资料费、培训费等)。前者总称为社会损害费用,后者总称为环境控制费用。

2.最合理的环境费用

社会损害费用(C_s)与环境控制费用(C_k)的关系如图7-2所示。

从图7-2、图7-3来看,社会损害费用与环境控制费用存在着大致相反的关系,当环境受到严重污染破坏时(环境退化程度大),社会损害费用很大,而用于环境控制费用少;增大环境控制费用,降低环境退化程度、改善环境质量,社会损害费用就会减少。但是,并不是环境控制费越大越好,它增大到一定的程度,再增大时社会损害费用减少得并不多,图中的(E_1,C_1)点,是在一定的技术发展水平下的适宜控制水平和最合理的环境费用。

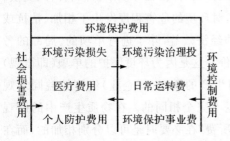

图7-2 社会损害费用与环境控制费的关系

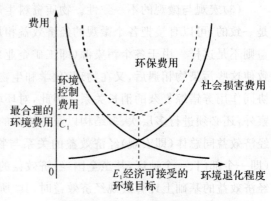

图7-3 合理的环境费用曲线

3.环境保护费用实际估算中的问题

在实际工作中,估算环境保护费用是相当困难的。主要有两方面的问题。

(1)环境控制费用的估算问题。这项费用包括环境污染破坏的综合防治费和环保事业费。前者的费用估算国家尚没有统一的具体规定,造成估算的困难。例如:结合技术改造防治污染,哪些算技术改造费、哪些算污染治理费;城市气化、集中供热都是防治大气污染的措施,但这主要是公用事业费及城市建设费。是否也应算一部分大气污染治理费?看法就不一致。

(2)社会损害费用。实际估算环境污染破坏的经济损失有不少困难,有些损害如景观、环境美、人体健康等等,都难以用货币计量。

(三)环境污染破坏的经济损失估算

1.环境污染破坏经济效应的含义

制定环境规划、进行环境影响评价,经常涉及对环境污染破坏的经济效应进行分析,也就是对环境污染破坏的经济损失进行估算。通常是指污染损害在经济效益上的货币数值表现。污染损害由以下几方面的损失构成,即

$$污染损害＝社会损失＋国民经济损失＋自然损失$$

社会损失包括工矿企业损失和国家损失两个方面。企业损失主要有:企业内部产品减产、设备停工、材料废损、能耗增大等损失;还有职工病假增多、医疗费增加、因劳动力减少补用临时工而增发工资,劳动生产率降低,以及因污染而缴纳排污费、罚款等方面的损失。国家损失主要包括:劳动人数和实际从事生产活动人员的减少;治疗、恢复污染受害者身心健康的医药、疗养费用;支付污染致死对象的丧葬、抚恤费等。

国民经济损失,分直接与间接两种损失。直接损失主要计量因排出废物(水、气、渣)而增加的对厂房、厂区(建筑场所、矿区)的清洁、整治费用;对废弃物处理、清除的支出;因污染而造成的生产、流通费用的上升;生产基础设施的废损;生活费用的上升,生活环境的退化等新增加或额外支出的费用。间接损失主要是分析和计算因污染造成的农业减产、渔业减产、工业产品质量下降运输效率降低,以及公共防治设备的投资和其运转管理费用的支出;还应计算因防治、管理机构的扩大所造成的防治、事务费用的花费增多等。

自然损失主要包括生物方面与非生物方面的损失。生物方面的损失主要有:因工业污染,造成经营利用方式的改变,使化学农药、化肥施用剂量过大,特别是对天然动植物资源滥加捕

捞、砍伐、猎获、药杀、采挖,以及使其生态环境发生不良变化,破坏食物链,从而引起经济的或珍稀的动植物资源数量、质量下降甚至种群灭绝的损失。非生物方面的损失主要有:因过垦、过牧、乱砍滥伐、超量开发所引起的耕地肥力降低、土壤盐渍化加剧、沙漠面积延伸、地下水位下降、地面下沉等损失;还包括矿产资源的无代价丢弃、严重流失浪费等。

2.环境污染破坏经济损失估算方法

环境污染破坏经济损失的具体估算方法,一般来说采取直接计算法。即把损害的各个因素一一地分别估价,其总和即是损失总额。

(1)大气污染造成的经济损失估算。

$$\sum A(\text{总损害}) = A_1(\text{居民损害}) + A_2(\text{城市公用事业损害}) + A_3(\text{工业损害}) +$$
$$A_4(\text{农业损害}) + A_5(\text{林业损害}) + A_6(\text{其他损害})$$

对每一项损害的货币估算需借助于统计模型、经验参数、调查对比分析等,在有条件时还应作些模拟实验。例如:

1)大气污染对居民的损害。日本大阪市对企事业单位因燃油、燃煤所发生的大气污染给每户居民造成的损失,曾采用下列回归式来计算:

$$\lg r_0 = 0.462 \lg x_0 + 1.884$$

式中 x_0—— 燃料数量;

r_0—— 家庭生活费损失额。

2)农业损失。作物减产百分数,本应根据科学实验或与对照区比较求得作物减产百分数与污染程度的关系(即剂量-反应关系),但目前我国这项工作尚处于探索阶段,无成熟资料,暂时可参考以下数据。

蔬菜:减产 15%。

粮食:重度污染减产 15%,中度污染减产 10%,轻度污染减产 5%。

果树:减产 15%。

桑蚕叶:减产 5%。

所有参考数据和模型都要因地制宜加以修正。

(2)水污染经济损失估算。

1)直接水污染经济损失为

$$\sum W = W_1 + W_2 + W_3 + W_4 + \cdots + W_n$$

式中 W_1—— 硬水软化费用和使用硬水因结垢而浪费燃料费用等;

W_2—— 由于废水排入水体、有毒污染物直接毒死鱼类或使养鱼塘等减产的经济损失;

W_3—— 污废水排入农田,有毒污染物毒害作物造成的农业损害赔偿费;

W_4—— 为防治各种污染物扩散而花费的治理费和研究费。

2)间接水污染经济损失为

$$\sum Y = Y_1 + Y_2 + Y_3 + \cdots + Y_n$$

式中 Y_1—— 土壤污染退化(水污染)造成的蔬菜减产;

Y_2—— 土壤污染(污水长期灌溉)造成的粮田减产;

Y_3—— 水污染造成的人体健康影响及劳动力损失。

(3)水污染经济损失计算实例。

以某市为例。

1)直接水污染经济损失(共4项)为

$$\sum W = W_1 + W_2 + W_3 + W_4$$

W_1：工业软化硬水费用。该市70家工业企业生产工艺用的软水,以及4 000台工业蒸汽与暖气锅炉,年用软水5 000万吨,需软化水费用3 000万元(运转费)。还有4 000台锅炉用水未进行软化处理。全市年用燃料1 500万吨,因用硬水结垢浪费燃料按5%～10%计算则每年多耗燃料75～150万吨,增加燃料费2 250～4 500万元(1980年不变价),另外还有一些分散单位的软化水费和一些生活锅炉多花燃料费未计算在内。总计三项相加每年至少1亿元。

W_2：渔业因直接水污染减产50万元。

W_3：农赔平均每年30万元。

W_4：环境治理及科研费5 000万元/年。

则有
$$\sum W = 10\,000 + 50 + 30 + 5\,000 = 15\,080 \text{万元}$$

2)间接水污染经济损失(共3项)为

$$\sum Y = Y_1 + Y_2 + Y_3$$

$$Y_1 = (1-U)MSA$$

式中　Y_1——蔬菜减产值；

　$(1-U)$——减产系数；

　M——污灌起始的蔬菜产量(耕地污染前)；

　S——受害农田(菜田)面积；

　A——蔬菜单价(元/斤)。

则有
$$Y_1 = 0.3 \times 12\,500 \times 110\,000 \times 0.05 = 2\,062.5 \text{万元}$$

$$Y_2 = (1-V)MSB$$

式中　Y_2——粮食减产值；

　$(1-V)$——粮食减产系数；

　B——粮食单价(元/斤)。

则有
$$Y_2 = 0.12 \times 1\,000 \times 1\,000\,000 \times 0.2 = 240 \text{万元}$$

$$Y_3 = DETC$$

式中　Y_3——劳动力损失；

　D——癌症发病率；

　E——就业人数；

　T——丧失劳动的时间(年)；

　C——平均每人每年创造的价值(元/(人·年))。

根据对该城市的调查测算,得

$$Y_3 = 0.000\,6 \times 2\,400\,000 \times 15 \times 5\,000 = 12\,700 \text{万元}$$

该市的工农业总产值为155亿元(Q_i)。

水污染经济总损失为

$$T_p = \left(\sum W + \sum Y\right)\Big/Q_i = 3.01/155 \approx 2\%$$

20 世纪 80 年代湘江流域水污染经济损失,经过大量调查计算,为工农业总产值的 1.56%。1990 年全国工农业总产值为 31 586 亿元,如果水污染经济损失按 1.5% 计算,则为 470 多亿元,这是多么大的损失。其他污染破坏如果都计算,将会突破 1 000 亿元。

三、环境保护的经济手段

1993 年国务院批准了《中国环境与发展十大对策》。在第七项"运用经济手段保护环境"的条文中明确提出:"随着经济体制改革的深入,市场机制在中国经济生活中的调节作用越来越强,企业经营机制也在逐步发生变化。因此,各级政府应更多地应用经济手段来达到保护环境的目的。"这里主要介绍三方面的经济手段。

(一)排污收费

1. 概述

排污收费是我国环境管理中最早提出并普遍实行的管理制度之一,它大体经历了 3 个发展阶段:一是排污收费制度的提出和试行阶段。1979 年 9 月颁布的《中华人民共和国环境保护法(试行)》第十八条规定:"超过国家规定的标准排放污染物,要按照排放污染物的数量和浓度,根据规定收取排污费",从法律上确立了我国的排污收费制度。二是排污收费制度的建立和实施阶段。1982 年 2 月,国务院在总结全国 27 个省、自治区、直辖市开展排污收费工作试点经验的基础上,发布了《征收排污费暂行办法》,对实行排污费的目的、排污费的征收、管理和使用做出了统一规定。三是排污收费制度发展、改革和不断完善阶段。1988 年 7 月,国务院颁布了《污染源治理专项基金有偿使用暂行办法》,在全国实行了排污费有偿使用。20 世纪 90 年代以来,国家颁布了新的污染超标收费标准和超标噪声收费标准,统一了全国污水排污费征收标准,并根据我国酸雨污染越来越突出的问题,在广东、贵州两省和青岛等九市开展了二氧化硫收费试点工作。

1991—1993 年,全国县一级行政区的排污费开征面已经由 9.1% 上升至 95%,重点工业污染大户的开征面接近 100%,全国累计收费额已达 71 亿元,其中,1993 年,全国征收排污费 26.7 亿元,比上年增加 11%。

在资金使用方面,据 1993 年全国排污费财务决算报表分析,全国已建立各级污染源治理专项基金 21 亿元,1993 年贷出治理基金 6.1 亿元(按照政策规定,上述两项资金分别为 6.2 亿元和 5.8 亿元)。1991—1993 年,环境保护补助金为 31.81 亿元,占污染治理投资总量的 5.28%。

按国家规定,排污费的 20% 可以用于发展环境保护事业,每年排污费累计用于发展环境保护事业的资金达 3~4 亿元,其中用于环境监测仪器设备购置和环保业务活动补助占 2/3,用于环境保护宣传教育、人员培训等占 1/3。

但这一制度还存在一系列问题,例如,现行收费项目不全,标准偏低,对企业治理污染的刺激作用难以发挥,甚至出现了"缴排污费买排污权"的现象,一些企业甚至个别地方领导仍然不能完全理解这项制度,尤其在经济出现滑坡的时候,排污收费工作阻力很大。在资金使用方面,一是排污费被挪作他用。有些地方用排污费办公司、做买卖,更多地则被挪用到市政建设上。二是排污费被积压。据 1986 年底统计,全国排污费财务账面结存资金约 12 亿元,除去其中 50% 以上的合理积存外,仍有 5~6 亿多元排污费不能及时发挥效益。三是排污费使用效益不高。一些企业由于投资不够,技术不过关,建设施工管理不严或其他原因,致使环保工程的建设周期长、浪费大、效益低,出现了一些"胡子"工程。四是资金分散,不能保证重点污染源治理。

2.排污收费制度改革

欲使排污收费制度在建立社会主义市场经济体制过程中有效发挥作用,对制度本身必须改革。首先,排污收费的政策改革要实现以下 4 个转变:一是由超标收费向排污收费转变;二是由单一浓度收费向浓度与总量相结合的收费转变;三是由单因子收费向多因子收费转变;四是由静态收费向动态收费转变。其次,排污收费标准的改革,要根据环境与经济协调发展的实际需要,依据我国环境保护的总体目标,确定排污收费标准的总体框架,并按照补偿对环境损害的原则,略高于治理成本的原则,排放同质等量污染物等价收费的原则,技术经济可行和科学合理、简便易行等制定排污收费标准的基本原则,研究制定以控制污染、改善环境质量为目标的新的排污收费标准,充分发挥排污收费制度在促进污染治理和筹措环保资金方面的作用。再次,排污资金使用改革,一是要在排污资金有偿使用方面实行 3 个调整,即由部分有偿使用调整为全部有偿使用,按照市场机制下资金保值、增值原则,对现行低利率进行调整,对环境效益明显的项目可实行贴息优惠,取消豁免本金政策,真正体现排污费资金属国家所有的原则,逐步消除排污费"返还"观念;二是要改变单纯用行政办法管理排污费资金的做法,按照市场经济体制的要求,以中央与地方各级环境管理职权划分为依据,逐步建立新的排污费资金分配体制,并在此基础上建立各级环境保护基金,设立环境保护投资管理的非单纯行政性组织机构,运用经济和行政相结合的办法,管理好排污费资金;三是要建立一套资金使用效益考核指标体系。从资金的保值与增值,利用与回收,资金使用对污染物削减与环境质量改善等方面,对排污费资金使用情况进行全面的监督考核,降低排污费资金的经营管理成本,提高资金使用效益。

3.二氧化硫排污收费

国务院在 1982 年发布《征收排污收费暂行办法》时,规定对工业燃煤过程中排放的二氧化硫暂不收费,这主要取决于当时中国酸雨污染并不严重的状况,但随着经济的高速发展,煤炭消费量不断增加,致使酸雨污染日趋严重。我国西南、华南酸雨区已成为与欧洲、北美并列的世界三大酸雨区之一。

日益扩大的酸雨区已对农作物、森林、建筑物等产生严重危害,造成巨大经济损失。两广、四川、贵州酸雨受害区粮食减产 5%～10%,加上生态破坏,直接间接经济损失每年达 160 亿元。

为有效控制酸雨,经国务院批准,国家环保局、国家物价局、财政部、国务院经贸办于 1992 年底联合颁布了《关于开展征收工业燃煤二氧化硫排污费试点工作的通知》(环监[1992]361 号),确定在两省九市开展二氧化硫排污收费试点工作。国家环保局为加强对此项试点工作的指导,颁发了《关于二氧化硫排污收费试点工作的意见》,到 1993 年底,已征收二氧化硫排污费 1 971 万元。征收二氧化硫排污费促进了老污染的治理,有利于控制新污染源产生,促进了污染防治不尽合理、收费标准偏低的缺陷。

(二)生态环境补偿费

资源开发过程中对生态环境造成了严重破坏,但开发过程中和开发后并未相应补偿,致使生态环境恶化加快。例如,晋、陕、蒙、"黑三角"是我国重要的能源基地,开发建设十多年来已经进入开采期,但是,仅这一地区的水土流失面积就占全区总面积的 86.5%,土壤侵蚀模数高达 1~3 万吨/年,向黄河输沙量近 4 亿吨/年,占向黄河总输沙量的 1/4,为黄河粗泥沙的主要来源。全区人为破坏植被面积 266 000 亩,弃土弃渣总量 3.3 亿吨,新增入黄河粗泥沙 3 000 万吨/年,由于人为弃土弃渣,水土流失越来越严重。据调查,神府、东胜矿区废土废渣总量的 60% 直接倾倒于河流,有的地方河道淤积,造成泄洪困难,带来严重的生态问题。

按照"谁开发谁保护,谁破坏谁恢复,谁利用谁补偿"和"开发与保护、增殖并重"的方针,国家环保局依据中办[1992]7 号文件中的有关规定,发出了《关于确定国家环保局生态环境补偿费试点的通知》,确定了 14 个省的 18 个市、县(区)为试点单位,从而开辟了一条新的环境保护经济手段。

1. 生态环境补偿费不同于资源税和资源补偿费

目前,一些人认为,既然有些资源产业部门和管理部门征收各种资源税和资源补偿费,若再征收生态环境补偿费,属巧立名目,重复收费。实际上,从自然资源定价理论的角度来看,征收生态环境补偿费是有根据的,不属于重复收费。

自然资源的价格,取决于其机会成本,商品的机会成本由三部分组成,即生产成本、使用者成本和外部成本,根据机会成本概念,这里的生产成本中包括了平均利润,同时,由企业负担的环境或生态成本就是外部化的外部成本,也包括在生产成本之内。

使用者成本是由于现在使用某一资源放弃的利用该资源获取的其他收益,物以稀为贵,凡是稀缺的资源,供不应求,价格上升到超过生产成本的程度,这种价格与生产成本之间的差额就是该资源当前的使用者成本。也正是因为资源具有稀缺性,现在使用了某一资源,就意味着丧失了将来利用同一资源获取效益的机会,这种被放弃的未来收益是该资源未来的使用者成本。一般而言,不可再生资源的价格中包括了正值的边际使用者成本,而只要其收获数量等于或小于其生产量,可再生资源的使用者成本就等于零,换言之,其价格中不包括使用者成本。

外部成本是生产者或消费者在生产消费过程中产生的,由他人而非其自身负担的成本,其中,最主要的是环境污染和生态破坏给他人带来的损失。

根据上述定价理论,资源管理部门征收的费用包括生产成本(如森林植被恢复费),但主要是使用者成本,即各种资源税或资源补偿费。因为稀缺的自然资源是属于国家的,资源管理部门应该代表国家把这一部分费用收上来。排污收费是向排放污染物的企业征收的费用,这部分费用同样属于外部成本,征收的目的也是为了使其内部化。

由此可见,各种资源税和资源补偿费都属于使用者成本,而生态环境补偿费则是外部成本,两者绝不是一回事。

但也有人认为,环境与生态也是一种资源,可以列入生产者成本。诚然,将环境和生态看成是可能耗竭的环境资源和生态资源,这种提法是有道理的,但从经济学的发展来看,自然资源经济学最初涉及的是可以进行商品性开发的自然资源,如矿产资源、林木资源等,而并不涉及无法进行商品性开发的环境资源和生态资源;相应的资源产品价格中只包括生产成本和使用者成本,而不包括外部成本。迄今为止,所谓的环境产业或生态产业,生产的也不是环境容量或生态系统,而是用于环境保护或符合维持生态平衡要求的产品。经济学对环境和生态的研究则是与外部性的研究联系在一起的。假如因为环境与生态也可以被看成是自然资源,就将与它们有关的费用列入使用者成本,就理论而言,不仅从根本上否定了外部成本的存在,而且模糊了具有外部性的环境资源和生态资源与其他自然资源之间的显著差别;在实际中,则会导致资源管理部门和环保部门的职责和费用征收权限交叉混淆,因而是不可取的。

2.征收生态环境补偿费的地方试点情况

目前,生态环境补偿费的征收对象主要是从事矿藏、土地、旅游、自然资源、药植物、电力资源开发的企业事业单位。

总结各地试点经验,目前生态环境补偿主要可以归纳出以下 6 种模式。

(1)按基本建设投资总额征收补偿费的模式。如辽宁省,按项目总投资的 0.5%～1% 计征;上海浦东新区按建设用地投资的 0.4% 计征。

(2)按产品销售总额征收补偿费的模式。如湖北大冶县采矿企业按矿产品销售值的0.5%征收,选矿企业按矿产品销售总值的 1%征收;广西武鸣县对铜矿按产品销售总额的 6%征收。

(3)按产品单位产量征收补偿费的模式。如福建省按以下标准征收:煤矿 1 元/t,石灰石 0.15 元/t,金矿 6.0 元/t,钨矿 3.0 元/t,锰矿 0.5 元/t,铜矿 4.0 元/t,铁矿 0.5 元/t,铅锌矿5 元/t。

(4)按生态环境破坏占地面积征收补偿费的模式。如黑龙江伊春市对黄金生产按 350 元/亩征收生态环境补偿费。

(5)综合性征收补偿费的模式。如广东惠东县对污染项目按总投资额的 0.5%～0.8%计征;生态破坏的区域性开发建设项目按规划建设用地面积 0.5 元/m^2 计征,对其他开发利用环境资源的建设项目和码头、公路、铁路、水力、发电、矿山、采石等按总投资额的 0.1%计征,城镇自来水按每销售 $1m^3$ 在原水费基础上增加 0.03 元计征,其费用由供水单位用于保护水源和环保部门正常检测水质业务开支。

(6)抵押金制度。即对建设单位在开工之前预收恢复生态环境的抵押金,在建设单位完成生态恢复之后及时归还,如果建设单位不能如约恢复当地的生态环境,环保部门就可以用抵押金委托有关单位代理恢复。

生态环境补偿费主要用于生态环境的恢复和整治、对重大生态环境破坏的调查处理、生态环境整治恢复示范工程和生态环境科学的研究、农村环境综合整治试点和生态建设试点、生态环境保护奖励、征收生态环境补偿费的业务建设。

(三)资源有偿使用,征收资源税(或费)

合理开发利用环境资源,使可更新资源能永续利用,不可更新资源节约和合理利用;工业布局要合理,寻求最佳的土地利用方案等等,这些都是环境保护工作的重要内容。如何运用经济手段,促使经济管理工作者、企业的领导人在发展生产的过程中,愿意为保护和合理利用资源做出贡献,是环境经济、环境管理研究的重要内容。

1.征收水资源费,促进节约、合理用水

水是宝贵的不可替代的资源,水资源紧缺已成为世界性的问题。有人预测 21 世纪的战争将会是抢夺水资源的战争。我国有 300 个城市缺水,有 50 多个城市严重缺水,所以,应该坚持水资源有偿使用,收取水资源费(不是供水部门通常收的"水费"),促进节约、合理用水。

当前大多数城市水资源费偏低,每吨水资源只收 0.1～0.5 元。所以用水单位不肯为增加节水设施投资,不重视通过技术改造压缩生产工艺的用水量,提高重复用水、循环用水率。北方城市大多数都过量开采地下水,超过了地下水的"可恢复储量"。这样做的结果,地下水的水位就会逐年下降,甚至枯竭,并可能造成地面沉降。地下水有不同的含水层,补给关系也比较复杂,对地下水的使用必须统一规划。

对企业使用地下水,要按地区的特点规定打井深度。根据其生产规模和工艺条件规定抽用地下水的定额。超额用水要加重收取水资源费,并实行累进制。即超过某一限额,收费额按一定的比例递增。长期超额使用地下水,超过一定的时限(1～2年),收费额也按一定的比例递增。

总之,要用经济手段迫使企业在规定限额之内抽取地下水,水资源亟待保护。

2.征收资源税,保证煤炭等矿产资源合理开采使用

在煤炭等矿产资源丰富的地区,应该合理地开采使用,促进经济建设。但是,小煤窑回采率低(15%～20%),开采方法比较落后,国家的统配矿回采率高(80%～85%),生产设备和工艺先进。当前的矛盾主要是,如果在储量大的矿区发展了小煤窑,只回采了15%～20%,大部分留在了地下,而国家统配矿也无法再开采了,从资源合理开发利用和综合经济效益分析来看,是不合算的。因此,要统一规划。划定开采区的类型,并用征收资源税的办法保证规划的实施。比如,储量大、煤层连片的矿区可以多征资源税,只有回采率在80%以上的才有明显的经济效益。这样做既可促进经济发展,又保证了资源的合理开发利用。

复习思考题

1. 环境管理的定义是什么? 其包含的内容有哪些?
2. 环境保护法的定义是什么? 简述我国的环境保护法体系。
3. 我国的环境标准的三级五类体系是什么?
4. 环境管理的八项制度是什么?
5. 简述环境保护法的目的、作用及其特点。
6. 单行的环境保护法规按其所调整的社会关系可分为哪几类?
7. 环境法中关于违法或者造成环境破坏、环境污染者应承担的法律责任是什么?
8. 环境标准的定义是什么?
9. 环境标准按用途可划分为哪几类?
10. 我国的环境质量标准按环境要素和污染因素可划分为哪几类?
11. 制定环境标准的基本原则是什么?
12. 简述资源管理、区域环境管理和部门环境管理的定义。
13. 简述"三同时"制度、环境影响评价制度和排污收费制度的内容。
14. 我国现今需要解决的环境经济问题指什么?
15. 环境保护经济效益的定义及其特点是什么?

参 考 文 献

[1] 刘天齐,等.环境保护概论.北京:高等教育出版社,1982.

[2] 唐云梯,刘人和.环境管理概论.北京:中国环境科学出版社,1992.

[3] 刘天齐,等.环境保护.北京:化学工业出版社,1996.

[4] 奚旦立,刘秀英.环境监测.北京:高等教育出版社,1987.

[5] 孔繁德,等.生态保护.北京:中国环境科学出版社,1994.

[6] 刘培桐,等.环境学概论.北京:高等教育出版社,1995.

[7] 胡名操.环境保护实用数据手册.北京:机械工业出版社,1990.

[8] 金岚.环境生态学.北京:高等教育出版社,1992.

[9] 世界环境与发展委员会.我们共同的未来.北京:世界知识出版社,1989.

[10] 北京市环境保护科学研究所.环境保护科学技术新进展.北京:中国建筑出版社,1993.

[11] 马广大,等.大气污染控制工程.北京:中国环境科学出版社,1985.

[12] 蒋展鹏.环境工程学.北京:高等教育出版社,1992.

[13] 柴振洪,等.环境污染控制.北京:中国环境科学出版社,1993.

[14] 刘天齐.石油化工环境保护手册.北京:中国石化出版社,1990

[15] 曲格平.中国环境问题与对策.北京:中国环境科学出版社,1989.

[16] 毛文永,文剑平.全球环境问题与对策.北京:中国科学技术出版社,1993.

[17] 郭秀兰.工业噪声治理技术.北京:中国环境科学出版社,1993.

[18] 《中国环境管理制度》编写组.中国环境管理制度.北京:中国环境科学出版社,1992.

[19] 芈振明,高忠爱,祁梦兰,等.固体废物的处理与处置.北京:高等教育出版社,1993.

[20] 蒋展鹏,祝万鹏.环境工程监测.北京:清华大学出版社,1990.

[21] 叶文虎,栾胜基.环境质量评价学.北京:高等教育出版社,1994.